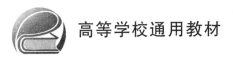

高等学校通用教材

工程热力学

张净玉　毛军逵　李井华　史波　编著

北京航空航天大学出版社

内 容 简 介

本书主要依据教育部制定的多学时"工程热力学"课程教学基本要求,综合参考国内外多本优秀教材和书籍,结合多年教育教学实践经验整理编撰而成。本书是南京航空航天大学的精品特色综合类规划教材,也是"工程热力学"金课建设项目的重要成果之一。

全书内容包括5个部分:热力学基本概念、热力学基本定律、工质热物性质与一般热力过程、典型设备热力过程以及热力循环与性能分析。本书以热机循环分析为目标,在覆盖热力学基础理论知识的基础上,更注重分析方法的阐述,丰富了工程应用实例,具有鲜明的航空特色。

本书可作为飞行器动力工程、能源与动力工程、热能工程、航空航天工程、机械工程、车辆工程、飞行器设计与工程、飞行器环境与生命保障工程等相关专业的教材,也可供有关工程技术人员参考。

图书在版编目(CIP)数据

工程热力学 / 张净玉等编著. -- 北京:北京航空航天大学出版社,2021.12
ISBN 978-7-5124-3637-4

Ⅰ.①工… Ⅱ.①张… Ⅲ.①工程热力学—高等学校—教材 Ⅳ.①TK123

中国版本图书馆 CIP 数据核字(2021)第 223766 号

版权所有,侵权必究。

工程热力学
张净玉 毛军逵 李井华 史波 编著
策划编辑 龚 雪 责任编辑 金友泉

＊

北京航空航天大学出版社出版发行

北京市海淀区学院路 37 号(邮编 100191) http://www.buaapress.com.cn
发行部电话:(010)82317024 传真:(010)82328026
读者信箱:goodtextbook@126.com 邮购电话:(010)82316936
涿州市新华印刷有限公司印装 各地书店经销

＊

开本:787×1 092 1/16 印张:16.25 字数:426 千字
2022 年 1 月第 1 版 2022 年 1 月第 1 次印刷 印数:2 000 册
ISBN 978-7-5124-3637-4 定价:49.00 元

若本书有倒页、脱页、缺页等印装质量问题,请与本社发行部联系调换。联系电话:(010)82317024

前　言

本书是南京航空航天大学的校精品特色综合类规划教材，主要依据教育部制定的多学时"工程热力学"课程教学基本要求，在参考赵承龙老师为航空高等院校编写的《工程热力学》教材的基础上，结合多年教育教学实践经验整理编撰而成。

本书着重讲述工程热力学理论体系方法，以热力循环优化分析为根本目的，在能量及能量转换基本理论基础上，将理想热力循环建模和分析方法与实际热工设备有机结合，合理组织全书的知识点构成，有效提升教学成效，培养学生的工程应用能力。全书共分 5 个模块 11 个章节：

模块 1 涉及热力系建模的基础理论部分，主要包括第 0 章"绪论"和第 1 章"基本概念及定义"。

模块 2 是热功转化定律部分，主要包括第 2 章"热力学第一定律"和第 4 章"热力学第二定律"。

模块 3 是工质热物性理论和基本热力过程部分，主要包括第 3 章"理想气体的性质与过程"、第 5 章"实际气体及水蒸气"以及第 6 章"理想气体混合物及湿空气"。

模块 4 是典型设备的热力过程分析，主要包括第 7 章"压气机及涡轮"、第 8 章"管道内的气体流动"。

模块 5 是热机热力循环和性能优化分析部分，主要包括第 9 章"气体动力循环"、第 10 章"蒸汽动力循环"、第 11 章"制冷循环及热泵"。

本书在覆盖"工程热力学"基础知识理论的基础上，更注重分析方法的阐述，并结合专业特色，充分考虑后续课程的衔接，强化了气体流动中能量转换的知识点，丰富了热力学理论在工程应用中的举例与分析，重点讲述了最大循环功和最佳循环热效率的优化分析方法，并增加了多种航空发动机的热力循环介绍。

为了便于学生更好地掌握课程内容和重要知识点，每章内容均配有例题、思考题及习题。本书由张净玉编写绪论、第 5 章、第 9~11 章，毛军逵和史波编写第 1~4 章，李井华编写第 6~8 章，韩启祥教授担任主审，在此深表谢意。此外，特别感谢赵承龙老师对本书编撰给予的帮助以及对本人长期不懈的鼓励和鞭策。由于水平有限，书中难免有不妥和错误之处，希望读者批评指正。

张净玉
于南京航空航天大学
2022 年 1 月

目 录

第0章 绪 论 1
  0.1 能量及能源 1
  0.2 热力学及其发展简史 2
  0.3 工程热力学研究对象及主要内容 3
  0.4 工程热力学的研究方法 4

第1章 基本概念及定义 5
  1.1 热力系统 5
  1.2 工质的热力学状态及其基本状态参数 7
    1.2.1 压 力 7
    1.2.2 密度和比容 8
    1.2.3 温 度 9
  1.3 热力学平衡态 9
    1.3.1 平衡状态 9
    1.3.2 状态方程 10
    1.3.3 状态参数坐标图 11
  1.4 准平衡过程与可逆过程 11
    1.4.1 准平衡过程(准静态过程) 11
    1.4.2 可逆过程 12
  1.5 功与热量 13
    1.5.1 功的热力学定义 13
    1.5.2 过程热量 14
  1.6 热力循环 15
  思考题 15
  习 题 16

第2章 热力学第一定律 18
  2.1 热力学第一定律的实质 18
  2.2 热力学能和焓 18
    2.2.1 热力学能 18
    2.2.2 总 能 19
    2.2.3 功 19
    2.2.4 焓 21
  2.3 热力学第一定律能量方程 21

  2.3.1 热力学第一定律基本能量方程 ………………………………………… 21
  2.3.2 闭口系统能量方程 ……………………………………………………… 22
  2.3.3 开口系统能量方程 ……………………………………………………… 24
 2.4 能量方程的应用 ………………………………………………………………… 30
  2.4.1 动力机械设备 …………………………………………………………… 30
  2.4.2 压缩机械设备 …………………………………………………………… 30
  2.4.3 热交换器 ………………………………………………………………… 31
  2.4.4 管道设备 ………………………………………………………………… 31
  2.4.5 节流设备 ………………………………………………………………… 31
 思考题 ……………………………………………………………………………… 32
 习　题 ……………………………………………………………………………… 32

第 3 章　理想气体的性质与过程 …………………………………………………… 35

 3.1 理想气体 ………………………………………………………………………… 35
  3.1.1 理想气体的概念 ………………………………………………………… 35
  3.1.2 理想气体状态方程式 …………………………………………………… 35
 3.2 理想气体的比热容 ……………………………………………………………… 36
  3.2.1 比热容的定义 …………………………………………………………… 36
  3.2.2 理想气体的比热容 ……………………………………………………… 37
  3.2.3 利用比热容计算热量 …………………………………………………… 38
 3.3 理想气体的状态参数 …………………………………………………………… 40
  3.3.1 理想气体的热力学能 …………………………………………………… 40
  3.3.2 理想气体的焓 …………………………………………………………… 41
  3.3.3 理想气体的熵 …………………………………………………………… 42
 3.4 理想气体的基本热力过程 ……………………………………………………… 43
  3.4.1 定容过程 ………………………………………………………………… 43
  3.4.2 定压过程 ………………………………………………………………… 44
  3.4.3 定温过程 ………………………………………………………………… 46
  3.4.4 绝热过程 ………………………………………………………………… 47
  3.4.5 基本热力过程的过程曲线线簇 ………………………………………… 49
 3.5 理想气体的多变过程 …………………………………………………………… 51
 思考题 ……………………………………………………………………………… 55
 习　题 ……………………………………………………………………………… 55

第 4 章　热力学第二定律 …………………………………………………………… 60

 4.1 热力学第二定律的实质 ………………………………………………………… 60
  4.1.1 自发过程与其方向性 …………………………………………………… 60
  4.1.2 热力学第二定律的表述 ………………………………………………… 60
 4.2 卡诺定理 ………………………………………………………………………… 62

  4.2.1　卡诺循环 ·· 62
  4.2.2　概括性卡诺循环 ·· 63
  4.2.3　逆向卡诺循环 ·· 64
  4.2.4　多热源的可逆循环 ··· 64
  4.2.5　卡诺定理 ·· 65
 4.3　克劳修斯不等式 ··· 68
  4.3.1　熵的概念 ·· 68
  4.3.2　克劳修斯不等式 ·· 69
 4.4　熵及孤立系统熵增原理 ·· 70
  4.4.1　熵产与熵流 ··· 70
  4.4.2　孤立系统熵增原理 ··· 71
  4.4.3　熵平衡方程 ··· 72
  4.4.4　典型不可逆过程的熵分析 ·· 73
  4.4.5　做功能力的损失 ·· 74
 4.5　㶲 ·· 76
  4.5.1　㶲的基本概念 ·· 76
  4.5.2　㶲的各种形式 ·· 76
  4.5.3　能量贬值原理 ·· 80
 思考题 ·· 80
 习　题 ·· 82

第 5 章　实际气体及水蒸气 ·· 85
 5.1　实际气体状态方程 ··· 85
  5.1.1　范德瓦尔(Van der Waals)方程 ·· 85
  5.1.2　对比态定律 ··· 88
 5.2　热力学一般关系式 ··· 90
  5.2.1　自由能及自由焓 ·· 90
  5.2.2　特征函数 ·· 90
  5.2.3　麦克斯韦关系式 ·· 92
 5.3　物性参数关系式 ··· 92
  5.3.1　热系数及循环关系式 ·· 92
  5.3.2　定容比热及定压比热 ·· 94
 5.4　熵、热力学能及焓的一般关系式 ·· 97
  5.4.1　熵的一般关系式 ·· 97
  5.4.2　热力学能的一般关系式 ··· 97
  5.4.3　焓的一般关系式 ·· 98
 5.5　水蒸气 ··· 98
  5.5.1　水蒸气的定压发生过程 ··· 98

5.5.2 水蒸气图及表 ··· 102
　　5.5.3 水蒸气的状态参数确定 ································ 102
思考题 ·· 104
习　题 ·· 105

第6章　理想气体混合物及湿空气 ································ 107
6.1 混合气体的成分 ·· 107
6.2 分压力定律和分容积定律 ···································· 109
　　6.2.1 分压力与道尔顿分压力定律 ···························· 109
　　6.2.2 分体积与亚美格分体积定律 ···························· 110
6.3 理想混合气体的热力性质计算 ······························ 111
　　6.3.1 理想混合气体总参数的计算——加和性 ·············· 111
　　6.3.2 理想混合气体比参数的计算——加权性 ·············· 112
　　6.3.3 理想气体混合过程的熵变 ······························ 113
6.4 湿空气 ··· 116
　　6.4.1 湿空气的性质 ··· 116
　　6.4.2 湿空气的干球温度、湿球温度及绝热饱和温度 ······· 119
　　6.4.3 湿空气焓湿图 ··· 121
6.5 湿空气的热力过程及应用 ···································· 122
思考题 ·· 127
习　题 ·· 127

第7章　压气机及涡轮 ·· 130
7.1 活塞式压气机 ··· 131
　　7.1.1 活塞式压气机工作原理 ································ 131
　　7.1.2 理想过程的热力分析 ···································· 132
　　7.1.3 余隙容积的影响 ··· 133
　　7.1.4 多级压缩及中间冷却 ···································· 135
7.2 叶轮式压气机和涡轮 ·· 138
　　7.2.1 叶轮式压气机 ··· 138
　　7.2.2 涡　轮 ·· 140
思考题 ·· 143
习　题 ·· 143

第8章　管道内的气体流动 ··· 145
8.1 一维稳定流动的基本方程 ···································· 145
　　8.1.1 假定条件 ··· 145
　　8.1.2 基本方程 ··· 145
8.2 物理量概念 ··· 146
　　8.2.1 声　速 ·· 146

        8.2.2 马赫数 ………………………………………………………………………… 148
        8.2.3 定熵滞止参数 …………………………………………………………………… 148
    8.3 气体在喷管、扩压管中的定熵流动 ……………………………………………………… 151
        8.3.1 流速改变的条件 ………………………………………………………………… 151
        8.3.2 喷管和扩压管中的流动特征 …………………………………………………… 152
    8.4 喷管的计算 ……………………………………………………………………………… 154
        8.4.1 流　速 …………………………………………………………………………… 154
        8.4.2 临界压力及临界流速 …………………………………………………………… 155
        8.4.3 流　量 …………………………………………………………………………… 155
        8.4.4 喷管的设计和校核计算 ………………………………………………………… 157
    8.5 背压对喷管气流特性的影响 …………………………………………………………… 158
        8.5.1 渐缩喷管 ………………………………………………………………………… 159
        8.5.2 缩放(拉伐尔)喷管 ……………………………………………………………… 160
    8.6 有摩擦的绝热流动 ……………………………………………………………………… 162
    8.7 绝热节流 ………………………………………………………………………………… 163
    思考题 ……………………………………………………………………………………… 165
    习　题 ……………………………………………………………………………………… 166

第9章　气体动力循环 ……………………………………………………………… 168
    9.1 分析动力循环的一般方法与步骤 ……………………………………………………… 168
        9.1.1 分析循环的步骤 ………………………………………………………………… 168
        9.1.2 评价动力循环经济性方法 ……………………………………………………… 169
    9.2 活塞式内燃机循环 ……………………………………………………………………… 170
        9.2.1 奥托循环(Otto Cycle) ………………………………………………………… 171
        9.2.2 奥托循环的优化分析 …………………………………………………………… 174
        9.2.3 狄塞尔循环(Diesel Cycle) …………………………………………………… 176
        9.2.4 萨巴德循环(Sabathe Cycle) ………………………………………………… 178
        9.2.5 三种活塞式发动机理想循环性能比较 ………………………………………… 180
    9.3 燃气轮机循环 …………………………………………………………………………… 184
        9.3.1 布雷登循环(Brayton Cycle) ………………………………………………… 184
        9.3.2 燃气轮机的实际循环 …………………………………………………………… 187
        9.3.3 布雷登循环的改进措施 ………………………………………………………… 190
    9.4 航空发动机理想循环 …………………………………………………………………… 194
        9.4.1 涡轮喷气式发动机 ……………………………………………………………… 195
        9.4.2 带加力的涡轮喷气式发动机 …………………………………………………… 197
        9.4.3 涡轮风扇式发动机 ……………………………………………………………… 198
        9.4.4 涡轮螺旋桨式发动机 …………………………………………………………… 200
        9.4.5 涡轮轴发动机 …………………………………………………………………… 200

9.4.6 冲压发动机与超燃冲压发动机 ………………………………………………… 201
9.4.7 爆震发动机 …………………………………………………………………… 202
思考题 ……………………………………………………………………………………… 204
习 题 ……………………………………………………………………………………… 204

第 10 章 蒸汽动力循环 …………………………………………………………………… 207
10.1 简单蒸汽动力装置循环——朗肯循环 ………………………………………… 208
10.1.1 朗肯循环及其热效率 ……………………………………………………… 208
10.1.2 蒸汽参数对朗肯循环热效率的影响 ……………………………………… 211
10.1.3 有摩阻的实际蒸汽动力循环 ……………………………………………… 212
10.2 热电联供循环 …………………………………………………………………… 214
10.3 燃气-蒸汽联合循环 ……………………………………………………………… 215
思考题 ……………………………………………………………………………………… 216
习 题 ……………………………………………………………………………………… 216

第 11 章 制冷循环及热泵 ………………………………………………………………… 218
11.1 逆卡诺循环 ……………………………………………………………………… 219
11.2 压缩空气制冷循环 ……………………………………………………………… 219
11.3 压缩蒸汽制冷循环 ……………………………………………………………… 222
11.4 热泵循环 ………………………………………………………………………… 223
思考题 ……………………………………………………………………………………… 225
习 题 ……………………………………………………………………………………… 225

附 录 ……………………………………………………………………………………… 226
附录 1 一些常用气体 25 ℃、100 kPa 时的比热容表 ………………………………… 226
附录 2 一些常见气体在理想气体状态时的摩尔定压热容表(温度的三次方拟合)
 ……………………………………………………………………………………… 227
附录 3 一些常见气体的平均比热容的直线关系式表 ………………………………… 228
附录 4 一些常见气体的平均比定压热容 $c_p\mid_0^t$ ……………………………………… 229
附录 5 饱和水及干饱和水蒸气热力性质表(按温度排列) …………………………… 230
附录 6 饱和水及干饱和水蒸气热力性质表(按压力排列) …………………………… 233
附录 7 未饱和及过热水蒸气热力性质表 ……………………………………………… 236
附录 8 通用压缩因子图 ………………………………………………………………… 243
附录 9 水蒸气 $h-s$ 图 …………………………………………………………………… 246
附录 10 湿空气的 $h-d$ 图($p=1.013\,3\times10^5$ Pa) …………………………………… 247
附录 11 主要符号对照表 ………………………………………………………………… 248

参考文献 …………………………………………………………………………………… 250

第0章 绪 论

0.1 能量及能源

运动是物质的存在方式,是物质本来具有的属性。自然界所发生的一切现象或过程都是和各种不同形式的物质运动相联系的,物质运动的具体形式不同,也就表现为不同形式的能量。例如,组成物体的大量分子的有序定向运动表现为机械能,而无序的分子运动则表现为热能,电荷的有序运动表现为电能等。因此,物质运动具体形式的差别就是形成各种能量形式差别的前提,能量也就可以用来表示物质的运动,作为物质运动的公共度量。

物理学中,把一个物体能够做功表述为它具有能量。人类在日常生活和生产活动中,每时每刻都在利用各种能量,例如热能、机械能及电能等。工程热力学是一门涉及热能、机械能及其转换的学科,所讨论的内容与如何有效、经济地使用能源有着密切的联系。因此,在学习工程热力学之前,对能源问题必须要有充分的认识和理解。

能源是能够转换成机械能、热能、电能等各种能量的资源。自然界的能源按其形成条件可分为两大类:一类是自然界中以天然的形式存在的能量资源,也就是天然能源,又叫作一次能源,如原煤、原油、天然气、太阳能等;另一类是由一次能源直接或间接转换成的其他种类和形式的能源,也就是所谓的人工能源,又叫作二次能源,如焦炭、汽油、煤气、电力等。

一次能源按其成因还可以进一步分为三个类型:一是地球本身蕴藏的能源,例如地球内部的地热能,地壳中储藏的核燃料所包含的原子能等;二是来自地球以外天体的能源(这里的天体主要指的是太阳),水能、风能、波浪能、海洋温差能都是靠太阳辐射作用产生的,植物的化学能是通过光合作用由太阳辐射能转化来的,矿物燃料如原煤、原油及天然气等都是由古代生物沉积在地下的化石演变而成的,而古代生物的能量都来源于太阳辐射能;三是地球与其他天体相互作用的能源,如潮汐能。

能源是人类从事各种经济活动的原动力,是生产力发展的重要标志。几千年来,人类一直顽强地同自然界作斗争,为获得新的能源而奋斗。人类在认识和利用能源方面有过四次重大的突破,这就是火的发现、蒸汽机的发明、电能的问世及原子核能的开发。每一次重大突破都对经济和科学技术的发展起到了很大的推动作用;反过来,科学技术和经济的发展,也提高了人类对能源的需求。

关于能源及其转换、利用情况如图0.1所示。通常人们实际用量最大的三种能量形式是热能、机械能和电能。其中机械能和电能的获得,多数情况还是由其他能源先转变为热的形式,然后通过热机转换为机械能,进而通过发电机变为电能。当然,采用其他转换方式的新能源的占比份额也越来越大,如太阳能、风能、水能、生物质能、燃料电池以及核能等能源形式。

能源问题举世瞩目,世界各国都在研究开发新能源。解决能源问题的途径不外乎两条:一是开源,二是节流。开源就是开发新能源资源,例如页岩气、可燃冰和太阳能等;节流就是节约使用能源,提高能源的有效利用率,减少能源浪费。

此外,面对全球气候变化,发展低碳经济已经成为全球共识。世界大多数国家同意协同降

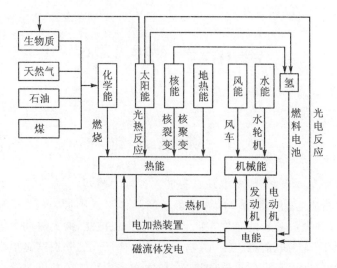

图 0.1 能源及其转换和利用

低或控制二氧化碳排放以抑制全球变暖,我国也制定了相应的"双碳"目标。所谓低碳经济就是以低能耗、低污染、低排放为基础的经济模式,是人类社会继农业文明、工业文明之后的又一次重大进步。它的实质举措是提高能源利用效率和清洁能源占比,是实现全球经济可持续发展的必由之路。

从世界范围看,全球已探明的石油、天然气和煤炭储量将分别在今后 40、60 和 100 年左右的时间内耗尽,而预计到 2030 年太阳能发电也只能达到世界电力供应的 10%。因此,未来几十年里低碳经济的重要含义之一就是节约化石能源的消耗,为新能源的普及利用提供足够的时间保障。

注: "双碳"目标指的是碳达峰、碳中和目标。其中,碳达峰是指在某一个时间点,二氧化碳的排放不再增长而达到峰值,之后逐步回落;碳中和指的是在一定时间内,通过植树造林、节能减排等途径,抵消自身所产生的二氧化碳排放量,实现二氧化碳"零排放"。

0.2 热力学及其发展简史

热力学的英文名字(thermodynamics)来源于希腊语单词的热(therme)和动力(dynamis),这两个词的组合贴切地描述了热力学研究的核心本质:将热转化为动力的过程。

热力学这门科学是建立在人类利用热现象的基础上的。为了有效地利用热现象,人们需要认识热现象的本质,掌握热现象的规律。由于在史前时期人类已经发明了火,故对热现象本质的探索是人类对自然界法则的最早追求之一。最早的历史可以追溯到 17 世纪第一支空气温度计的诞生,人类开始了对物质冷热程度的定量测量。18 世纪中叶"测温学"得到了较大的发展,标志性成果是出现了华氏温标和摄氏温标。

历史上对于热的本质出现过两种截然不同的说法,其一是"热质说",认为热是一种称为热质的物质,热质是一种无质量的气体,会从温度高的物体流到温度低的物体,也可以穿过固体或液体的孔隙中。物体吸收热质后温度会升高,一个物体是热还是冷就看它所含热质是多还是少。这显然无法解释一些只要持续做功就可以持续产生热的现象,如摩擦生热,因此"热质说"最终被科学界所抛弃。

另一与之对立的学说也可称为"机械能守恒说",指出热是一种运动的表现形式。1842 年德国医生迈耶提出能量守恒的理论,认为热是能量的一种形式,它可与机械能相互转化。在同一时期,焦耳测出了热功当量,从而使能量守恒的原理得到了科学界的公认,进而诞生了热力学第一定律。

尽管自古以来人类不断地尝试研究热力学的各个方面,但正式的热力学研究始于 19 世纪初,主要是考虑热物体产生功的能力。这期间必须要提到的是 18 世纪后半叶,英国人瓦特发明了蒸汽机,使其在纺织、航海等工业领域得到应用,极大地推进了热力学理论的研究,促进了热力学的建立和发展。

这之后,开尔文、克劳修斯分别在 1848 年、1850 年提出了有关热现象的第二个重要定律——热力学第二定律。尽管他们对此定律的表述不同,但共同揭露了有关热过程的一个重要特性:实际热过程都是不可逆的。

1912 年,能斯特针对低温现象提出了热力学第三定律,指出绝对温度的零度是不可能达到的,也可描述为热力学系统的熵在温度趋近于绝对零度时趋于定值。热力学第三定律的建立使经典热力学理论更趋完善。

至此,一个完整的关于热现象的理论体系——热力学建立了起来,并在不同领域中得到广泛的应用,从而发展成为一门具有重要意义的学科。时至今日,热力学的研究范围又扩大了很多,提供了解决 21 世纪有关能源关键问题的基本概念和方法,包括能源和能源转换的所有方面。目前,热力学仍将在不断解决新问题的过程中继续发展。

事实上,由于热力学研究的目的和内容不同,现代热力学发展出了许多分支,例如物理热力学、化学热力学、工程热力学、统计热力学等。其中,工程热力学主要研究热能和机械能之间相互转换的规律,其主要目的在于建立热机理论,包括热功转换规律、工质热物理性质、理想热力循环建模以及循环性能的优化分析。

0.3 工程热力学研究对象及主要内容

人类在生产活动和日常生活中需要各种形式的能量,自然能源的开发和利用是人类社会进步的起点,而能源开发和利用的程度又是社会生产发展的一个重要标志。目前人类从自然界获得能量的主要形式是热能,因此,通常所说的能源利用主要指的就是热能的利用,热能的合理和有效利用是整个能源利用的核心与主体。热能的转换和利用离不开各种热功转换装置,即通常所说的热机,如蒸汽机、内燃机、燃气轮机及制冷空调装置等。可以说,热机的热效率在很大程度上决定了热能的有效利用程度,也正是提高热能利用效率的迫切需求促进了热力学的发展和完善。可见,热力学是一门研究物质的能量、能量传递和转换、能量与物质性质之间普遍关系的基础学科,涵盖知识范围非常广,研究方法也多样化。

工程热力学作为热力学的工程分支,在阐述热力学普遍原理的基础上,着重研究相关原理的技术应用,主要的研究对象包括热能与机械能之间的转换规律和方法,以及提高转换效率的途径,其原理应用对象就是各类热机,根本目的是最大限度地利用能源,提高能源利用的经济性。

热能转换为机械能总是通过一定的工作物质(工质)来实现的,由于工质的性质与能量转换有着密切的关系,因此对工质的热力学性质的研究也是工程热力学一个相当重要的内容。此外,由于现代工业使用的热能大多由石化燃料燃烧而来,故工程热力学同样关心有关化学能与热能的转换问题,即化学反应动力学。

总体而言,工程热力学研究的主要内容包括以下几个方面:

① 热能与机械能转换所遵循的基本规律;
② 提高热能利用经济性的途径;
③ 工质的热力学性质;
④ 有关化学反应过程的能量转换及分析计算。

限于篇幅,本书没有收录化学反应动力学的内容。

0.4 工程热力学的研究方法

对于热现象的研究,有两种主要的研究方法。

1. 宏观的研究方法(热力学方法)

宏观的研究方法是从日常经验或试验研究出发,直接观察,最后总结出原理、定律,并运用逻辑推理导出许多推论,再以实践进一步验证这些推论是否正确。热力学第一定律、第二定律就是从人类长期实践中总结出来的基本原理出发,由基本原理所引出的许多结论又被长期以来的实践考验所证实,这就是客观的研究方法。

这种方法的特点在于不依赖物质结构的任何假设,而是对宏观物体的宏观性质直接观察,所以该方法具有高度的可靠性和普遍性。这里的宏观物体,是指由大量运动着的粒子(分子、原子等)所组成的物体,在研究时把它当作一个整体(连续体)看待。这里的宏观性质,是指代表大量粒子平均行为的物理量,如压力、温度等。正因为这种方法忽视了物质的具体构造,所以不能深入研究现象的本质,也就不能阐明其本质的物理意义。

2. 微观的研究方法(统计热力学方法)

微观的研究方法是从物质内部结构出发,用统计的方法推算出它的宏观性质,最后仍以宏观试验结果作为检验。这种方法的特点在于把工质处于平衡时的宏观性质作为大量粒子某种微观量的统计平均值的函数。例如温度就是分子移动动能统计平均值的某一函数。这种方法涉及物质内部结构,因而能更深刻地反映现象的本质。但对物质结构假设的正确与否,决定了这一方法可靠性和普遍性的程度。此外,这种方法需要用到许多繁琐的数学分析,所以不如宏观方法简便。

实际上宏观方法和微观方法都是研究同一对象的两种不可缺少的方法,它们各有优点,也各有不足之处,如把两者按照研究的要求适当结合起来,相互补充,将收到相辅相成的效果。根据工程热力学的特点和研究目的,本书以宏观方法为主,对某些概念辅以微观解释,以便能进一步理解这些宏观现象的物理意义。

第1章 基本概念及定义

工程热力学在研究热能与机械能相互转换的问题时,会涉及一些基本概念,如系统、状态、过程、循环等。本章将在普通物理学已讲述内容的基础上,在工程科学和工程热力学特有的方面适当加以扩大和提高,以达到承前启后的目的。

1.1 热力系统

在具体分析某个热力学问题时,首先要确定研究对象的范围(某些物质或某块空间),进而可以分析研究对象与其他物质或空间之间的质量和能量交互关系,从而掌握研究对象的热力学特性和规律。

所选定的研究对象或划定的研究范围称为热力系统,简称系统。系统以外的所有物质或空间统称为外界。系统和外界的分界面称为系统的边界。系统的边界可以是实际物体的真实边界,也可以是人为想象的虚拟边界;边界可以固定不变,也可以根据实际研究的需要而变化。如图 1.1 所示,假设选取的系统为该刚性容器内的全部气体,则系统的边界是刚性容器的壁面,该边界是真实的且固定的。如果选取一个控制容积为系统,如图 1.2 所示的汽轮机里面的空间,则系统的边界是进出口截面和汽轮机壁所组成的壳体,显然在进出口位置的边界为虚拟的,而在其他位置的边界为真实存在的。如图 1.3 所示的气缸-活塞装置,如果选取其内部的气体作为系统,对应的边界是气缸和活塞包围的空间,显然随着气缸内部气体的膨胀或压缩,靠近活塞部分的边界是移动的。

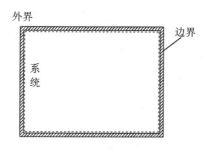

图 1.1 刚性容器系统边界示意图

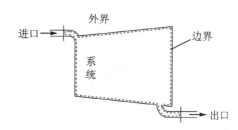

图 1.2 控制容积系统

系统与外界之间可以通过边界进行质量交换或能量交换。根据其质量交换情况,热力系统可以分成闭口系统和开口系统。

与外界没有质量交换的系统称为闭口系统,简称闭口系,图 1.1 和图 1.3 所示的系统即为闭口系统。闭口系统内的质量保持恒定不变,仅可能与外界进行能量交换,因此闭口系统又称为控制质量系统。

与外界存在质量交换的系统称为开口系统,简称开口系。图 1.2 所示的系统通过进出口与外界进行着质量交换,即为开口系统。通常选取一定的空间范围作为开口系统,因此开口系统一般也称为控制容积系统。值得注意的是,当离开和进入开口系统的质量相等时,系统质量也不会变化,因此并不是质量不变的系统就是闭口系统,区别闭口系统和开口系统的关键是看系统同外界是否存在质量交换。

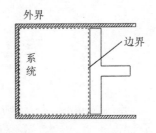

图 1.3　控制质量系统

除了进出系统物质所携带的能量外,热力系统与外界的能量交换形式还包括热量交换和功量交换。根据其热量交换情况,系统可以分成绝热系统和非绝热系统。不管是开口系统还是闭口系统,只要没有热量越过边界,即为绝热系统,反之为非绝热系统。在工程中,通常将保温隔热良好的热力系统近似视为绝热系统。比如一个包裹有隔热材料的密闭容器可近似为闭口绝热系统,一段包裹有保温材料的管道可近似为开口绝热系统。

当一个热力系统与外界之间既无质量交换也无能量交换时,表明该热力系统与外界之间没有任何交互作用,这种系统称为孤立系统,简称孤立系。在自然界中,系统总是和外界存在着相互作用,因此并没有严格意义上绝对的孤立系统。孤立系统和其他物理学中常见的概念一样(如刚体、质点等),是一种对实际对象的抽象。但是,如果把需要研究的系统和其外界放在一起考虑的话,其共同组成的新系统可认为是一个孤立系统。这种处理方法在第 4 章热力学第二定律分析的时候非常有用。

热力系统的确定并非一成不变,而是要根据具体问题的需要进行灵活选择。即使对于同一热力学问题,也可能有不同的划分方式,进而构建出不同的热力系统。如图 1.4 所示,一个供气管道通过阀门向一个已存有气体的刚性容器进行充气,如果选取刚性容器的容积为热力系统,如图 1.4(a)所示,则该系统是个开口系统,外界与容器通过阀门进行质量交换。若选取充气开始前刚性容器内这部分质量的气体作为系统,如图 1.4(b)所示,则该系统可认为是一个闭口系统,其对应的边界如图 1.4(b)中虚线所示,显然这个边界是虚拟的,而且是移动的。充进来的气体对原有气体进行压缩,将会产生功量和热量的交换,但不存在质量的交换。

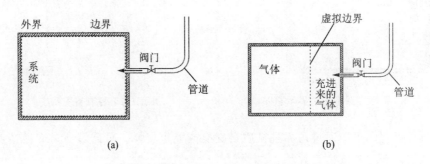

图 1.4　充气过程系统选择示意图

注:这两种热力系统的划分完全不同,但可以预见的是,面对的是同一个物理过程,对于同一物理量的分析结果必然是一致的。由此可见,系统的划分方法存在着多种可能性,应该根据具体问题的需要进行选择。系统的选取是否妥当,常常会影响问题分析的难易程度。因此,

选择合适的系统划分方法是极其重要的。

1.2 工质的热力学状态及其基本状态参数

工质的热力学状态是指热力系统中工质在某一时刻所呈现的宏观物理状况,简称状态。工质的状态通常可以用一些宏观物理量来描述,这些物理量称为状态参数。当状态一定时,所有的状态参数都具有某一个确定的值。一旦状态确定,状态参数也相应确定;反之,相对独立的所有状态参数都确定后,整个系统的状态也就确定了。当状态参数的一部分或全部发生改变时,说明工质的状态也发生了变化。因此,状态参数是热力系统状态的单值函数,它的值仅取决于给定的系统(或工质)的状态,而与如何达到该状态的途径无关。在数学上,这一特性表现为点函数,其微元可表现为全微分形式。从初始点出发,状态参数在任何闭合路径上的循环积分都等于零。

系统一般有多个状态参数,分别描述其不同的宏观物理特征,在工程热力学中常用到的有压力 p、温度 T、容积(也称体积)V、热力学能(也称内存储能或内能)U、焓 H、熵 S 等。其中压力、温度和容积这三个状态参数可以直接通过仪器进行测量,称为基本状态参数,其余状态参数可以通过这三个基本状态参数间接获得。

温度、压力等状态参数的数值,与系统质量的大小无关,称为强度量。容积、热力学能、焓和熵等状态参数的数值,与系统质量的大小成正比,具有可加性,称为广延量。在工程热力学中,通常广延量用大写字母表示,如 V、U、H、S 等,其相应比参数(单位质量参数)用小写字母表示,如 v、u、h、s 等。

1.2.1 压 力[①]

根据物理学可知,流体的压力表现为单位面积上力的大小,微观上它是流体内部大量分子在热运动中与器壁之间碰撞所产生的统计结果。

压力的单位有很多。在 SI 中压力的单位是牛顿每平方米($N/m^2 = kg/(m \cdot s^2)$),称为帕斯卡(Pascal),简称帕,用符号 Pa 表示。在实际工程应用时还常常采用巴(bar)、工程大气压(at)、物理大气压(atm)、毫米汞柱(mmHg)、毫米水柱(mmH_2O)等表示,这些压力单位之间的换算关系见表 1.1。

测量工质压力的仪器称为压力计(或真空计)。压力计显示的数值是工质与测压元器件所处环境压力的相对差值,称为表压力(或真空度)。因此,工质的真实压力是测压元器件所在环境压力值加上表压力(或减去真空度),也称为绝对压力。当测压元器件所在环境压力发生变化时,比如将压力计拿到高原上测量,即使工质绝对压力不变,表压力(或真空度)仍有可能变化。因此,作为工质状态参数的压力应该是绝对压力,而不是表压力(或真空度)。

大气压力是地面上空气柱的重量所造成的,它会随着各地的纬度、高度和气候条件而变化,一般用气压计测定。用压力计(或真空计)进行热工测量时,必须同时用气压计测定当时当

---

① 本书用压力代替压强,表示物体单位面积上所受的力。该表达方式为工程技术领域习惯性的表达方式。

地的大气压力,才能得到工质的绝对压力。若绝对压力很大,则可近似把大气压力视为常数。

表1.1 各压力单位换算表

单位名称	Pa	bar	mmH$_2$O	mmHg	atm	at
Pa	1	1×10^{-5}	0.101 971 2	$7.500\ 62\times10^{-3}$	$0.986\ 923\times10^{-5}$	1×10^{-5}
bar	1×10^5	1	10 197.2	750.062	0.986 923	1.019 72
mmH$_2$O	9.806 65	$9.806\ 65\times10^{-5}$	1	735.559×10^{-4}	$9.078\ 41\times10^{-5}$	1×10^{-4}
mmHg	133.322 4	$133.322\ 4\times10^{-5}$	13.595 1	1	$1.315\ 79\times10^{-3}$	$1.359\ 51\times10^{-3}$
atm	101 325	1.013 25	10 332.3	760	1	1.033 23
at	98 066.5	0.980 665	1×10^4	735.559	0.967 841	1

例 1-1 如图 1.5 所示,水银压力计测压时,为了防止有毒的水银蒸气扩散,在水银液柱上覆盖一层煤油。测量时读数为水银柱高 900 mm,煤油柱高 32 mm。设气压计读数为 780 mmHg,求被测气体的绝对压力(bar)。已知水银的密度 $\rho_{Hg}=13.643\times10^3$ kg/m^3,煤油的密度 $\rho_{煤油}=0.8\times10^3$ kg/m^3,重力加速度 g 取 9.8 N/kg。

解: 将 32 mm 煤油柱的压力换算成相当的水银柱压力,即

$$h_{煤油}\cdot\rho_{煤油}\cdot g = h_{Hg}\cdot\rho_{Hg}\cdot g$$

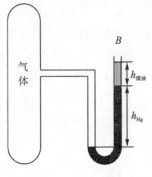

图 1.5 例 1-1 图

可得

$$h_{Hg}=h_{煤油}\cdot\frac{\rho_{煤油}}{\rho_{Hg}}=32\times\frac{0.8\times10^3}{13.643\times10^3}=1.88\text{ mmHg}$$

则

$$p_{空气}=(900+1.88)+780=1\ 681.88\text{ mmHg}$$

$$p_{空气}=1\ 682\times1\ 333.3\times10^{-5}=2.24\text{ bar}$$

1.2.2 密度和比容

单位体积物质的质量称为密度,用符号 ρ 表示,单位为 kg/m^3,即

$$\rho=\frac{m}{V} \tag{1-1}$$

式中,m 为物质的质量,单位为 kg;V 为物质的容积(体积),单位为 m^3。

单位质量物质所占的容积称为比容(或比体积),用符号 v 表示,单位为 m^3/kg,即

$$v=\frac{V}{m} \tag{1-2}$$

ρ 和 v 互成倒数,因此他们不是互相独立的参数,可以任意选用其中之一,工程热力学中常用 v 作为独立参数。

1.2.3 温度

从宏观上来讲，温度是物体冷热程度的标志。当两个物体处于热平衡时，温度相等，可以用温度这个物理量来表征两物体所具有的共同性质。

微观观点认为，温度与物质内部分子运动密切相关，温度的高低反映着分子无规则运动的剧烈程度，是分子无规则运动平均动能的度量。

测量温度的仪器称为温度计。通常使用的温度计都借助于一定的物质（称为测温质），通过它的某种物理性质随温度变化的关系来显示温度的高低。例如水银温度计是利用水银（测温质）的容积（物理性质）随温度变化的关系来显示温度。热电偶温度计则是将两种不同金属或半导体材料（测温质）的两端分别焊接，构成封闭电路，利用两个接点温度不同而产生的热电势差（物理性质）来显示温度高低。

为了用具体的数值来表示温度的高低，就要采用一种温度标尺（简称温标）来确定温度的具体数值。常用的温标有经验温标和热力学温标两大类。

经验温标是由选定的测量物质的某种物理性质，采用某种温度标定规则所得到的温标。如摄氏温标是经验温标的一种，由瑞典天文学家安德斯·摄尔修斯于1742年提出，其后历经改进。摄氏度的含义是指在一个标准大气压下，纯净的冰水混合物的温度为 0 ℃，水的沸点为 100 ℃，中间的温度通过均分得到，摄氏温度的符号为 t，单位为摄氏度（℃）。

热力学温标（以前也称绝对温标）是根据热力学第二定律的基本原理制定的，和测温物质的特性无关。热力学温标的温度单位是开尔文，符号为 K。在热力学温标中，把水的三相点的温度，即水的固相、液相、气相平衡共存状态的温度作为单一基准点，并规定为 273.16 K。热力学温度单位开尔文是水的三相点温度的 1/273.16。

摄氏温度可由热力学温度移动零点来获得，即

$$t = T - 273.15 \tag{1-3}$$

式中，t 为摄氏温度，单位为 ℃；T 为热力学温度，单位为 K。由式(1-3)可知，摄氏温标和热力学温标在原理上虽然不同，但在数值上可以相互换算。

1.3 热力学平衡态

1.3.1 平衡状态

一个热力系，如果在不受外界影响的条件下（重力除外），系统的状态能够始终保持不变，则系统的这种状态称为平衡状态（简称平衡态）。这时一切宏观上可以测量的物理量均不随时间而变，并具有确定的值。在平衡状态下，微观的运动仍在继续进行，但是这时全部分子的分布和运动的微观量有一个不变的统计平均值，它与系统平衡态的宏观量有着直接的联系，所以热力学中的平衡是动态平衡，或称为热动平衡，它是物质热运动的一种特殊形式。

系统处于平衡状态的充要条件是其内部不存在任何的势差。比如，当热力系统内部的温差消失，那么其各部分之间没有热量的传递，系统就处于热的平衡；当热力系统内部的压力差消失，那么其各部分之间没有相对位移，系统就处于力的平衡；当热力系统内部的化学势差消

失,那么其各部分之间没有化学反应,系统就处于化学平衡,等等。同理可得,当热力系统内部的所有势差消失,系统就处于热力学平衡状态,反之亦然。

处于不平衡的系统,在不受外界影响的情况下,由于各部分势差存在,故其状态必定随时间逐渐改变,改变的结果必定是势差逐渐消失,直至达到平衡;处于热力平衡状态的系统,只要不受外界影响,它的状态就不会随时间改变,平衡也不会自发地破坏。

在平衡状态下,系统的状态可以用一组确定的状态参数来描述。两个相同的状态,其所有的状态参数必定一一对应相等。反之,只有所有状态参数均对应相等,才可以说两个状态相同。

1.3.2 状态方程

在热力工程中,最常见的系统是由可压缩流体(空气、燃气、水蒸气等)构成的。这类系统工质的化学成分一般不变化,除热交换外,系统与外界的功交换只有容积变化功(膨胀功或压缩功)这一种形式,其他效应引起的功都不存在。这类系统称为简单可压缩系统。

状态公理(state postulate):在平衡状态下,一个热力系统的内部强度状态参数可由 $n+1$ 个独立的状态参数来确定。其中,n 是系统与外界可能出现的可逆功的形式数;$+1$ 是考虑系统与外界的热量交换;内部强度状态参数是指该状态参数既是系统内部状态参数,又是强度状态参数,例如温度、压力、比容、比热力学能等。

由状态公理可知,在平衡状态下,简单可压缩系统的内部强度参数可由两个独立的内部强度状态参数确定。

比如取系统的比容 v、温度 T 和压力 p 中的两个为独立参数,则存在函数

$$p = p(T, v), \quad T = T(p, v), \quad v = v(T, p)$$

或表示为隐函数格式

$$F(p, v, T) = 0$$

这个函数关系称为状态方程。如理想气体的状态方程为

$$pv = R_g T, \quad pV = m R_g T, \quad pV = nRT \tag{1-4}$$

式中,R_g 为气体常数,单位为 J/(kg·K);R 为通用气体常数,$R = MR_g = 8.3145$ J/(mol·K);M 为摩尔质量,单位为 kg/mol;p 为压力,单位为 Pa;T 为温度,单位为 K;v 为比容,单位为 m³/kg;V 为体积,单位为 m³;m 为质量,单位为 kg;n 为物质的量,单位为 mol。

例 1-2 将容量为 0.9 m³ 储气罐中的空气向大气放出,放气前罐内气体的温度为 27 ℃,压力表读数为 94 bar,放气后罐内气体温度降为 17 ℃,压力表读数为 42 bar,求放出的空气量(大气压力为 1 bar)。

解: 放气前罐内的空气量为

$$m_前 = \frac{pV}{RT} = \frac{(94+1) \times 10^5 \times 0.9}{0.287 \times 10^3 \times (27+273)} = 99.3 \text{ kg}$$

放气后罐内的空气量为

$$m_后 = \frac{p'V}{RT'} = \frac{(42+1) \times 10^5 \times 0.9}{0.287 \times 10^3 \times (17+273)} = 46.44 \text{ kg}$$

放出的空气量为

$$\Delta m = m_前 - m_后 = 99.3 - 46.44 = 52.86 \text{ kg}$$

1.3.3 状态参数坐标图

对于一个简单可压缩系统,只要确定其两个独立状态参数,就可以完全确定其状态。因此,可以选择两个独立状态参数构建一个平面坐标图,该图上的每一个点都对应于热力系统的一个平衡状态。同样,热力系统的每一个平衡状态也可以用这种平面坐标图上的一点来表示。这类由热力系统状态参数所组成的坐标图称为热力状态参数坐标图。

常见的热力状态参数坐标图有 $p-v$ 图和 $T-s$ 图等,如图 1.6 所示。例如:具有压力 p_1 和比容 v_1 的气体,它所处的状态 1 可用 $p-v$ 图上点 1 来表示;若系统温度为 T_1,熵是 s_1,则可用 $T-s$ 图上点 2 表示该状态。显然,只有平衡状态才能用状态参数图上的一点来表示,不平衡状态因系统各部分的物理量存在差异,在坐标图上无法表示。此外,$p-v$ 图上任一点都可在 $T-s$ 图上找到确定的对应点,反之亦然。

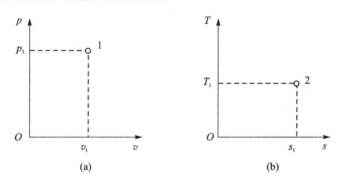

图 1.6 压容图和温熵图

1.4 准平衡过程与可逆过程

1.4.1 准平衡过程(准静态过程)

系统(非孤立)所处的外界条件有了变化,系统与外界之间要发生相互作用(换热或做功),从而系统的状态将发生改变。这时,系统状态参数的数值也将发生相应的改变,系统状态的连续变化就构成热力过程,简称过程。

系统中工质在状态改变时,中间所经历的每一个状态都保持平衡态,这样的过程称为准平衡过程(准静态过程)。

以一个气缸-活塞系统为例,如图 1.7 所示,初始状态气缸内的气体在重物和大气压力下处于平衡态(不考虑活塞与气缸壁面的摩擦力),此时

$$p = p_0 + mg/A, \quad T = T_0$$

式中,m 是重物的质量;g 是重力加速度;A 是活塞面积;T 是系统温度;T_0 是环境温度。

如果将该重物一下子从活塞上移去,则贴近活塞附近的气体

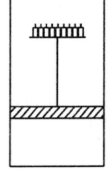

图 1.7 气缸-活塞系统

压力骤然降低,而气缸内部压力尚未来得及改变,导致系统内部压力不一致,产生势差。显然,这样的过程是非平衡过程。

如果每次只是移去重物的1/10,这时气缸内部气体的变化比上述情况要平缓得多。假设重物可以分成无数多份,每次拿走其中的一份δm,拿走后静待一段时间等其达到平衡。经历了无数次操作后,所有重物都被拿走,系统达到了终态,此时

$$p = p_0, T = T_0$$

在这个过程中,可以认为每一次操作后系统都达到了平衡,同时系统中的气体无限缓慢地膨胀着,整个过程由无数多个平衡状态构成,因此可称为准平衡过程。

显然,准平衡过程是一种变化无穷缓慢的理想过程,自然界中不可能存在这样的过程。自然界所发生的一切过程严格来说都是非平衡过程。因为只有在系统和周围介质之间存在着某种势差(不平衡)才会发生系统状态的改变。这时在系统中不可避免地会形成相应的势差分布,因此实际过程总是非平衡过程。系统的边界首先会受到外界作用,然后这种作用以某种速率逐渐向系统内部扩展,在这瞬间内系统的状态都是不平衡的。自然界里有一类过程进行得比较缓慢,或者过程进行得虽快,但系统内部恢复平衡所需要的时间更短(例如在燃烧室中进行的燃烧过程,气体约需10^{-6}s就可以恢复平衡),因此可以认为,系统工质所经历的每一中间状态在系统内部都来得及建立平衡,这时工质所经历的中间状态仅就系统内部而言都能保持平衡。这样的过程一般就可以近似认为是准平衡(或准静态)过程。

准平衡过程中工质的各中间状态都有确定的状态参数值,因此可用系统的状态参数坐标图上的一段实线表示,如图1.8所示。

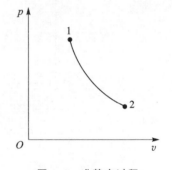

图1.8 准静态过程

1.4.2 可逆过程

完成了某一过程之后,如果有可能使工质沿相同的路径逆行而恢复到原来状态,并使相互作用中所涉及的外界亦恢复到原来状态,而不留下任何改变,则这一过程称为可逆过程。不满足上述条件的过程为不可逆过程。

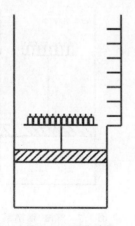

图1.9 可逆过程

再来考虑上述准平衡过程的例子。如图1.9所示,在活塞边上设置一个无穷多阶的平台,每次水平地移去的一部分重物就放到旁边相应高度的平台上。这样,气体对重物做的功就被存储在重物的重力势能上。设想使过程逆向进行,即依次将无穷小的重物从不同高度的平台上又水平地移到活塞上来,则气体将被压缩,并沿着先前膨胀时所经历过的状态逆向地又恢复到初态。这时系统恢复了原状,重物也全放回活塞上,这表明外界把原来过程所获得的功又归还给系统(向系统做等量的功),因而外界也恢复了原状,系统与外界均没有留下丝毫的痕迹。这样的过程在热力学上可称为可逆过程。

再来看一个只换热不做功的例子。某一刚性容器是由可导热的材料做成的,系统内气体原来处于平衡态,具有温度 T_1。若用温度为 T_2 的定温热源($T_2>T_1$)与容器底部接触(定温热源是一种热容量为无限大的物体,当其吸热或放热时,物体的温度不变),则热源给系统加热。系统内靠近底部的气体温度将高于系统内其他部分气体的温度,从而形成内部的温度差,这时系统的状态显然不是平衡态,过程属于非平衡过程。如果采用无穷多个定温热源,各相邻热源之间的温度差为无穷小量 $\mathrm{d}T$,这样依次与系统底部接触,系统温度最后就变为 T_2。由于外界与系统是在温度差趋于零的情况下换热,可以认为过程进行中系统内部之间以及系统与外界之间始终保持着热平衡,因而这是一个准平衡过程。如果让过程逆向进行,即将前述无穷多个定温热源顺序相反地依次与系统底部接触,则系统温度又从 T_2 降低到原来的 T_1,系统恢复了原状,而各个定温热源又把正向过程进行时放给系统的热量全部收回,使自己恢复了原状。这时系统和外界都恢复了原状,而没有留下丝毫的改变,则这一过程就是可逆过程。

通过上述两个例子可以看出,可逆过程具有如下特征:首先,可逆过程是一个准平衡过程。在过程中,不能出现有限势差,为了满足力平衡,系统内外压力要保持相等;为了满足热平衡,系统与热源接触换热时,两者之间的温度要保持相等。其次,在过程中不能有任何种类的耗散效应(如摩擦等)。如果存在耗散效应,比如说摩擦,必定会使一部分机械能转变为热量,要使这部分热量重新变为机械能,则必须花费代价(关于这点将在第4章详细讨论)。

实际热力设备中所进行的一切热力过程,或多或少地存在着各种不可逆因素,因此实际过程都是不可逆的。可逆过程是一切实际过程的理想极限,是一切热力设备内的过程力求接近的目标,在理论上有十分重要的意义。研究热力过程就是要尽量设法减少不可逆因素,使其尽可能地接近可逆过程。

1.5 功与热量

1.5.1 功的热力学定义

除进出系统的质量所携带的能量外,热力系统与外界的其余能量交换包括做功和传热。

在力学中把力和沿力方向位移的乘积定义为力所做的功。例如闭口系统在压缩或膨胀过程中和周围介质(外界)之间由于力的作用产生位移而做功。设系统反抗外力 F 发生微小位移 $\mathrm{d}x$,所做的微元功为

$$\delta W = F \cdot \mathrm{d}x = p_a A \mathrm{d}x = p_a \mathrm{d}V \tag{1-5}$$

这里 p_a 是外界的压力;A 是移动的边界的面积;$\mathrm{d}V$ 是微元变化过程中系统容积的改变量。

这种由于系统容积改变而做的功称为容积变化功,简称容积功。通常规定系统向外界做功为正,外界向系统做功为负。

δ 表示某些过程量(如质量、热量、功)的微元传递量,而 d 则表示系统的状态参数(状态量)的微元变化量。从数学意义来看,d 是全微分标记,而 δ 不是。

在热力学里,除简单可压缩系统外,有时也要研究一些特殊系统。系统同外界交换的功,除容积变化功外,还有其他的形式。为了使功的定义具有更普遍的意义,热力学中功的定义

是:功是热力系统通过边界而传递的能量,且其全部效果可表现为举起重物。这里"举起重物"是指过程产生的效果相当于举起重物,并不要求真的举起重物。功是热力系统通过边界与外界交换的能量,与系统本身具有的宏观运动动能和宏观位能不同。

我国法定计量单位中,功的单位为焦耳,用符号 J 表示。1 J 的功相当于物体在 1 N 力的作用下产生 1 m 位移时完成的功量,即

$$1\text{ J}=1\text{ N}\cdot\text{m}$$

单位质量的物质所做的功称为比功,单位为 J/kg。

单位时间内完成的功称为功率,其单位为 W(瓦),即

$$1\text{ W}=1\text{ J/s}$$

工程上通常用 kW(千瓦)作为功率的单位

$$1\text{ kW}=1\text{ kJ/s}$$

对于可逆过程,过程中始终保持系统的压力 p 与外界压力 p_a 相等,即 $p=p_a$,则微元容积功可表示为

$$\delta W = p\mathrm{d}V \qquad (1-6)$$

这里 p 和 V 均是系统中工质的性质——压力和容积。当系统的容积由 V_1 变化为 V_2 时,系统所做的功可由式(1-6)积分而得,即

$$W=\int_{V_1}^{V_2}p\mathrm{d}V \qquad (1-7)$$

在压力和容积组成的 p-V 坐标图上,可逆过程的容积功可以用过程曲线 1→2 与横坐标所包围的面积 12341 来表示,如图 1.10 所示。

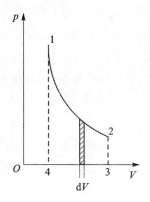

图 1.10 容积功图示

1.5.2 过程热量

热力学中把热量定义为热力系统和外界之间仅仅由于温度不同而通过边界传递的能量。热量的单位是 J(焦耳),工程上常用 kJ(千焦)。工程热力学中规定:系统吸热,热量为正;反之,则为负。用大写字母 Q 和小写字母 q 分别表示质量为 m 的工质及 1 kg 工质在过程中与外界交换的热量。

系统在可逆过程中与外界交换的热量可表示为

$$\delta q = T\mathrm{d}s \qquad (1-8)$$

$$q_{1-2}=\int_1^2 T\mathrm{d}s \qquad (1-9)$$

其中,s 为系统的比熵,将在第 4 章具体讨论。

同功一样,可逆过程的热量 q_{1-2} 在 T-s 图上可用过程线下方的面积来表示,如图 1.11 所示。

做功及换热都是工质在状态变化过程中所传递的能量,与一个状态过渡到另一个状态所经历的途径有关,即功与热量都是过程的量。对于起点和终点相同的两个过程,其中间

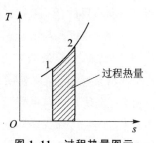

图 1.11 过程热量图示

过程不同,功和热量也不相同。

功和热量又有不同之处:功是有规则的宏观运动能量的传递,做功过程中往往伴随着能量形态的转化;热量则是大量微观粒子热运动的能量的传递,传热过程中不出现能量形态的转化。

1.6 热力循环

为了使工质连续不断地把吸入的热量转变为功,通常使工质经历一系列状态变化过程之后,再回到初始状态,如此周而复始地工作。工质经历一个封闭过程,称为热力循环,简称循环。一般热力发动机(简称热机)都是按照一定的循环来完成从热向功的转变。

全部由可逆过程组成的循环称为可逆循环,若循环中有部分过程或全部过程是不可逆的,则该循环为不可逆循环。在状态参数的平面坐标图上,可逆循环的全部过程构成一条闭合曲线。

根据循环效果及进行方向的不同,可以把循环分为正向循环和逆向循环。正向循环是将热能转换为机械能的循环,又称为动力循环(或热机循环)。如蒸汽动力装置的循环、内燃机及燃气轮机装置的循环等。逆向循环是消耗机械能将热量从低温物体传递到高温物体的循环。按循环目的的不同,逆向循环又可分为制冷循环和供热循环(热泵循环)。

不管是正向循环还是逆向循环,循环经济性指标的定义为

$$\text{经济性指标} = \frac{\text{得到的收益}}{\text{花费的代价}}$$

对于动力循环(正向循环),其经济性用热效率 η_t 来衡量。因为动力循环的收益是循环净功 w_{net},花费的代价是工质的吸热量 q_1,故

$$\eta_t = \frac{w_{net}}{q_1} \tag{1-10}$$

对于制冷循环来说,其经济性用制冷系数 ε 来衡量。因为制冷循环的收益是工质从冷端的吸热量 q_2,花费的代价是循环净功 w_{net},故

$$\varepsilon = \frac{q_2}{w_{net}} \tag{1-11}$$

对于制热循环来说,其经济性用制热系数 ε' 来衡量。因为制热循环的收益是工质给热端的放热量 q_1,花费的代价是循环净功 w_{net},故

$$\varepsilon' = \frac{q_1}{w_{net}} \tag{1-12}$$

思考题

1-1 试分别用控制质量和控制容积两种方法对压气机中气体进行分析,指出边界、系统、外界,并指出质量及能量交换情况。

1-2 在什么条件下系统会变成控制质量系统?什么条件下系统变成孤立系统?

1-3 状态参数的特性是什么?状态参数对研究能量转换有何重要作用?

1-4 已知 A 气罐中气体的比容较 B 气罐中气体小一些,能否推测出两罐气体的密度、重量谁大谁小?

1-5 倘若容器中气体的压力没有改变,问测量气体压力所用的压力表上的读数能否改变?为什么?

1-6 什么是温度?温度数值是怎样确定的?

1-7 强度量与广延量有何区别?下面各物理量中哪些是强度量?哪些是广延量?

① 质量   ② 重量   ③ 容积   ④ 速度
⑤ 密度   ⑥ 能量   ⑦ 重度   ⑧ 压力
⑨ 温度   ⑩ 重力势能

1-8 因进行试验需要到油库领用 40 kg 燃油,燃油密度为 840 kg/m³,现实验室有两只空油桶,其容积分别为 40 L 及 50 L,问哪只合用?

1-9 非平衡过程能否做功?其功量是否可在状态坐标图上表示?什么情况下非平衡过程的功才能计算?

1-10 $\oint \delta W$ 是否总等于 0?若不,在什么情况下 $\oint \delta W > 0$,什么情况下 $\oint \delta W < 0$?

习 题

1-1 华氏温标是经验温标的一种,它规定在标准大气压力下纯水的冰点是 32 °F,汽点是 212 °F(°F 是华氏温度的单位符号),试推导华氏温度与摄氏温度的换算关系。

1-2 在一条煤气管路上装了一个水银 U 形压力计,U 形管一端读数为 1 406 mm,另一端为 128 mm,当时大气压力 $p_0 = 748$ mmHg,求:① 表压力为多少 mmHg?多少 bar?② 绝对压力为多少物理大气压?多少 bar?

1-3 空气在地面上的密度为 1.225 kg/m³,在 11 000 m 高空的密度为 0.369 kg/m³,求用 SI 制表示的比容各为多少?

1-4 如图 1.12 所示,A、B、C 为压力表,已知表 A 指示为 2.5 bar,表 B 指示为 1.1 bar,求:① 表 C 的指示为多少?设环境大气压力 $p_0 = 1.1$ bar;② 容器左边的气体压力为多少?

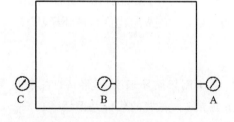

图 1.12 题 1-4 图

1-5 如图 1.13 所示,某气罐中气体的表压力约为 2~3 bar,若只用两只 0~2 bar 的金属压力表来测量,有何办法?并用简图表明这种测量方案。

1-6 如图 1.14 所示,A、B 两气缸内分别装气体,用一个具有不同直径的活塞连在一起,活塞的质量为 10 kg,气体在 A 缸内的压力为 2 bar,求 B 缸内气体的压力。(g 取 9.8 N/kg)

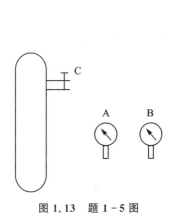
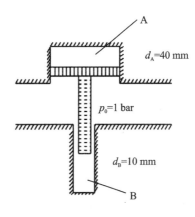

图 1.13 题 1-5 图　　　　　图 1.14 题 1-6 图

1-7　内盛 N_2 的电灯泡，当外界温度 $t_0=25\ ℃$，大气压力 $p_0=760\ mmHg$ 时，灯泡内的真空度为 200 mmHg，通电稳定后，灯泡内球形部分的温度 $t_1=160\ ℃$，而柱形部分 $t_2=70\ ℃$。假定灯泡这两部分的容积分别为 90 cm³ 及 15 cm³，求稳定情况下灯泡内的压力。

1-8　顶上有毛细孔的圆柱形玻璃瓶，瓶内一半容积盛水。若用手捂住瓶口迅速倒置，使毛细孔向下（见图 1.15），再把手拿开，求液面高度 h。设水的密度为 $\rho_水=10^3\ kg/m^3$，环境大气压力为 $p_0=1\ bar$，瓶高 $l=2\ m$。（g 取 9.8 N/kg）

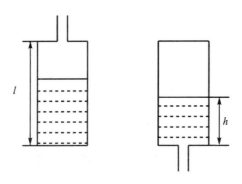

图 1.15 题 1-8 图

1-9　有一气球，要求在高空时（该高度的大气压力为 0.5 bar，温度为 0 ℃）具有 2 000 N 的净升力，如充以氢气，问所需氢气质量是多少？此气球的容积大小如何？若该气球在地面其体积又是多大？设地面大气压力为 1.013 bar，温度为 15 ℃。

1-10　如图 1.16 所示，U 型水银压力计右端是封闭的，内装有空气，当两端水银面相等时，封闭端内空气的 $t_0=15\ ℃$，$p_0=1\ bar$，使用前，在左端水银面上加入 $h_2=1\ 000\ mm$ 的水，再接到被测的容器上，这时读数 $h_1=300\ mmHg$，$h_3=400\ mm$，这时封闭端内空气温度 $t=30\ ℃$，求被测容器内气体的压力。

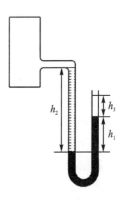

图 1.16 题 1-10 图

第 2 章 热力学第一定律

人类从长期实践中总结出这样一条规律:自然界中的一切物质都具有能量,能量不可能被创造,也不可能被消灭,但可以从一种形态转变为另一种形态;在转换过程中能量的总量保持不变。这就是能量转换与守恒定律。从微观方面来看,这个定律揭示了物质运动形式的多样性和统一性,阐明了物质运动的不灭性和永恒性这一重要本质。本章主要介绍热力学第一定律的实质、热力学第一定律的一般数学表达式以及能量方程的应用。

2.1 热力学第一定律的实质

热力学第一定律是能量转换与守恒定律在热现象上的应用,确定了热能和其他能量之间转换过程中的相互数量关系。在工程热力学中,热力学第一定律可具体表达为:热可以变为功,功也可以变为热,两者之和维持守恒。一定数量的热消失时,必定产生与之数量完全相等的功;反之,消耗一定数量的功,也必定出现数量相同的热,即能量不可能凭空产生或消失。有人曾幻想制造一种机构:它能连续不断地输出机械功,但并不需要外界提供给它任何能量。这种凭空想象出来的机构在热力学史上被称为第一类永动机。而从人类长期实践中总结出来的热力学第一定律否定了这种机构实现的可能性。因此热力学第一定律又可表述为"第一类永动机不可能实现"。

热力学第一定律不能用数学或其他的理论进行证明,是人类在生活实践中通过无数次观测所得到的经验总结。

2.2 热力学能和焓

2.2.1 热力学能

能量是物质运动的量度,运动有各种不同的形态,相应地就有各种不同的能量。物理学中已介绍过物体的动能和位能,前者取决于物体宏观运动的速度,后者取决于物体在外力场中所处的位置。它们都是因为物体做宏观运动而具有的能量,都属于机械能。

热力学能又称内能,是系统所有微观形式能量的总和,包含了微观动能、微观位能及分子和原子内的化学能、电磁能、核能等一切能量。

微观动能又称内动能,与分子和原子运动相关。其中气体分子以一定的速度通过空间,因而具有一定的动能,称为平动动能。多原子分子的原子围绕一个轴旋转,与此旋转相关的能量就是旋转动能。多原子分子的原子也可以围绕它们的共同质心振动,与这种往复运动相关的能量就是振动动能。对于气体,微观动能主要来自平移运动和旋转运动;在较高温度下,振动运动也会变得显著。根据气体分子运动学说,分子的平均动能与气体的温度成正比。因此,在较高的温度下,分子具有更大的微观动能,系统具有更高的热力学能。

微观位能又称内位能,与物质分子之间的相互作用相关,由物质的比容和温度决定。

微观动能、微观位能及分子和原子内的化学能、电磁能、核能等能量共同构成了所谓的热力学能。在不考虑化学反应和核反应的过程中,化学能、电磁能和核能都可以认为无变化,因此,物质热力学能的变化只是微观动能和微观位能的变化。

在工程热力学中,热力学能用符号 U 表示,其单位是焦耳或千焦,用符号 J 或 kJ 表示。1 kg 物质的热力学能称为比热力学能,用符号 u 表示,其单位是 J/kg 或 kJ/kg。

根据气体分子运动学说,系统的热力学能仅取决于其内部分子和原子的均方根速度和平均距离,而与达到这一热力状态的路径无关,因此热力学能是状态参数,其变化量只与系统的初态和终态相关。

热力学能没有绝对的零点。在工程计算中,一般只关心热力学能的相对变化量,因此分析热力学能变化时,理论上说可以选择任意一个状态作为计算基准。

2.2.2 总 能

一个系统内工质的总能量简称为总能,包括热力学能、宏观动能和宏观位能。热力学能又称为内部储存能(内能),宏观动能和宏观位能统称为外部储存能。

总能用 E 表示,宏观动能和宏观位能分别用 E_k 和 E_p 表示,则

$$E = U + E_k + E_p \tag{2-1}$$

如果工质的质量为 m,在参考系中的速度为 c_f,仅考虑工质在重力场中的位能,其在参考系中的高度为 z,则宏观动能和重力位能分别为

$$E_k = \frac{1}{2}mc_f^2, \quad E_p = mgz \tag{2-2}$$

因此,总能可以写为

$$E = U + \frac{1}{2}mc_f^2 + mgz \tag{2-3}$$

单位质量工质的总能称为比总能,可以写为

$$e = u + e_k + e_p = u + \frac{c_f^2}{2} + gz \tag{2-4}$$

式中,u、e_k、e_p 分别为工质所具有的比热力学能、比宏观动能和比重力位能。

2.2.3 功

1. 轴 功

热力系统通过轴的旋转与外界交换的功量称为轴功,用 W_s 表示。图 2.1(a)所示为向某刚性闭口系统输入轴功的一种方式,输入的轴功通过摩擦等耗散效应变为热量。图 2.1(b)所示为开口系统与外界交换轴功的一种方式,开口系统可输入轴功(如叶轮式压气机等),也可输出轴功(如汽轮机等)。

2. 推动功与流动功

开口系统中,物质进入或离开控制体也会做功。如图 2.2 所示,取虚线所围空间为控制体

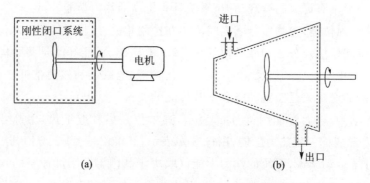

图 2.1 轴功输入输出方式举例

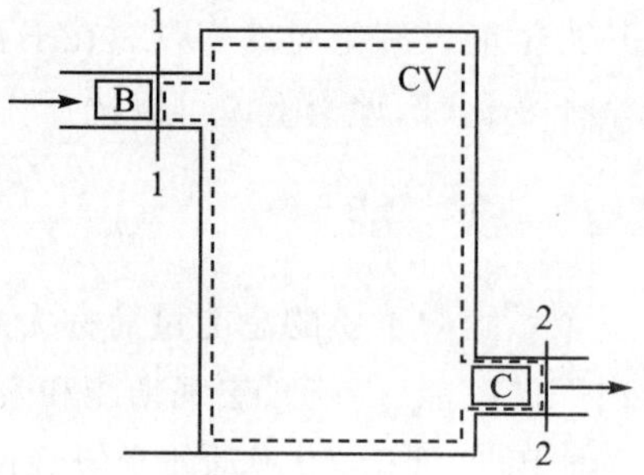

CV,质量为 m_1 的流体由进口截面流进 CV;同时,质量为 m_2 的流体从出口截面离开 CV。进口截面处的压力为 p_1,若要把体积为 V_1、质量为 m_1 的流体 B 推入控制体,则需要外界对其做功,这种功称为推动功。若把 B 左面的流体想象为一面积为 A_1 的假想活塞,把 B 推入 CV 时移动距离为 l_1,则外界克服 CV 内流体的压力对系统所做的推动功为

$$p_1 A_1 l_1 = p_1 V_1 = m_1 p_1 v_1 \quad (2-5)$$

系统对外界的推动功为

图 2.2 推动功与流动功示意图

$$-p_1 A_1 l_1 = -p_1 V_1 = -m_1 p_1 v_1 \quad (2-6)$$

出口截面处的压力为 p_2,要把体积为 V_2、质量为 m_2 的流体 C 推出控制体,将 C 右面的流体想象为一面积为 A_2 的假想活塞,把 C 推出 CV 时移动距离为 l_2,则系统克服外界压力做功,外界对系统所做的推动功为

$$-p_2 A_2 l_2 = -p_2 V_2 = -m_2 p_2 v_2$$

系统对外界的推动功为

$$p_2 A_2 l_2 = p_2 V_2 = m_2 p_2 v_2 \quad (2-7)$$

因此在进口处 CV 对外界做推动功 $-(mpv)_1$,在出口处 CV 对外做推动功 $(mpv)_2$,为使物质流进和流出 CV 必须做的功为

$$W_f = (mpv)_2 - (mpv)_1 = (pV)_2 - (pV)_1 \quad (2-8)$$

W_f 是维持物质流动所必须的功,称为流动功。

3. 有用功

凡是可以用来提升重物或驱动机器的功统称为有用功,用 W_u 表示;反之,则称为无用功。轴功和电功可以全部用来提升重物或驱动机器,因此都是有用功。至于容积变化功,由于系统处在大气环境包围之中,故需要扣除克服大气做功的部分。比如有一个活塞-气缸系统,大气压力为 p_0,当系统膨胀 dV 时,做出的容积变化功(膨胀功)为 δW,其中克服大气压力 p_0 所做功为 $p_0 dV$,这部分功不能用来提升重物或驱动机器,是无用功,其余是有用功 δW_u,即

$$\delta W_u = \delta W - p_0 dV \quad (2-9)$$

积分可得

$$W_u = W - p_0 \Delta V \quad (2-10)$$

若系统经历一个可逆过程,则有
$$\delta W_u = (p - p_0)\,dV \tag{2-11}$$
积分可得
$$W_u = \int_1^2 p\,dV - p_0 \Delta V \tag{2-12}$$

2.2.4 焓

物质总是携带着能量。当系统与外界交换物质时,物质越过边界进入系统的同时不但将其所携带的热力学能带入系统,而且还把从外部功源获得的推动功 pV 带入系统;系统输出工质时,物质越过边界离开系统,不但带走热力学能,同时输出推动功。因此系统中因引入(或排出)工质而获得(或输出)的总能量是热力学能与推动功之和 $(U+pV)$。为了简化公式和计算,人们把其定义为焓,用符号 H 表示,即
$$H = U + pV \tag{2-13}$$
1 kg 工质的焓称为比焓,用 h 表示,即
$$h = u + pv \tag{2-14}$$

在开口系统中,焓的物理意义即为进出系统的工质所携带的能量,在闭口系统中并无明确的物理意义,仅仅是一个系统参数。焓本质上也是能量,因此其单位也和其他能量一样是 J 或 kJ,比焓的单位是 J/kg 或 kJ/kg。在任一平衡状态下,u、p 和 v 都有一定的值,因此焓也具有一定的值,而与达到这一状态的路径无关。这符合状态参数的基本性质,满足状态参数的定义,因而焓也是一个状态参数,具备状态参数的一切特点。根据状态参数的特性,有
$$\Delta h_{1-a-2} = \Delta h_{1-b-2} = \int_1^2 dh = h_2 - h_1 \tag{2-15}$$
$$\oint dh = 0 \tag{2-16}$$

在热力设备中,工质总是不断地从一处流到另一处,随着工质的移动而转移的能量不等于热力学能而等于焓,故在热力工程的计算中焓有更广泛的应用。与热力学能一样,工程计算中更关心的是焓的相对变化量 ΔH,因此可以选任何状态为基准点。

2.3 热力学第一定律能量方程

2.3.1 热力学第一定律基本能量方程

按照热力学第一定律建立的包含有各种能量项的数学关系式就是能量方程。根据热力学第一定律,控制体的一般能量平衡关系式为

$$\text{系统能量的增加} = \text{进入系统的能量} - \text{离开系统的能量} \tag{2-17}$$

式中,系统能量的增加指的是系统总能的增加量,包含系统热力学能的增加量和系统外部储存能(宏观动能、重力势能等)的增加量。

进、出系统的能量则包含跨越系统边界的质量所携带的能量(焓、宏观动能、宏观位能等),以及系统通过边界与外界交换的功和热量。如图 2.3 所示的控制体 CV,设有质量 δm_{in},比总能为 e_{in} 的工质流入系统,带入能量 $(e\delta m)_{in}$ 和推动功 $(pdV)_{in}$。有质量 δm_{out},比总能为 e_{out} 的

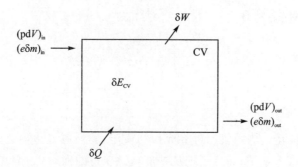

图 2.3 系统能量分析

工质流出系统,带出能量$(e\delta m)_{out}$和推动功$(pdV)_{out}$,与此同时,有热量δQ通过边界进入系统,向外界输出功δW(不包含推动功),由此引起系统本身的能量增加为$d(em)$,em是系统所具有的总能。根据能量方程,可以写出

$$\underbrace{d(em)}_{\text{系统增加的}} = \underbrace{(e\delta m)_{in} + \delta Q + (pdV)_{in}}_{\text{输入的}} - \underbrace{[(e\delta m)_{out} + \delta W + (pdV)_{out}]}_{\text{输出的}} \quad (2-18)$$

将各种能量展开并带入式(2-18),可得

$$d\left[m\left(u + \frac{c_f^2}{2} + zg\right)\right]_{CV} = \left(u + pv + \frac{c_f^2}{2} + gz\right)_{in} \cdot \delta m_{in} - \left(u + pv + \frac{c_f^2}{2} + gz\right)_{out} \cdot \delta m_{out} + \delta Q - \delta W$$

利用比焓$h = u + pv$,将式(2-18)简化为

$$d\left[m\left(u + \frac{c_f^2}{2} + gz\right)\right]_{CV} = \left(h + \frac{c_f^2}{2} + gz\right)_{in} \cdot \delta m_{in} - \left(h + \frac{c_f^2}{2} + zg\right)_{out} \cdot \delta m_{out} + \delta Q - \delta W$$

$$(2-19)$$

这就是热力学第一定律的一般数学形式,应用时将根据具体情况对式中各项有所简化。

2.3.2 闭口系统能量方程

在实际热力过程中,许多系统都是闭口系统或可抽象为闭口系统处理,如活塞式压气机的压缩过程,内燃机的压缩和膨胀过程等。因此,有必要从热力学第一定律的一般数学形式出发,进一步推导其在闭口系统的形式,即闭口系统的能量方程。图 2.4 所示为由活塞和气缸组成的典型的闭口系统。当对工质加热时,工质得到热量δQ;系统对外界做的功为容积变化功δW。闭口系统与外界无质量交换,即$\delta m_{in} = \delta m_{out} = 0$,因此由式(2-19)可得

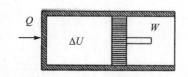

图 2.4 闭口系统示意图

$$\delta Q = dE + \delta W \quad (2-20)$$

其中,E为系统的总能。

如果考虑到系统静止,其宏观动能和宏观位能均无变化,即$dE_k = dE_p = 0$。所以系统总能的增加只是系统热力学能的增加量dU,因此式(2-20)可表示为

$$\delta Q = dU + \delta W \quad (2-21)$$

或

$$\delta q = \mathrm{d}u + \delta w \tag{2-22}$$

对式(2-21)和(2-22)积分,可得

$$Q = \Delta U + W \tag{2-23}$$

或

$$q = \Delta u + w \tag{2-24}$$

式(2-21)~式(2-24)称为闭口系统的能量方程。它表明,对一闭口系统而言,加给工质的热量用于工质热力学能的增加和对外做功。

闭口系统的能量方程是从热力学第一定律而来的,所以普遍适用于各种热力过程。具体地说,不论是理想气体还是实际气体,不论是可逆过程还是不可逆过程,该公式均适用。

对于可逆过程,有

$$W = \int_1^2 p\,\mathrm{d}V \quad \text{或} \quad w = \int_1^2 p\,\mathrm{d}v$$

故对于闭口系统的可逆过程,式(2-23)和式(2-24)可以写成

$$Q = \Delta U + \int_1^2 p\,\mathrm{d}V \tag{2-25}$$

$$q = \Delta u + \int_1^2 p\,\mathrm{d}v \tag{2-26}$$

应用闭口系统的能量方程时,应注意量纲的统一和热量、功量正负号的规定。

例 2-1 利用高压蒸汽弹射轻型飞机的弹射装置如图 2.5(a)所示,起动气缸容积为 3 m^3,弹射后膨胀到 10 m^3,弹射速度为 60 m/s,包括活塞、连杆及飞机的总质量为 $2\,700\text{ kg}$,由于过程进行很快,蒸汽和缸壁之间来不及换热,故可认为 $Q=0$,试确定过程中蒸汽的内能变化。

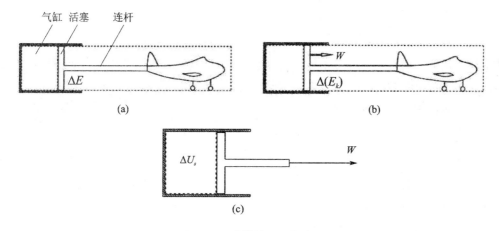

图 2.5 弹射装置示意图

解:取蒸汽、活塞、连杆及飞机作为一个封闭系统,如图 2.5(a)所示。采用控制质量的分析方法,忽略弹射时空气的阻力、蒸汽膨胀推动空气做的推动功及其他摩擦,于是所选定的封闭系统是一个孤立系统,故系统的总能量应不变,即

$$\Delta E = 0$$

式中,E 是系统的总能量,包括蒸汽的内能,机件部分的内能以及整体的动能。假定过程中构

成机件的金属的内能不变,并忽略蒸汽的动能,则上式可写为
$$\Delta E = \Delta U_s + \Delta(E_k)_m = 0$$
式中,$\Delta(E_k)_m$ 表示包括活塞、连杆及飞机作为一个整体的动能变化。它可直接由动能关系算出,即
$$\begin{aligned}\Delta(E_k)_m &= m\left(\frac{\bar{V}_2^2}{2} - \frac{\bar{V}_1^2}{2}\right) \\ &= 2\,700 \times \left(\frac{60^2}{2} - 0\right) \\ &= 486 \times 10^4 \text{ J} \\ &= 4\,860 \text{ kJ}\end{aligned}$$

所以有
$$\Delta U_s = -4\,860 \text{ kJ}$$
即蒸汽的内能减少了 4 860 kJ,从物质运动形式转换来看,系统中这种能量转变是由于气体分子从无序运动动能转变为飞机有序运动动能。

本题如果希望知道蒸汽对活塞所做的功,则可以按图 2.5(b) 或图 2.5(c) 方式设定系统,比如取蒸汽为系统(见图 2.5(b)),有
$$W + \Delta U_s = 0 \text{ J}$$
此处 ΔU_s 仍为上面的计算结果,则得
$$W = -\Delta U_s = 4\,860 \text{ kJ}$$
如果取活塞、连杆及飞机一起作为系统(见图 2.5(c)),有
$$W = \Delta(E_k)_m = 4\,860 \text{ kJ}$$

2.3.3 开口系统能量方程

工程上常遇到的系统与外界不但有能量的传递与转换,而且还有质量交换的情形,即有工质的流入和流出(如燃气涡轮、蒸汽涡轮、叶轮式压气机等)。在有工质流动的开口系统中,有稳定流动和非稳定流动两种情况。

1. 稳定流动系统

热力系统内空间各点上工质的热力参数及运动参数都不随时间变化的流动系统称为稳定流动系统。注意,所谓空间各点上参数不随时间变化,并不是指各点参数相同。恰恰相反,通常空间各点参数是不相同的,这是稳定流动与平衡态的显著区别之一。此外,稳定流动并不排斥系统与外界进行能量和质量的交换。

为实现稳定流动,必须确保系统与外界的能量与质量交换也不随时间而变化。因此稳定流动系统必须满足下列必要条件:

① 进、出口截面及控制容积中任意一个截面上的参数不随时间而变化。

② 系统与外界的功和热量交换不随时间变化。

③ 系统与外界进行的质量交换不随时间变化,且进口质量流量 $\dot{m}_1$ 与出口质量流量 $\dot{m}_2$ 相等,即

$$\dot{m}_1 = \dot{m}_2 = 常数 = \dot{m}$$

若用 A 表示流道截面积，c_f 表示流速，v 表示比容，则有

$$\dot{m} = \frac{Ac_f}{v} = \left(\frac{Ac_f}{v}\right)_1 = \left(\frac{Ac_f}{v}\right)_2 = \cdots = 常数$$

一个稳定流动系统如图 2.6 所示，在 τ 时间内系统从外界吸收热量为 δQ，对外界输出轴功为 δW_s，并有流量为 $\dot{m}$ 的工质流进和流出系统，若流入系统的工质的热力学能为 U_1，流速为 c_{f1}，进口截面相对参考系的高度为 z_1，进、出口截面及控制容积中任意一个截面上的参数不随时间而变化，则 $d\left[m\left(u + \dfrac{c_f^2}{2} + gz\right)\right]_{xyz} = 0$，系统与外界的功和热量交换不随时间变化，即 δQ 和 δW 不变，系统与外界进行的质量交换不随时间变化，即 $\dot{m}_1 = \dot{m}_2 (\delta m_1 = \delta m_2)$，由式(2-19)可得

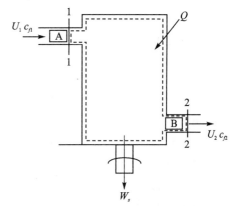

图 2.6　稳定流动系统示意图

$$\delta Q = dH + \frac{1}{2}m(c_{f2}^2 - c_{f1}^2) + mg(z_2 - z_1) + \delta W_s \quad (2-27)$$

即

$$\delta Q = dH + \frac{1}{2}m\Delta c_f^2 + mg\Delta z + \delta W_s \quad (2-28)$$

对于单位质量的工质

$$\delta q = dh + \frac{1}{2}dc_f^2 + g\,dz + \Delta w_s \quad (2-29)$$

将式(2-29)积分可以得到

$$Q = \Delta H + \frac{1}{2}m\Delta c_f^2 + mg\Delta z + W_s \quad (2-30)$$

对于单位质量工质，有

$$q = \Delta h + \frac{1}{2}\Delta c_f^2 + g\Delta z + w_s \quad (2-31)$$

式(2-30)、式(2-31)称为稳定流动系统的能量方程，表示当工质流过一个稳定的开口系统时，加给系统的热量用于增加工质的焓、动能、位能和对外做功。由于稳定流动系统能量方程是由热力学第一定律导出的，故它既适用于工质为理想气体或实际气体，也适用于可逆过程或不可逆过程。

稳定流动系统能量方程中的 $\dfrac{1}{2}m\Delta c_f^2$、$mg\Delta z$ 两项分别表示动能、位能的变化量，它们都是机械能，可以全部转变为有用功，为此，将 $\dfrac{1}{2}m\Delta c_f^2$、$mg\Delta z$ 和 W_s 三项之和统称为技术功(技术上可利用的功)，用 W_t 表示，于是有

$$q = \Delta h + w_t \quad (2-32)$$

显然,当忽略宏观动能和重力势能时,技术功也就等于轴功。又因为
$$\Delta H = \Delta U + \Delta(pV) \tag{2-33}$$
$$Q = W + \Delta U \tag{2-34}$$
将式(2-32)、式(2-33)和式(2-34)代入式(2-30)中得
$$w_t = w - \Delta(pv) = w - (p_2 v_2 - p_1 v_1) \tag{2-35}$$
对于可逆过程
$$w_t = \int_1^2 p\,\mathrm{d}v + p_1 v_1 - p_2 v_2 = \int_1^2 p\,\mathrm{d}v - \int_1^2 p(\mathrm{d}v) = -\int_1^2 v\,\mathrm{d}p \tag{2-36}$$

对于可逆的稳定流动过程,在 $p-v$ 图上技术功可以用过程曲线与纵坐标所围成的面积(见图2.7中5-1-2-6-5)来表示。

稳定流动系统能量方程也可写作
$$Q = \Delta H + W_t \tag{2-37}$$
对于单位质量工质,有
$$q = \Delta h + w_t \tag{2-38}$$
微分形式为
$$\delta Q = \mathrm{d}H + \delta W_t$$
或
$$\delta q = \mathrm{d}h + \delta w_t$$

上式表明,加于稳定流动系统的热量等于工质焓的增量和产生的技术功之和。

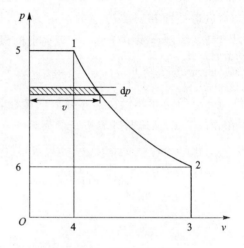

图 2.7 技术功的表示

例 2-2 某蒸汽动力锅炉以 30 t/h 的蒸汽供入汽轮机,进口处蒸汽的焓为 3 400 kJ/kg,流速为 50 m/s;汽轮机出口乏汽的焓为 2 300 kJ/kg,流速为 100 m/s。汽轮机出口位置比进口高 1.5 m,汽轮机对环境散热为 5×10^5 kJ/h。试求汽轮机的功率。

解:以汽轮机中蒸汽为研究对象,其稳定工况的能量方程为
$$\dot{Q} - \dot{W}_{sh} + \left(h_1 + \frac{c_{f1}^2}{2} + gz_1\right)\dot{m}_1 - \left(h_2 + \frac{c_{f2}^2}{2} + gz_2\right)\dot{m}_2 = 0$$
于是汽轮机的功率为
$$\dot{W}_{sh} = \dot{Q} + \left(h_1 + \frac{c_{f1}^2}{2} + gz_1\right)\dot{m} - \left(h_2 + \frac{c_{f2}^2}{2} + gz_2\right)\dot{m}$$
$$= \frac{-5 \times 10^8}{3\,600} + \frac{30 \times 1\,000}{3\,600} \times \left[(3\,400 - 2\,300) + \frac{1}{2} \times (50^2 - 100^2) + 9.8 \times (-1.5)\right]$$
$$= 8.996 \times 10^6 \text{ J/s}$$

2. 非稳定流动系统

在许多工程实践中,工质出入系统并非稳定流动,如某个密闭空间(例如气罐等)的充放气过程,空间内的气体质量不断变化,流动属于非定常。对于此类问题,应根据具体情况灵活分析。

充气问题就是一个典型的非稳定流动问题。在充气过程中,容器内气体的状态随时间在

不断变化,但在每一瞬间可以认为整个容器内各处的参数是一致的。另外在充气过程中,虽然流动情况随时间变化,但可认为通过容器边界进入容器的气体进口状态不随时间变化。

如图 2.8 所示,储气罐原有 m_0,u_0 气体,输气管的供气状态不变,焓为 h,经 τ 时间充气后关闭阀门,此时储气罐中气体质量为 m,忽略动能、位能变化,且管路、储气罐、阀门均绝热,计算充气后储气罐中气体内能 u'。

对此问题进行分析,可以有 4 种系统选择方式:

① 取储气罐为开口系统。如图 2.9 中虚线所示,该过程可以忽略动能和位能的变化,无气体流出系统,绝热,不对外做功,因此式(2-19)可以简化为

$$dE_{cv} - h\delta m_{in} = 0$$

即

$$dU_{cv} - h\delta m_{in} = 0 \tag{2-39}$$

对式(2-39)积分得

$$\int_{m_0 u_0}^{mu'} dU_{cv} = \int_{m_0}^{m} h\delta m_{in}$$

输气管中的 h 是常数,上式可以化为

$$mu' - m_0 u_0 = h(m - m_0)$$

即

$$u' = \frac{h(m - m_0) + m_0 u_0}{m} \tag{2-40}$$

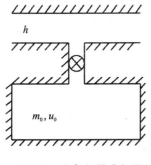

图 2.8　充气问题分析图

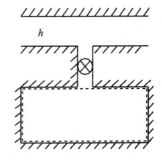

图 2.9　取储气罐为开口系统分析图

② 取最终罐中气体为闭口系统。如图 2.10 所示,忽略动能和位能的变化,绝热,应用闭口系统能量方程可得

$$Q = \Delta U + W$$

其中,W 为充进罐中那部分气体所做的容积变化功,即

$$W = -(m - m_0)pv$$
$$\Delta U = mu' - [m_0 u_0 + (m - m_0)u]$$

整理可得

$$mu' - m_0 u_0 - (m - m_0)h = 0$$

即

$$u' = \frac{h(m - m_0) + m_0 u_0}{m} \tag{2-41}$$

③ 取将进入储气罐的气体为系统。如图 2.11 所示，忽略动能和位能的变化，绝热，应用闭口系统能量方程可得

$$Q = \Delta U + W$$

与②中不同的是

$$\Delta U = (m - m_0)u' - (m - m_0)u$$
$$W = -(m - m_0)pv + W_1$$

其中，m_0 与 $m - m_0$ 的温差传热 Q_1，$m - m_0$ 对 m_0 做功 W_1，整理可得

$$Q_1 = (m - m_0)u' - (m - m_0)h + W_1 \tag{2-42}$$

Q_1 和 W_1 可以通过另取储气罐中原有气体为闭口系统分析得到。

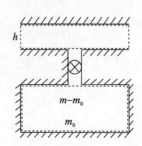 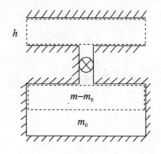

图 2.10 取最终罐中气体为闭口系统分析图　　图 2.11 取将进入储气罐的气体为系统分析图

④ 取储气罐原有气体为闭口系统。如图 2.12 所示，同样忽略动能和位能的变化，绝热，应用闭口系统能量方程可得

$$Q = \Delta U + W$$

其中

$$\Delta U = m_0 u' - m_0 u_0$$
$$Q_1' = m_0 u' - m_0 u_0 + W_1' \tag{2-43}$$

Q_1' 为 m_0 与 $m - m_0$ 的温差传热，W_1' 为 m_0 对 $m - m_0$ 做的功，则有

$$Q_1 = -Q_1' \tag{2-44}$$
$$W_1 = -W_1' \tag{2-45}$$

联立式(2-42)~式(2-45)可得

$$mu' = m_0 u_0 + (m - m_0)h$$

即

$$u' = \frac{h(m - m_0) + m_0 u_0}{m} \tag{2-46}$$

经过以上分析可以知道，系统的选取方式并不会影响最终的计算结果，即式(2-40)、式(2-41)、式(2-46)的结果都是一样的。

例 2-3　水下呼吸用的压缩空气罐，在每次使用前需要充入空气。设使用以后罐中的余气压力约为 3.4 bar，温度为 24 ℃，现将该气罐接到充气站，在空气压力为 68 bar、温度为

48 ℃的气源上充气,直到气罐内气体压力达到 68 bar 才停止充气。气罐的容积为 0.028 m³。

① 若充气是缓慢的,以至于罐内空气始终保持在室温(24 ℃),问充入多少空气?

② 若充气是迅速的,以至于过程可看成是绝热的,问充入多少空气?

假定空气可当作完全气体看待,空气定容比热容(J/(kg·K))按下列关系计算:

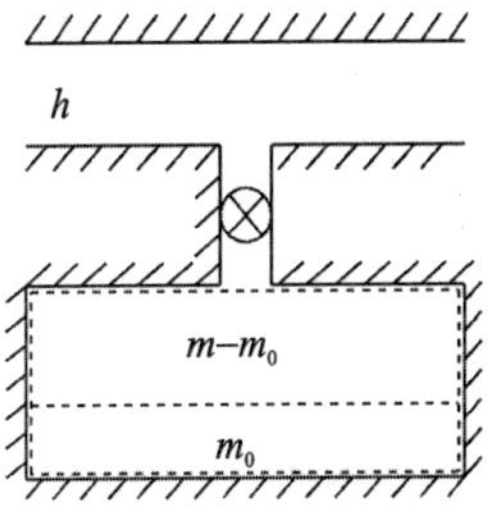

$$c_V = 637.12 + 0.217T$$

图 2.12 取储气罐原有气体为闭口系统分析图

解:① 充气时温度不变。

首先计算气罐充气前余气量 m_1,由状态方程可得

$$m_1 = \frac{p_1 V_1}{RT_1}$$

式中,$p_1 = 3.4$ bar,$V_1 = 0.028$ m³,$T_1 = 273 + 24 = 297$ K,$R = 287$ J/(kg·K),代入上式计算得

$$m_1 = \frac{3.4 \times 10^5 \times 0.028}{287 \times 297} = 0.111\ 7 \text{ kg}$$

充气停止时,气罐内装空气量 m_2,可由状态方程求得

$$m_2 = \frac{p_2 V_2}{RT_2}$$

其中,$p_2 = 68$ bar,$V_2 = V_1 = 0.028$ m³,$T_2 = T_1 = 297$ K,$R = 287$ J/(kg·K)代入上式中算得

$$m_2 = \frac{68 \times 10^5 \times 0.028}{287 \times 297} = 2.234 \text{ kg}$$

故充入空气量为

$$\Delta m = m_2 - m_1 = 2.234 - 0.111\ 7 = 2.122\ 3 \text{ kg}$$

② 充气是绝热的。

假定气源在充气时其参数恒定不变,即气源为无限气源,则有

$$u_2 = \frac{(m_2 - m_1) h_{气源} + m_1 u_1}{m_2}$$

整理后可得

$$m_2 (h_{气源} - u_2) = m_1 (h_{气源} - u_1)$$

可以规定空气在 297 K 时作为其热力学能的零点,则有

$$u_1 = u(T_1) = u(297 \text{ K}) = 0$$

$$u_2 = u(T_2) = \int_{297}^{T_2} c_V dT = 637.12(T_2 - 297) + 0.108\ 5(T_2^2 - 297^2)$$

$$u_{气源} = u(T_{气源}) = u(321 \text{ K}) = \int_{297}^{321} c_V dT = \int_{297}^{321} (637.12 + 0.217T) dT$$

$$= 637.12 \times (321 - 297) + 0.108\ 5 \times (321^2 - 297^2)$$

$$= 16\ 900.15 \text{ J/kg}$$

$$h_{气源} = u_{气源} + (pv)_{气源} = u_{气源} + RT_{气源}$$
$$= 16\,900.15 + 287 \times 321$$
$$= 109\,027.15 \text{ J/kg}$$

又

$$m_1 = 0.111\,7 \text{ kg}$$
$$m_2 = \frac{p_2 V_2}{RT_2} = \frac{68 \times 10^5 \times 0.028}{287 \times T_2} = \frac{663.4}{T_2}$$

整理可得

$$0.108\,5 T_2^2 + 655.477 T_2 - 307\,822.42 = 0$$

解得

$$T_2 = 437.9 \text{ K}$$

所以

$$\Delta m = m_2 - m_1 = \frac{663.4}{T_2} - m_1 = \frac{663.4}{437.9} - 0.111\,7 = 1.403 \text{ kg}$$

2.4 能量方程的应用

热力学第一定律的能量方程式应用广泛,可用于分析任何热力过程中能量的传递和转化。闭口系统能量方程式和开口系统能量方程式虽然形式不同,但都反映了热力状态变化过程中热能和机械能的互相转化,其本质上是一致的。在应用能量方程分析问题时,应根据具体问题的不同条件,做出某种假定和简化,使能量方程更加简单明了,下面举例说明。

2.4.1 动力机械设备

利用工质膨胀而获得机械能的热力设备称为动力机械设备,如燃气涡轮、蒸汽涡轮等,图 2.13 所示是这类机械的示意图。工质流经动力机械设备时,体积变大、压力降低,对外输出轴功。由于工质进、出口速度相差不大,高度差很小,动能差和势能差可以忽略;又因工质流经动力机械设备所需的时间很短,加之设备一般都采用较好的保温隔热措施,故可近似认为其中的热力过程是绝热过程。因此,稳定流动能量方程简化为

$$w_s = h_1 - h_2 = w_t \quad (2-47)$$

也就是说,动力机械设施对外做出的轴功(或技术功)由工质的焓降转变而来。

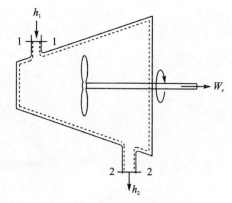

图 2.13 动力机械设备示意图

2.4.2 压缩机械设备

如图 2.14 所示,压缩机械设备是生产压缩气体的设备,如风机、压气机等,通常消耗机械

能或电能来得到压缩气体。当工质流经该类设备
时,体积变小,压力升高,外界对工质做功,情况与
上述动力机械设备刚好相反。

一般情况下,压缩机械设备进、出口工质的动
能、位能均可忽略,如无专门冷却措施,工质对外略
有散热,但数值很小,也可略去不计,因此,稳定流
动能量方程可写成

$$w_s = h_1 - h_2 = w_t \quad (2-48)$$

即压缩机械设备中工质的焓升由外界对其所做的
轴功转变而来。

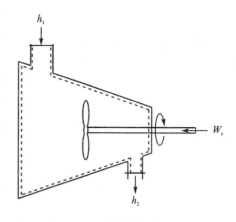

图 2.14 压缩机械设备示意图

2.4.3 热交换器

热交换器是用来将热量从热流体传递到冷流体,以满足规定的工艺要求的装置,如图 2.15 所示。工质流经换热器、回热器等热交换器时,冷热流体之间相互交换热量,工质和外界的热量交换较小可以忽略,动能差和位能差也可忽略不计。若工质流动是稳定的,单位质量冷流体工质的吸热量为

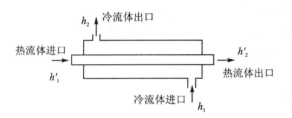

图 2.15 热交换器示意图

$$q = h_2 - h_1 \quad (2-49)$$

单位质量热流体工质的放热量为

$$q = h_1' - h_2'$$

因此,热交换器内的热量交换的本质是冷热流体之间焓的交换。

2.4.4 管道设备

管道设备包含喷管、扩压管等,工质流经这类设备(见图 2.16)时,不对外输出轴功,进出口工质的位能差很小,可不计。该类设备一般长度较短,工质流速大,工质在设备内停留时间短,与外界交换热量相对焓值很小,也可忽略不计。若流动稳定,根据热力学第一定律,式(2-34)可简化为

$$\frac{1}{2}(c_{f2}^2 - c_{f1}^2) = h_1 - h_2 \quad (2-50)$$

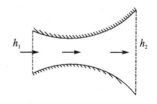

图 2.16 喷管、扩压管示意图

因此,本质上喷管与扩压管内是工质动能与焓的相互转换。

2.4.5 节流设备

节流设备包含孔板、阀门等,如图 2.17 所示,工质流过该类设备时流动截面突然收缩,压力下降,这种现象称为节流。在离收缩截面较远的两个截面处,工质的流动状态趋于稳定。假

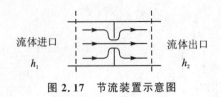

图 2.17 节流装置示意图

设节流过程中和外界没有热量交换,前后两截面间动能和位能差忽略不计,工质不对外界做功,则对两个截面间工质组成的开口系应用稳定流动能量方程式,可得

$$h_1 = h_2 \qquad (2-51)$$

注:绝热节流过程中的焓并不是处处相等。在靠近收缩截面处,由于流速的变化,流体的动能也发生变化,相应的焓值也会改变。

思考题

2-1 热力学第一定律的本质说明了什么?

2-2 试举一个能量转换与守恒的例子。

2-3 为什么说"热力学能是一个状态参数"可作为热力学第一定律的一个推论?

2-4 分别用宏观及微观的观点说明热力学能是什么?

2-5 利用状态参数热力学能,写出孤立系统的热力学第一定律的表达式。

2-6 方程 $\delta Q = dU + \delta W$ 与 $\delta Q = dU + p dV$ 是否有区别?

习 题

2-1 太阳能收集器白天能收集热量 3 404 kJ/(m^2·h),若要求这个太阳能小发电站发出 10 kW 的电力,问收集器应有多少平方米的面积?设收集到的太阳能中只有 8% 转变为电能。

2-2 在电加温器前、后测得气流的 $t_1 = 15\ ℃, t_2 = 18\ ℃$,电加热器的功率为 0.75 kW,管道为直径 $d = 90$ mm 的直管,电加热器前、后压力认为不变($p = 870$ mmHg),求每小时空气的流量及空气在电加温器后的流速。

2-3 已知某系统热力学能(kJ)为该系统摄氏温度的单值函数 $U = 100 + 1.1t$,当此系统按某过程变化时,对外做功 $\dfrac{\delta W}{dt} = 1.05$ kJ/℃,求系统由 100 ℃ 升高到 200 ℃ 时,吸热是多少?

2-4 如图 2.18 所示,活塞面积为 6 cm^2,弹簧力 $F = Ka$,系数 $K = 54$ kg/cm,气缸中装有 CO_2,起始 $a = 5$ cm 时,气体温度为 27 ℃,气缸壁被缓慢地冷却,活塞向左移动,直到 $a = 4.25$ cm,计算过程中气体放出的热量。

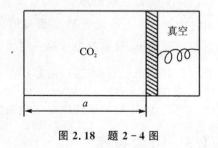

图 2.18 题 2-4 图

2-5 气瓶中有压力 $p_1 = 150$ bar,$t_1 = 15\ ℃$ 的氧气,缓慢地放出一些氧气后关闭阀门,瓶内温度降到 $t_2 = -20\ ℃$ 放气时,外界通过瓶壁传给氧气的热量为 5.69 kJ/kg,求关闭阀门一瞬间瓶内气体的压力。

2-6 气体经过喷管膨胀时,其焓减少了 24 kJ/kg,设进入喷管时气流速度看为 0,求喷管出口流速。

2-7 在某燃烧室实验设备的预热器进口测得温度 20 ℃，流速 20 m/s，出口处测得温度 120 ℃，流速 40 m/s，从供油泵流量计测得燃油消耗量为 1.2 cm³/s，试计算所需的空气量。设燃油密度为 0.78 g/cm³，热值 $Hu = 41\ 000$ kJ/kg。

2-8 某燃烧试验设备最大空气流量为 1 kg/s，试验时进入预热器的空气温度为 27 ℃，预热后温度升到 327 ℃，试计算在最大空气量时，需要加给预热器的燃油量。设燃烧热值 $Hu = 41\ 000$ kJ/kg，燃烧室效率=工质实际获得的热量/燃油完全燃烧发热量=0.97。

2-9 空气经历四个过程完成一个循环，每个过程与外界交换的热量与功的情况如表 2.1 所列，试计算 W_4。

表 2.1 题 2-9 表

过程	I	II	III	IV
热量 Q/kJ	200	20	0	-210
功 W/kJ	1 400	0	2 250	W_4

2-10 用一绝热、刚体制成的氦(He)气瓶向气球充气。当气球从扁平状态被充满时，气球和气瓶的压力都为 1.5 bar，设氧气瓶开始的压力为 75 bar，温度为 30 ℃，试求当气球充满时气瓶和气球内的温度，设整个过程是绝热的。

2-11 在一个厚壁热绝缘的金属室内装有质量 m_i 的氦气(He)，金属室通过一气阀与一个四周绝热的气缸连接起来，气阀打开前，活塞落于气缸的底部（见图 2.19），外界作用于活塞上方的压力基本上保持不变，并且等于压力 p_0，活塞与气缸间的摩擦可忽略不计，气阀逐渐开启，以便使氦气缓慢而绝热地流入气缸内，一直到气阀两边的压力平衡为止，倘若不计通道容积的影响，且氦气是具有定比热的理想气体，试证

$$\frac{m_f}{m_i}u_f = \left(\frac{m_f}{m_i} - 1\right)h + u_i$$

式中，m_f 为最后在金属室内剩下的氦气质量，单位为 kg；u_i、u_f 分别为 m_i、m_f 的比内能，单位为 kJ/kg；h 为气缸内终态气体的比焓。

2-12 有一绝热容器，容积为 1 m³，中间用绝热隔板等分为二，左室为 20 bar，30 ℃ 的 N_2，右室为 1 bar，30 ℃ 的 N_2，隔板上有一小孔，原来是用塞子塞住的，问：①打开塞子后，当两室压力相等时的一瞬间，右室 N_2 的压力和温度为多少？②若经过一段时间后，两室温度也相等，则最后的温度为多少？

2-13 容量为 0.07 m³ 的真空容器通过一阀门与空气管道连接，管道中空气的压力为 70 bar，温度为环境温度 20 ℃，打开阀门让空气充入容器直到 50 bar 时关

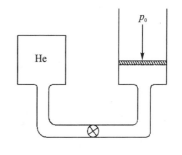

图 2.19 题 2-11 图

闭阀门，假定充气是快速的且认为是绝热的，①确定充入的空气量；②关闭阀门后，直到气瓶内气体温度达到环境温度时，容器中的终压是多少？

2-14 如图 2.20 所示，A，B 两室均装有空气，中间有阀门 C 关闭，A 室为无限气源，其压力温度为 p_a、T_a。B 室内装有质量为 m_1，压力、温度分别为 $p_i(<p_a)$、T_1 的空气。今打开阀门，当 B 室空气质量达到 m_2 时，关 C，若 B 室为绝热壁，求此时 B 室的压力和温度。

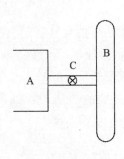

图 2.20 题 2-14 图

2-15 由刚体制成的气瓶，容积为 0.3 m³，内装 1 bar 的理想气体，为了降低瓶内压力连接一抽气泵，抽气量恒定不变为 0.014 m³/min，假定气瓶内气体的温度保持不变，试计算：

① 当气瓶内气体压力降至 0.35 bar 时所需的时间；

② 在此时间里，气瓶与外界交换的热量。

2-16 主气管中流动的空气具有恒定的压力 $p=10$ bar 及温度 $T=200$ ℃，通过一阀门通向一绝热的气瓶，缓慢地开启阀门让主气管中的空气充入气瓶。试确定气瓶中气体的终了温度，假定：

① 气瓶起始是真空的；

② 气瓶配有活塞，活塞上面有一弹簧限制住活塞，从活塞下面充气。活塞的位移与加于其上的压力成正比，活塞上部是真空的，假定弹簧的起始长度是自由长度；

③ 气瓶配有活塞，活塞有重物负载，需要 10 bar 的压力才能举起它。

在上述各种情况下，都不考虑主气管中的空气和气瓶中空气之间的热量传递。

2-17 1 kg、213 ℃、1 bar 的空气装在绝热的容器 A 中，412 ℃、6 bar 的空气装在 0.2 m³ 的绝热容器 B 中，A 与 B 连通后，求最后的温度和压力（忽略连接管道的容积）。

第 3 章 理想气体的性质与过程

目前大部分热机(内燃机、燃气轮机等)都是借助工质的状态变化过程实现能量的转移和转化,而气体由于其体积随着温度、压力的变化有着显著的变化,所以作为工质有着广泛的应用。而实际气体的性质比较复杂,所以在热力学分析中通常将某些气体近似为理想气体,研究理想气体的性质和热力过程对于分析热功转换非常重要。本章将介绍理想气体的基本性质和基本热力过程。

3.1 理想气体

3.1.1 理想气体的概念

气体分子运动学说指出,气态物质是由数目巨大的气体分子构成,它们占有一定体积,分子之间存在着作用力,并且它们持续不断地做着无规则的热运动,动量交换和能量交换主要依靠分子间的碰撞来实现。

为了更加简单地分析气体的热力过程,提出了理想气体的概念。理想气体是一种经过科学抽象的假想气体模型,它有 3 个假设:①气体分子没有体积;②分子间没有作用力,相互作用通过碰撞实现;③分子间的碰撞是完全弹性的。满足这 3 点假设的气体就可以认为是理想气体,比如高温下的燃气和常温下的氧气、氮气、惰性气体等。

实际自然界中的气体分子都具有一定的体积,当分子间间距较小时,分子本身的大小就不可忽略;当气体分子间的间距很大时,分子直径远小于分子间距,这时分子本身的体积就可以认为是零。实际自然界中的气体分子间存在相互作用力,当分子间平均距离很远时,分子间的作用力变得极其微弱,就可以认为分子间相互没有作用力。因此,理想气体可以认为是实际气体压力趋近于零($p \to 0$)、比容趋近于无穷大($v \to \infty$)时的极限状态。

不符合上述 3 点假设的气态物质称为实际气体。如火力发电厂动力装置中采用的水蒸气、制冷装置的工质氟利昂、氨气等。这类物质在实际工作中通常离液化点不远,不能看作理想气体。地球大气中含有的少量水蒸气及燃气、火电厂排放烟气中含有的少量水蒸气和二氧化碳等,因分子浓度低,分压力很小,在这些混合物的温度不太低时,仍可将其视作理想气体。

3.1.2 理想气体状态方程式

在 17 世纪末、18 世纪初,人们通过大量实验发现在平衡状态下,气体的压力、温度和比容之间存在着一定的依赖关系,从而建立了一系列经验定律。波义耳-马略特定律指出:"在温度不变的条件下,气体的压力和比容成反比。"即

$$p_1 v_1 = p_2 v_2 = \cdots = pv = 常数 \tag{3-1}$$

盖·吕萨克定律指出:"在压力不变的条件下,气体的比容和绝对温度成正比。"即

$$\frac{v_1}{T_1} = \frac{v_2}{T_2} = \cdots = \frac{v}{T} = 常数 \tag{3-2}$$

查理定律指出:"在比容不变的条件下,气体的压力和绝对温度成正比。"即

$$\frac{p_1}{T_1} = \frac{p_2}{T_2} = \cdots = \frac{p}{T} = 常数 \tag{3-3}$$

综合上述 3 个定律可以得出:在一般情况下,当 p、v、T 三个参数都可能变化时,有

$$\frac{p_1 v_1}{T_1} = \frac{p_2 v_2}{T_2} = \cdots = \frac{pv}{T} = 常数$$

或写作

$$pv = R_g T \tag{3-4}$$

式中,$R_g = k_B N_v$;k_B 是玻耳兹曼常数;N_v 是 1 kg 气体所具有的分子数,每一种气体都有确定的值;R_g 称为气体常数,单位是 J/(kg·K) 或 kJ/(kg·K),显然它是一个只与气体种类有关,而与气体所处状态无关的物理量。

式(3-4)就是理想气体状态方程,也称为克拉贝隆方程。

同样也可以得到基于摩尔量的理想气体状态方程:

$$pV = nRT$$

其中,p 是气体压力,单位是 Pa;V 是气体体积,单位是 m³;n 是物质的量,单位是 mol;R 是摩尔气体常数或者通用气体常数,$R = R_g M = 8.314$ J/(mol·K),M 是气体的摩尔质量。这也意味着可以利用摩尔气体常数和气体的分子量来计算气体常数。例如空气的摩尔质量是 28.97×10^{-3} kg/mol,故其气体常数 $R_g = 287$ J/(kg·K)。

例 3-1 将容量为 0.9 m³ 储气罐中的空气向大气放出,放气前罐内气体的温度为 27 ℃,压力表读数为 94 bar,放气后罐内气体温度降为 17 ℃,压力表读数为 42 bar,求放出的空气量。设大气压力为 1 bar。

解:放气前,罐中的空气量为

$$m_{前} = \frac{pV}{R_g T} = \frac{(94+1) \times 10^5 \times 0.9}{0.287 \times 10^3 \times (27+273)} = 99.3 \text{ kg}$$

放气后,罐中的空气量为

$$m_{后} = \frac{p'V}{R_g T'} = \frac{(42+1) \times 10^5 \times 0.9}{0.287 \times 10^3 \times (17+273)} = 46.44 \text{ kg}$$

放出的空气量为

$$\Delta m = m_{前} - m_{后} = 99.3 - 46.44 = 52.86 \text{ kg}$$

3.2 理想气体的比热容

3.2.1 比热容的定义

为了计算气体状态变化过程中的吸热(或放热)量,引入了比热容的概念。单位质量的物体温度升高 1 K(或 1 ℃)所吸收热量称为比热容,又称质量热容,单位为 J/(kg·K) 或

kJ/(kg·K)，用 c 表示，其定义式为

$$c = \frac{\delta q}{\mathrm{d}T} \quad \text{或} \quad c = \frac{\delta q}{\mathrm{d}t} \tag{3-5}$$

因为热量是过程量，所以相同的温度变化，若经历的途径不同，所交换的热量也是不同的。因而比热容和过程特性有关，对比热容的定义应当指定途径。热力设备中工质往往是在接近压力不变或体积不变的条件下吸热或放热的，工程中常用定压或定容过程的比热容，它们称为比定压热容和比定容热容，分别用 c_p 和 c_V 表示。

根据热力学第一定律，对于可逆过程有

$$\delta q = \mathrm{d}u + p\,\mathrm{d}v = \mathrm{d}h - v\,\mathrm{d}p$$

当容积不变时（$\mathrm{d}v = 0$）

$$c_V = \left(\frac{\delta q}{\mathrm{d}T}\right)_v = \left(\frac{\mathrm{d}u + p\,\mathrm{d}v}{\mathrm{d}T}\right)_v = \left(\frac{\mathrm{d}u}{\mathrm{d}T}\right)_v$$

又因为

$$\mathrm{d}u = \left(\frac{\partial u}{\partial T}\right)_v \mathrm{d}T + \left(\frac{\partial u}{\partial T}\right)_T \mathrm{d}v$$

即

$$\mathrm{d}u = \left(\frac{\partial u}{\partial T}\right)_v \mathrm{d}T$$

所以有

$$c_V = \left(\frac{\partial u}{\partial T}\right)_v \mathrm{d}T \tag{3-6}$$

当压力不变时（$\mathrm{d}p = 0$）

$$c_p = \left(\frac{\delta q}{\mathrm{d}T}\right)_p = \left(\frac{\mathrm{d}h - v\,\mathrm{d}p}{\mathrm{d}T}\right)_p = \left(\frac{\mathrm{d}h}{\mathrm{d}T}\right)_p$$

又因为

$$\mathrm{d}h = \left(\frac{\partial h}{\partial T}\right)_p \mathrm{d}T + \left(\frac{\partial h}{\partial T}\right)_T \mathrm{d}p = \left(\frac{\partial h}{\partial T}\right)_p \mathrm{d}T$$

所以有

$$c_p = \left(\frac{\partial h}{\partial T}\right)_p \mathrm{d}T \tag{3-7}$$

需要说明的是，式（3-6）和式（3-7）是直接由 c_p 和 c_V 的定义导出的，其适用于一切工质，并不局限于理想气体。

3.2.2　理想气体的比热容

分子的热运动形成内动能，包括分子的移动、转动和分子内原子振动的动能。温度与分子运动速度成正比，温度越高，内动能越大。分子间相互作用力形成内位能（内势能），内位能与分子间的平均距离有关，即与工质的比容有关。温度升高，分子运动加快，碰撞频率增加，进而使分子间相互作用增强。所以，内位能也与温度有关。

因此，工质的热力学能取决于工质的温度 T 和比容 v，也就是取决于工质所处的状态。热

力学能是一个状态参数,可写成

$$u = f(T,v)$$

理想气体的分子间无作用力,不存在内位能,热力学能只包括取决于温度的内动能,因此与比容无关,即理想气体的热力学能是温度的单值函数,$u = f(T)$。

又因为

$$h = u + pv$$

根据理想气体状态方程式

$$pv = R_g T$$

可得

$$h = u + R_g T \tag{3-8}$$

显然理想气体的焓也只是温度的单值函数 $h = f(T)$,此时

$$\left(\frac{\partial u}{\partial T}\right)_v = \frac{\mathrm{d}u}{\mathrm{d}T} = c_V \tag{3-9}$$

$$\left(\frac{\partial h}{\partial T}\right)_p = \frac{\mathrm{d}h}{\mathrm{d}T} = c_p \tag{3-10}$$

从式(3-9)、式(3-10)也可以看出,理想气体的比定压热容(c_p)和比定容热容(c_V)仅是温度的单值函数。

对于 $h = u + R_g T$,若对 T 求导,则有

$$\frac{\mathrm{d}h}{\mathrm{d}T} = \frac{\mathrm{d}u}{\mathrm{d}T} + R_g$$

即

$$c_p = c_V + R_g \tag{3-11}$$

式(3-11)称为迈耶公式,该公式仅仅适用于理想气体。

比定压热容和比定容热容的比值(c_p/c_V)称为比热容比,用 γ 表示:

$$\gamma = \frac{c_p}{c_V} \tag{3-12}$$

严格地讲,比热容比随工质状态变化而变化,但在精度要求不是很高时,可以看作是定值以简化分析计算。例如:对于单原子气体,$\gamma = 1.67$;对于双原子气体,$\gamma = 1.40$;对于多原子气体,$\gamma \approx 1.29$;对于水蒸气,$\gamma = 1.135$。

结合式(3-10)和式(3-12),可得

$$c_V = \frac{1}{\gamma - 1} R_g \tag{3-13}$$

$$c_p = \frac{\gamma}{\gamma - 1} R_g \tag{3-14}$$

3.2.3 利用比热容计算热量

1. 真实比热容

理想气体的比热容 c 是温度的单值函数,通常可用多项式形式表达

$$c = a_0 + a_1 T + a_2 T^2 + a_3 T^3 + \cdots + a_n T^3 \tag{3-15}$$

或
$$c = b_0 + b_1 t + b_2 t^2 + b_3 t^3 + \cdots + b_n T^3 \tag{3-16}$$

式中,$a_0, a_1, a_2, a_3, \cdots, a_n, b_0, b_1, b_2, b_3, \cdots, b_n$ 为一定范围内实验测量结果拟合的系数,对于不同气体有不同的取值。

根据比热容的定义,单位质量气体由 T_1(或 t_1)升高到 T_2(或 t_2)所吸收的热量为

$$q_{12} = \int_{T_1}^{T_2} c(T) \, dT$$

或

$$q_{12} = \int_{t_1}^{t_2} c(t) \, dt$$

实际使用时,常常截取前几项来进行计算。常见理想气体的系数可参照附录 2。

2. 平均比热容

根据比热容定义,温度由 t_1 升高到 t_2 过程的热量可表示为

$$q_{12} = \int_{t_1}^{t_2} c(t) \, dt$$

根据积分中值定理可以知道,在积分区域 $[t_1, t_2]$ 内,可以找到一点 t_m,其对应的函数值 $c\big|_{t_1}^{t_2} = c(t_m)$,满足

$$q_{12} = \int_{t_1}^{t_2} c(t) \, dt = c\big|_{t_1}^{t_2} (t_2 - t_1) \tag{3-17}$$

$c\big|_{t_1}^{t_2}$ 就是工质在温度 $[t_1, t_2]$ 区间内的平均比热容。

如果 $t_1 = 0\ ℃$,则工质在 $[0, t]$ 区间内的平均比热容就是 $c\big|_0^t$。$c\big|_0^{t_1}$ 和 $c\big|_0^{t_2}$ 已知时,工质在温度 $[t_1, t_2]$ 区间内的平均比热容可以表示为

$$c\big|_{t_1}^{t_2} = \frac{c\big|_0^{t_2} t_2 - c\big|_0^{t_1} t_1}{t_2 - t_1} \tag{3-18}$$

常见理想气体的 $c\big|_0^t$ 可参照附录 4。

3. 定值比热容

当气体温度接近室温且变化范围不大,或计算精度要求不太高时,可将比热容近似作为定值处理,称为定值比热容。

由气体分子运动学说可推导出理想气体的定值比热容,如表 3.1 所列。

表 3.1 理想气体的定值比热容

参数	单原子气体	双原子气体	多原子气体
$c_V / (\text{J} \cdot \text{kg}^{-1} \cdot \text{K}^{-1})$	$3R_g/2$	$5R_g/2$	$7R_g/2$
$c_p / (\text{J} \cdot \text{kg}^{-1} \cdot \text{K}^{-1})$	$5R_g/2$	$7R_g/2$	$9R_g/2$
γ	1.67	1.40	1.29

例 3-2 空气在某换热器中从 100 ℃加热到 300 ℃,试求 1 kg 空气的加热量。

解:已知

$$T_1 = 100 + 273.15 = 373.15 \text{ K}, \quad T_2 = 300 + 273.15 = 573.15 \text{ K}$$

① 按真实比热容的经验式。

查附录 2 可得空气的比定压热容为

$$c_p = 1.05 - 0.365 \times 10^{-3} T + 0.85 \times 10^{-6} T^2 - 0.39 \times 10^{-9} T^3$$

1 kg 空气的加热量为

$$q_p = \int_{T_1}^{T_2} c_p \mathrm{d}T = \int_{373.15 \text{ K}}^{573.15 \text{ K}} (1.05 - 0.365 \times 10^{-3} T + 0.85 \times 10^{-6} T^2 - 0.39 \times 10^{-9} T^3)$$

$$= 1.05 \times (573.15 - 373.15) - \frac{0.365 \times 10^{-3}}{2} \times (573.15^2 - 373.15^2) + \frac{0.85 \times 10^{-6}}{3} \times$$

$$(573.15^3 - 373.15^3) - \frac{0.39 \times 10^{-9}}{4} \times (573.15^4 - 373.15^4)$$

$$= 205.45 \text{ kJ/kg}$$

② 按平均比热容表。

查附录 4 可得

$$t = 100 \text{ °C}, \quad c_p \big|_{0\text{°C}}^{100\text{°C}} = 1.006 \text{ kJ/(kg·K)}; \quad t = 300 \text{ °C}, \quad c_p \big|_{0\text{°C}}^{300\text{°C}} = 1.019 \text{ kJ/(kg·K)}$$

所以

$$q_p = c_p \big|_{0\text{°C}}^{300\text{°C}} t_2 - c_p \big|_{0\text{°C}}^{100\text{°C}} t_1 = 1.019 \times 300 - 1.006 \times 100 = 205.1 \text{ kJ/kg}$$

③ 按定值比热容计算。

$$c_p = \frac{7}{2} R_g = \frac{7 \times 287}{2} = 1.0045 \text{ kJ/(kg·K)}$$

$$q_p = c_p (t_2 - t_1) = 1.0045 \times (300 - 100) = 200.9 \text{ kJ/kg}$$

以上 3 种计算方法略有误差,平均比热容表是根据实验测得的数据编制的,所以相对来说比较精确,和使用真实比热容计算相比误差较小,使用定值比热容的计算过程简单,但会有一定的误差。同时需要注意的是,计算中要分清楚温度的单位是 K 还是℃。

3.3 理想气体的状态参数

3.3.1 理想气体的热力学能

理想气体的热力学能是温度的单值函数,其变化量仅与初、终态的温度相关,而与经历的过程无关。因此任意过程热力学能的变化量与相同初、终状态温度的可逆定容膨胀过程的变化量相等。换言之,只要给定了初始和终了状态,在这两个状态之间的任意一个热力过程的热力学能变化都是相同的,自然也就可以用可逆定容膨胀过程的热力学能变化来表征该初态、终态之间任一热力过程的热力学能变化。

可逆定容膨胀过程的容积变化功为零,热力学能变化量等于过程热量,即

$$\Delta u = q = \int_{T_1}^{T_2} c_V \mathrm{d}T \tag{3-19}$$

当比热容选定值时,积分可得

$$\Delta u = \int_{T_1}^{T_2} c_V \mathrm{d}T = c_V(T_2 - T_1) \tag{3-20}$$

3.3.2 理想气体的焓

理想气体的焓也是温度的单值函数,其变化量仅与初、终态的温度相关,而与经历的过程无关。因此类似地,任意过程焓的变化量与相同初、终状态温度的可逆定压膨胀过程焓的变化量相等。

可逆定压膨胀过程的技术功为 0,焓的变化量等于过程热量,即

$$\Delta h = q = \int_{T_1}^{T_2} c_p \mathrm{d}T \tag{3-21}$$

当比热容选定值时,可得

$$\Delta h = \int_{T_1}^{T_2} c_p \mathrm{d}T = c_p(T_2 - T_1) \tag{3-22}$$

通常在热工计算时,重点关注的是热力学能或焓的变化量,所以工程上往往规定某一基准状态工质的热力学能为 0(来忽略某些复杂因素)以方便计算。理想气体通常假设 0 K 或 0 ℃ 时的焓值为 0,来计算各个温度对应焓值的相对值。

例 3-3 空气在低压条件下从 100 ℃ 加热到 300 ℃ 时,试通过以下 3 种方法求 1 kg 空气的焓差:①真实比热容经验公式;②空气焓值表;③空气平均比热容表,单位 kJ/kg。

解:已知

$$T_1 = 100 + 273.15 = 373.15 \text{ K}, \quad T_2 = 300 + 273.15 = 573.15 \text{ K}$$

① 空气从 100 ℃ 升高到 300 ℃ 过程的平均比热容为

$$c_p = 1.05 - 0.365 \times 10^{-3} T + 0.85 \times 10^{-6} T^2 - 0.39 \times 10^{-9} T^3$$

1 kg 空气的焓差为

$$\Delta h = \int_{T_1}^{T_2} c_p \mathrm{d}T = \int_{373.15 \text{ K}}^{573.15 \text{ K}} (1.05 - 0.365 \times 10^{-3} T + 0.85 \times 10^{-6} T^2 - 0.39 \times 10^{-9} T^3)$$

$$= 1.05 \times (573.15 - 373.15) - \frac{0.365 \times 10^{-3}}{2} \times (573.15^2 - 373.15^2) + \frac{0.85 \times 10^{-6}}{3} \times$$

$$(573.15^3 - 373.15^3) - \frac{0.39 \times 10^{-9}}{4} \times (573.15^4 - 373.15^4)$$

$$= 205.45 \text{ kJ/kg}$$

② $c_p \mathrm{d}T$ 的积分结果也可以通过从附录 8 中直接读出的焓值计算得到,附录 8 中理想气体的特性为干空气。

$$h_{373.15 \text{ K}} = h_{370 \text{ K}} + (h_{380 \text{ K}} - h_{370 \text{ K}}) \times \frac{3.15}{10}$$

$$= 372.69 + (382.79 - 372.69) \times \frac{3.15}{10}$$

$$= 375.97 \text{ kJ/kg}$$

$$h_{573.15 \text{ K}} = h_{570 \text{ K}} + (h_{580 \text{ K}} - h_{570 \text{ K}}) \times \frac{3.15}{10}$$

$$= 577.69 + (588.04 - 577.69) \times \frac{3.15}{10}$$

$$= 580.95 \text{ kJ/kg}$$
$$\Delta h = h_{573.15\text{ K}} - h_{373.15\text{ K}} = 580.95 - 375.97 = 204.98 \text{ kJ/kg}$$

③ 查附录 4 可得

$t = 100 \text{ °C}$，$c_p\big|_{0\text{ °C}}^{100\text{ °C}} = 1.006 \text{ kJ/(kg·K)}$；$t = 300 \text{ °C}$，$c_p\big|_{0\text{ °C}}^{300\text{ °C}} = 1.019 \text{ kJ/(kg·K)}$

所以
$$\Delta h = c_p\big|_{0\text{ °C}}^{300\text{ °C}} t_2 - c_p\big|_{0\text{ °C}}^{100\text{ °C}} t_1 = 1.019 \times 300 - 1.006 \times 100 = 205.1 \text{ kJ/kg}$$

3.3.3　理想气体的熵

由前文中关于熵的定义可知，对于可逆过程有

$$\mathrm{d}s = \frac{\delta q_{\text{rev}}}{T} \tag{3-23}$$

式中，δq_{rev} 为 1 kg 工质在微元可逆过程中与热源交换的热量；T 是传热时工质的热力学温度；$\mathrm{d}s$ 是此微元过程中 1 kg 工质的熵变，称为比熵变。

对于理想气体，将可逆过程热力学第一定律解析式 $\delta q = c_p \mathrm{d}T - v \mathrm{d}p$ 和状态方程 $pv = R_g T$ 代入熵的定义式（3-23）中得

$$\mathrm{d}s = \frac{c_p \mathrm{d}T - v \mathrm{d}p}{T} = c_p \frac{\mathrm{d}T}{T} - R_g \frac{\mathrm{d}p}{p} \tag{3-24}$$

上式积分可得出熵的变化量为

$$\Delta s_{12} = \int_{T_1}^{T_2} c_p \frac{\mathrm{d}T}{T} - R_g \ln \frac{p_2}{p_1} \tag{3-25}$$

理想气体的比热容是温度的函数 $c_p = f(T)$，对于指定气体，函数式是确定的，式（3-25）等号右侧第 1 项 $\int_{T_1}^{T_2} c_p \frac{\mathrm{d}T}{T}$ 只取决于 T_1 和 T_2，第 2 项取决于初、终态的压力 p_1 和 p_2，因而从状态 1 变化到状态 2 时的比熵变 Δs_{12} 完全取决于系统的初态和终态，而与其经历的过程无关。

将 $\delta q = c_V \mathrm{d}T + p \mathrm{d}v$ 和 $pv = R_g T$ 代入式（3-23）得到

$$\mathrm{d}s = \frac{c_V \mathrm{d}T + p \mathrm{d}v}{T} = c_V \frac{\mathrm{d}T}{T} + R_g \frac{\mathrm{d}v}{v} \tag{3-26}$$

积分得

$$\Delta s_{12} = \int_{T_1}^{T_2} c_V \frac{\mathrm{d}T}{T} + R_g \ln \frac{v_2}{v_1} \tag{3-27}$$

将 $\frac{\mathrm{d}p}{p} + \frac{\mathrm{d}v}{v} = \frac{\mathrm{d}T}{T}$ 代入式（3-11）中得到

$$\mathrm{d}s = c_V \frac{\mathrm{d}p}{p} + c_p \frac{\mathrm{d}v}{v} \tag{3-28}$$

积分得

$$\Delta s_{12} = \int_{p_1}^{p_2} c_V \frac{\mathrm{d}p}{p} + \int_{v_1}^{v_2} c_p \frac{\mathrm{d}v}{v} \tag{3-29}$$

在温度变化不大或近似计算时，可假定比热容为定值，可以得到

$$\begin{cases} \Delta s_{12} = c_V \ln \dfrac{T_2}{T_1} + R_g \ln \dfrac{v_2}{v_1} \\ \Delta s_{12} = c_p \ln \dfrac{T_2}{T_1} - R_g \ln \dfrac{p_2}{p_1} \\ \Delta s_{12} = c_p \ln \dfrac{v_2}{v_1} + c_V \ln \dfrac{p_2}{p_1} \end{cases} \tag{3-30}$$

例 3 - 4 空气定压稳定流经冷却器,$p_1 = p_2 = 1$ bar,温度由 300 ℃ 降到 100 ℃,试利用平均比热容表计算流经冷却器的空气的熵变化量。

解:已知
$$T_1 = 300 + 273.15 = 573.15 \text{ K}, \quad T_2 = 100 + 273.15 = 373.15 \text{ K}$$
$t_1 = 300 \text{ ℃}, \quad c_p \big|_{0\text{℃}}^{300\text{℃}} = 1.019 \text{ kJ/(kg·K)}; \quad t_2 = 100 \text{ ℃}, \quad c_p \big|_{0\text{℃}}^{100\text{℃}} = 1.006 \text{ kJ/(kg·K)}$

利用 $c\big|_{t_1}^{t_2} = \dfrac{c\big|_0^{t_2} t_2 - c\big|_0^{t_1} t_1}{t_2 - t_1}$,可以求出在 300 ℃ 到 100 ℃ 间的平均比定压热容:

$$c\big|_{t_1}^{t_2} = \dfrac{c\big|_0^{t_2} t_2 - c\big|_0^{t_1} t_1}{t_2 - t_1} = \dfrac{1.019 \times 300 - 1.006 \times 100}{300 - 100} = 1.0255 \text{ kJ/(kg·K)}$$

比熵的变化量为

$$\Delta s = c_p \big|_{t_1}^{t_2} \ln \dfrac{T_2}{T_1} - R_g \ln \dfrac{p_2}{p_1} = 1.0255 \times \ln \dfrac{373.15}{573.15} = -0.44 \text{ kJ/(kg·K)}$$

3.4 理想气体的基本热力过程

当系统与外界有能量交换时,系统本身必然要发生状态变化,在不同条件下进行能量交换时,系统中工质状态参数变化的规律也会不同。这表明能量变化规律与参数变化规律有着密切的联系。另外,为了计算过程中的能量,如前面提到过的容积变化功 $\int_1^2 p \mathrm{d}v$、技术功 $-\int_1^2 v \mathrm{d}p$ 以及热量 $q = \int_1^2 T \mathrm{d}s$ 等,必须知道过程中状态参数间的变化规律。自然界中所发生的各种各样的热力过程是千差万别的,其参数的变化也很复杂,难以把握住它们的准确变化规律。但是,如果加以某种理想化,就可以得到接近或比较接近真实情况的参数变化规律。在热力工程中通常把复杂的实际过程理想化为一些简单过程,从而在一定的允许误差范围内对过程进行分析和计算。这些简单过程通常为过程中某一状态参数为定值不变的过程,如定压过程、定容过程、定温过程及可逆绝热过程。

3.4.1 定容过程

可逆定容过程即比容保持不变的过程,$\mathrm{d}v = 0$,其过程方程为
$$v = 定值, \quad v_2 = v_1$$

初、终态状态参数的变化规律和不同状态下参数之间的关系可根据过程方程及 $pv = R_g T$ 得出,即

$$\dfrac{p_2}{p_1} = \dfrac{T_2}{T_1} \quad 或 \quad \dfrac{T_1}{p_1} = \dfrac{T_2}{p_2} \tag{3-31}$$

如图 3.1(a)所示,定容过程在 p-v 图上是一条与横坐标垂直的直线。取定值比热容时,根据

$$ds = \frac{c_V dT + p dv}{T} = c_V \frac{dT}{T}$$

得到定容过程线在 T-s 图上是一条斜率为 $\left(\dfrac{\partial T}{\partial s}\right)_v = \dfrac{T}{c_V}$ 的指数曲线。

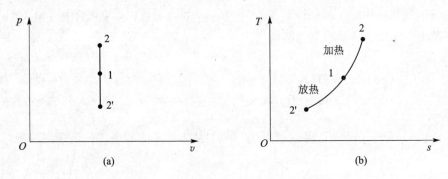

图 3.1 定容过程 p-v 图和 T-s 图

因为 $dv=0$,定容过程的容积变化功为 0,即

$$w = \int_{v_1}^{v_2} p dv = 0$$

所以过程热量等于系统热力学能的变化量,即

$$q_V = \Delta u = \int_{T_1}^{T_2} c_V dT$$

当比热容选定值时,可得

$$q_V = \Delta u = \int_{T_1}^{T_2} c_V dT = c_V(T_2 - T_1) \tag{3-32}$$

式(3-32)中,q_V 的计算结果为正,是吸热过程,反之是放热过程。系统经历定容过程时,不输出膨胀功,加给工质的热量为转变为机械能,全部用于增加工质的热力学能,因而温度升高,定容吸热过程线 1→2 指向右上方(见图 3.1(b)),是吸热升温增压过程;定容放热过程中热力学能减少量等于放热量,温度必然降低,定容放热过程线 1→2' 指向左下方(见图 3.1(b)),是放热降温减压过程。

定容过程的技术功为

$$w_t = -\int_{p_1}^{p_2} v dp = v(p_1 - p_2) \tag{3-33}$$

w_t 的计算结果为正是对外做正功,反之是外界对系统做功。

3.4.2 定压过程

定压过程即工质的压力保持不变的过程,$dp=0$。其过程方程为

$$p = 定值, \qquad p_1 = p_2$$

根据定压过程的过程方程和 $pv = R_g T$,可确定初、终态参数的关系为

$$\frac{v_2}{v_1} = \frac{T_2}{T_1} \quad 或 \quad \frac{T_1}{v_1} = \frac{T_2}{v_2} \tag{3-34}$$

如图 3.2 所示，定压过程在 $p-v$ 图上是一条水平的直线，在 $T-s$ 图上则是一条曲线，取定值比热容时，$\Delta s = c_p \ln \dfrac{T_2}{T_1}$，可逆定容过程的过程线斜率为 $\left(\dfrac{\partial T}{\partial s}\right)_v = \dfrac{T}{c_V}$，可逆定压过程的过程线斜率为 $\left(\dfrac{\partial T}{\partial s}\right)_p = \dfrac{T}{c_p}$，因此定压过程也为一条指数曲线。定压过程 $1 \rightarrow 2$ 是吸热升温膨胀过程，$1 \rightarrow 2'$ 是放热降温压缩过程。

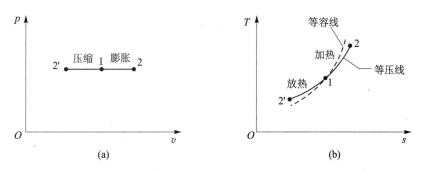

图 3.2 定压过程 $p-v$ 图和 $T-s$ 图

任何一种气体，在同一温度下总是 $c_p > c_V$，所以 $\dfrac{T}{c_p} < \dfrac{T}{c_V}$，$\left(\dfrac{\partial T}{\partial s}\right)_p < \left(\dfrac{\partial T}{\partial s}\right)_v$，即定压线斜率小于定容线斜率，故定压线较定容线平坦。由于 c_V、c_p、T 均恒为正值，故定容线和定压线都是斜率为正的指数曲线。

因为 $p=$ 定值，所以定压过程的容积变化功为

$$w = \int_{v_1}^{v_2} p \, dv = p(v_2 - v_1) \tag{3-35}$$

系统经历一个定压过程时，工质吸热，温度提高，同时向外膨胀，出现了一部分热能转变成机械能的现象，以容积变化功的形式对外输出。同时工质由于温度升高，热力学能也相应增加。

对于理想气体，定压过程的容积变化功可进一步表示为

$$w = R_g (T_2 - T_1) \tag{3-36}$$

上式表明：理想气体的气体常数 R_g 在数值上等于 1 kg 气体在定压过程中温度升高 1 K 所做的容积变化功。

过程热量可根据热力学第一定律得出

$$q = u_2 - u_1 + p(v_2 - v_1) = h_2 - h_1 \tag{3-37}$$

即工质在定压过程中吸入的热量等于焓增，放出的热量等于焓降。定压过程的热量或焓差还可借助于比定压热容或比定容热容计算，即

$$q = \Delta h = \int_{T_1}^{T_2} c_p \, dT \tag{3-38}$$

当比定压热容或比定容热容取定值时

$$q = \Delta h = \int_{T_1}^{T_2} c_p \, dT = (c_V + R_g)(T_2 - T_1) \tag{3-39}$$

定压过程的技术功为 $w_t = -\int_{p_1}^{p_2} v \, dp = 0$，表明工质定压稳定流过诸如换热器等设备时，不

对外做技术功,这时 $q-\Delta u=pv_2-pv_1$,pv_2-pv_1 为流动功,即热能转化来的机械能 $q-\Delta u$ 全部用来维持工质流动。

式(3-35)和式(3-37)是根据容积变化功的定义和热力学第一定律直接导出的,故不限于理想气体,对任何工质都适用。而式(3-36)和式(3-38)只适用于理想气体。

3.4.3 定温过程

定温过程即工质温度保持不变的过程,$dT=0$,过程方程为
$$T_1=T_2 \quad 或 \quad T=定值$$

对于理想气体,根据过程方程和理想气体状态方程 $pv=R_gT$,得到初终态的状态参数关系为
$$pv=定值, \quad p_1v_1=p_2v_2 \tag{3-40}$$

上式说明定温过程中气体的压力与比容成反比。

如图 3.3 所示,定温过程的过程线在 $p-v$ 图上为一条等轴双曲线,在 $T-s$ 图上则为水平直线。定温过程线 1→2 是吸热膨胀降压过程,1→2′是放热压缩增压过程。

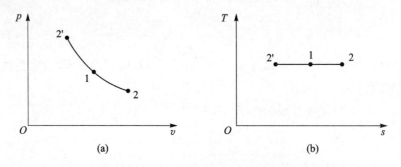

图 3.3 定温过程 $p-v$ 图和 $T-s$ 图

理想气体的热力学能和焓都是温度的单值函数,因此定温过程即定热力学能过程、定焓过程,这时
$$\Delta u=0, \quad \Delta h=0$$

定温过程熵变量为
$$\Delta s=R_g\ln\frac{v_2}{v_1}=-R_g\ln\frac{p_2}{p_1} \tag{3-41}$$

定温过程的容积变化功为
$$w=\int_1^2 p\,dv=\int_1^2 pv\frac{dv}{v}=\int_1^2 R_gT\frac{dv}{v}=R_gT\ln\frac{v_2}{v_1}=p_1v_1\ln\frac{v_2}{v_1}=-p_1v_1\ln\frac{p_2}{p_1} \tag{3-42}$$

技术功为
$$w_t=-\int_1^2 v\,dp=-\int_1^2 pv\frac{dp}{p}=-\int_1^2 R_gT\ln\frac{p_2}{p_1}=-p_1v_1\ln\frac{p_2}{p_1} \tag{3-43}$$

过程热量为
$$q_T=w=R_gT\ln\frac{v_2}{v_1}=p_1v_1\ln\frac{v_2}{v_1}=-p_1v_1\ln\frac{p_2}{p_1} \tag{3-44}$$

理想气体定温过程的热量 q_T 和容积变化功 w 数值相同,且正负也相同,即传给系统工质

的热量全部以容积变化功的形式对外输出,而且是全部可以利用的技术功。

式(3-41)~式(3-44)只适用于理想气体,因为推导过程中引用了理想气体状态方程 $pv=R_gT$ 以及 $u=f(T)$、$h=f(T)$ 等理想气体的性质。

3.4.4 绝热过程

绝热过程是工质状态发生变化的任一微元过程中,系统与外界都不交换热量的过程,即过程中每一时刻均有 $\delta q=0$,全部过程与外界交换的热量也为零($q=0$)。绝热过程是为了便于分析计算而进行的简化和抽象,它是实际过程的一种近似,当过程进行得很快,工质与外界来不及交换热量时,例如,气流流经叶轮式压气机和喷管的过程等均可以近似当作绝热过程处理。根据熵的定义,$ds=\dfrac{\delta q_{rev}}{T}$,可逆绝热时 $\delta q=0$,故有 $ds=0$,$s=$定值。可逆绝热过程又称为定熵过程。

因为绝热 $\delta q=0$,所以可逆绝热过程的热力学第一定律的解析式的两种形式为 $\delta q=c_V dT+p dv=0$ 和 $\delta q=c_p dT-v dp=0$,可以得到

$$\frac{dp}{p}=-\frac{c_p dv}{c_V v}$$

对于理想气体,式中比热容比 $\dfrac{c_p}{c_V}=\gamma$,即

$$\frac{dp}{p}+\gamma\frac{dv}{v}=0$$

设比热容为定值,则 γ 也是定值,上式积分得 $\int\dfrac{dp}{p}+\gamma\int\dfrac{dv}{v}=$定值,因此 $\ln p+\gamma\ln v=$定值,即 $pv^\gamma=$定值。

定熵指数(也称等熵指数或绝热指数)通常以 k 表示。定熵过程的过程方程为

$$pv^k=定值 \tag{3-45}$$

式(3-45)可以用微分形式表达,即

$$\frac{dp}{p}+k\frac{dv}{v}=0 \tag{3-46}$$

利用过程方程和 $pv=R_gT$ 可以得到定熵过程初、终态状态参数关系为

$$\frac{p_2}{p_1}=\left(\frac{v_1}{v_2}\right)^k \tag{3-47}$$

$$\frac{T_2}{T_1}=\left(\frac{v_1}{v_2}\right)^{k-1} \tag{3-48}$$

$$\frac{T_2}{T_1}=\left(\frac{p_2}{p_1}\right)^{\frac{k-1}{k}} \tag{3-49}$$

由式(3-45)可得,可逆绝热过程线在 $p-v$ 图上是一条高次双曲线,在 $T-s$ 图上是垂直于横坐标的直线,如图3.4所示。过程线 1→2 是绝热膨胀降压降温过程,1→2′是绝热压缩增压升温过程。在 $p-v$ 图上,定熵线斜率为 $\left(\dfrac{\partial p}{\partial v}\right)_s=-k\dfrac{p}{v}$,因为 $k>1$,与定温线斜率 $\left(\dfrac{\partial p}{\partial v}\right)_T=$

$-\dfrac{p}{v}$ 相比，定熵线斜率的绝对值大于等温线，因此定熵线更陡些。

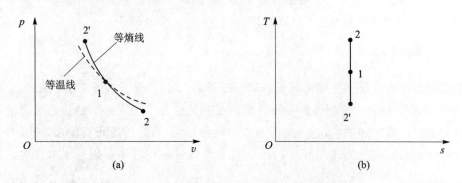

图 3.4　可逆绝热过程（定熵过程）$p-v$ 图和 $T-s$ 图

绝热过程系统与外界不交换热量，即 $q=0$。由闭口系统热力学第一定律解析式 $q=\Delta u+w$，可得容积变化功为

$$w=-\Delta u=u_1-u_2 \tag{3-50}$$

若为理想气体，且按定值热容考虑，可得

$$w=c_V(T_1-T_2)=\frac{1}{k-1}R_g(T_1-T_2)=\frac{1}{k-1}(p_1v_1-p_2v_2) \tag{3-51}$$

对于定熵过程，可得

$$w=\frac{1}{k-1}R_gT_1\left[1-\left(\frac{p_2}{p_1}\right)^{\frac{k-1}{k}}\right] \tag{3-52}$$

或

$$w=\frac{1}{k-1}R_gT_1\left[1-\left(\frac{v_1}{v_2}\right)^{k-1}\right] \tag{3-53}$$

由稳定流动开口系统的热力学第一定律解析式 $q=\Delta h+w_t$，可得绝热过程的技术功为

$$w_t=-\Delta h=h_1-h_2 \tag{3-54}$$

对于理想气体且按定值比热容计算，则为

$$w_t=c_p(T_1-T_2)=\frac{k}{k-1}R_g(T_1-T_2)=\frac{k}{k-1}(p_1v_1-p_2v_2) \tag{3-55}$$

对于定熵过程，可得

$$w_t=\frac{k}{k-1}R_gT_1\left[1-\left(\frac{p_2}{p_1}\right)^{\frac{k-1}{k}}\right] \tag{3-56}$$

或

$$w_t=\frac{k}{k-1}R_gT_1\left[1-\left(\frac{v_1}{v_2}\right)^{k-1}\right] \tag{3-57}$$

以上各式表明，绝热过程中工质与外界无热量交换，容积变化功只来源于工质本身的能量转换。绝热膨胀时，工质的容积变化功等于工质的热力学能损失；绝热压缩时，消耗的压缩功等于工质的热力学能增量。工质在绝热过程中所做的技术功等于焓降。技术功是容积变化功的 k 倍，即

$$w_t = kw \tag{3-58}$$

3.4.5 基本热力过程的过程曲线线簇

$p-v$ 图或 $T-s$ 图上的每一种简单过程的过程曲线并不是仅有一条,而有很多条。

如图 3.5 所示的定容过程的过程曲线,随着比容的数值不同,会有一组不同 v 的定容线组成所谓定容线的线簇。图 3.5 只绘出了 3 条(v_1,v_2,v_3)作为代表。在 $T-s$ 图上的 v_1 与 v_2 线之间做一条等温线与它们相交,交点分别是 $1(T_1,s_1)$ 和 $2(T_2,s_2)$。由图可以看出,这里 $T_1=T_2$,而 $s_1>s_2$,将这些条件代入式(3-30),可以判断得出

$$\Delta s_{12}=c_V \ln\frac{T_2}{T_1}+R_g\ln\frac{v_2}{v_1}=R_g\ln\frac{v_2}{v_1}<0$$

即

$$v_1 > v_2$$

由此可见,在 $T-s$ 图上定容线的线簇分布规律是:在 $p-v$ 图上是一条与横坐标垂直的直线;在 $T-s$ 图是一条斜率为 $\left(\dfrac{\partial T}{\partial s}\right)_v=\dfrac{T}{c_V}$ 的指数曲线,向右下方,比容增大,向左上方,比容减小。

如图 3.6 所示的定压过程的过程曲线,随着压力的数值不同,会有一组不同 p 的定熵线组成所谓定压线的线簇。图 3.6 只绘出了 3 条(p_1,p_2,p_3)作为代表。在 $T-s$ 图上的 p_1 和 p_2 线之间做一条定温线与它们相交,交点分别是 $1(T_1,s_1)$ 和 $2(T_2,s_2)$。由图可以看出,这里 $T_1=T_2$,而 $s_1<s_2$,将这些条件代入式(3-30),可以判断得出

$$\Delta s_{12}=c_p\ln\frac{T_2}{T_1}-R_g\ln\frac{p_2}{p_1}=-R_g\ln\frac{p_2}{p_1}>0$$

即

$$p_1 > p_2$$

由此可见,在 $T-s$ 图上定压线的线簇分布规律是:在 $p-v$ 图上是一条水平的直线;在 $T-s$ 图上是一条斜率为 $\left(\dfrac{\partial T}{\partial s}\right)_p=\dfrac{T}{c_p}$ 的指数曲线,向左上方,压力增大,向右下方,压力减小。

如图 3.7 所示的定温过程的过程曲线,随着温度的数值不同,会有一组不同 T 的定熵线组成所谓定温线的线簇。图 3.7 只绘出了 3 条(T_1,T_2,T_3)作为代表。在 $p-v$ 图上的 T_1 和 T_2 线之间做一条定压线与它们相交,交点分别是 $1(p_1,v_1)$ 和 $2(p_2,v_2)$,由图可以看出,这里 $p_1=p_2$,而 $v_1>v_2$,将这些条件代入克拉贝隆方程式,可以判断得出

$$\frac{T_2}{T_1}=\frac{v_2}{v_1}$$

即

$$T_1 > T_2$$

由此可见,在 $p-v$ 图上定温线的线簇分布规律是:在 $p-v$ 图上为一条等轴双曲线,向右上方,温度增大,向左下方,温度减小;在 $T-s$ 图上则为水平直线。

如图 3.8 所示的定熵过程的过程曲线,随着比熵的数值不同,会有一组不同 s 的定熵线组

成所谓定熵线的线簇。图 3.8 只绘出了 3 条(s_1,s_2,s_3)作为代表。在 $p-v$ 图上的 s_1 和 s_2 线之间做一条定容线与它们相交,交点分别是 $1(p_1,v_1)$ 和 $2(p_2,v_2)$,由图可以看出,这里 $v_1=v_2$,而 $p_1>p_2$,将这些条件代入式(3-32),可以判断得出

$$\Delta s_{12}=c_p\ln\frac{v_2}{v_1}+c_V\ln\frac{p_2}{p_1}=c_V\ln\frac{p_2}{p_1}<0$$

即

$$s_1>s_2$$

由此可见,在 $p-v$ 图上定熵线的线簇分布规律是:在 $p-v$ 图上是一条高次双曲线,线斜率为 $\left(\frac{\partial p}{\partial v}\right)_s=-k\frac{p}{v}$,向右上方,熵值增大,向左下方,熵值减小;在 $T-s$ 图上是垂直于横坐标的直线。理想气体的 4 个基本热力过程在 $p-v$ 图和 $T-s$ 图上的过程曲线线簇及分布规律如图 3.5~图 3.8 所示。

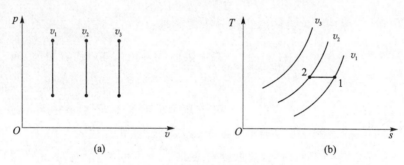

图 3.5 定容过程的过程曲线线簇($v_1>v_2>v_3$)

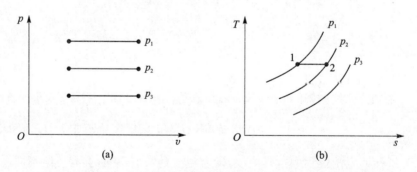

图 3.6 定压过程的过程曲线线簇($p_1>p_2>p_3$)

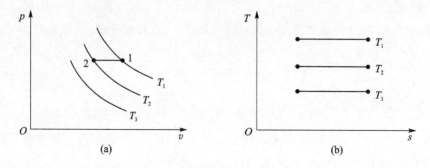

图 3.7 定温过程的过程曲线线簇($T_1>T_2>T_3$)

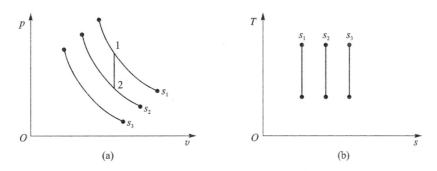

图 3.8 可逆绝热过程(定熵过程)的过程曲线线簇($s_1 > s_2 > s_3$)

3.5 理想气体的多变过程

上节中提到的 4 种简单过程的共同特征是在过程中保持某一个状态参数不变。在工程实际中,确实有不少过程非常接近这些简单过程,但是还有很多过程存在较大的偏离,如果勉强理想化为某一简单过程,其分析计算的结果势必有较大的误差。

根据客观实际情况,需要适应范围更广的过程类型。多变过程就是在简单过程的基础上扩展出来的一种过程。对 4 个简单过程的过程方程加以概括可知,它们均可归属于 $pv^n=$ 常数这种类型,因为当 $n=0$ 时,$pv^n=$ 常数,即 $p=$ 常数(定压过程);当 $n=1$ 时,$pv^n=$ 常数,即 $pv=$ 常数(定温过程);当 $n=k$ 时,$pv^n=$ 常数,即 $pv^k=$ 常数(定熵过程);当 $n=\pm\infty$ 时,$pv^n=$ 常数或 $p^{1/n}v=$ 常数,代入 n 值取其极限得到 $v=$ 常数(定容过程)。

在热力学中,将状态变化过程中 p 与 v 符合 $pv^n=$ 常数规律的可逆过程定义为多变过程,n 为 $-\infty$ 到 $+\infty$ 之间的任一实数。显然,多变过程包括 $n=$ 定值的所有过程,而 n 就成了区别各种多变过程的依据。4 个简单过程只不过是多变过程的 4 个特定情况,而多变过程则是 4 个简单过程的扩展。

根据过程方程和理想气体状态方程 $pv=R_g T$,得到多变过程初终态的状态参数关系为

$$\frac{p_2}{p_1}=\left(\frac{T_2}{T_1}\right)^{\frac{n}{n-1}} \tag{3-59}$$

及

$$\frac{T_2}{T_1}=\left(\frac{v_1}{v_2}\right)^{n-1} \tag{3-60}$$

根据热力学第一定律解析式,对可逆多变过程有

$$q_n=\Delta u_n+w_n \tag{3-61}$$

工质为理想气体且比热为定值时,有 $\Delta u_n = c_V \Delta T$,又

$$w_n=\int_{v_1}^{v_2} p\,\mathrm{d}v=\int_{v_1}^{v_2} p_1 v_1^n \frac{\mathrm{d}v}{v^n}=p_1 v_1^n \cdot \frac{1}{1-n}(v_2^{1-n}-v_1^{1-n})=\frac{1}{1-n}(p_1 v_1 - p_2 v_2)=\frac{R}{1-n}(T_1 - T_2) \tag{3-62}$$

将 Δu_n 及 w_n 代入第一定律解析式,可得

$$q_n=\left(\frac{n-k}{n-1}\right)c_V(T_2-T_1)$$

令

$$c_n = \left(\frac{n-k}{n-1}\right)c_V \tag{3-63}$$

则有

$$q_n = c_n \Delta T \tag{3-64}$$

c_n 就是多变过程的比热容,简称多变比热容。对于某一确定的理想气体,多变指数 n 为定值时,多变比热容 c_n 也为定值,因而 c_n = 定值也可作为多变过程的定义。当 n 分别等于 0、1、k 及 $\pm\infty$ 时,就可由式(3-63)求出 c_n,其值分别为 c_p、$\pm\infty$、0 及 c_V,这正是定压、定温、定熵及定容过程的比热容。

理想气体多变过程的热力学能及焓的变化 Δu 和 Δh 可表示为

$$\Delta u = c_V \Delta T \tag{3-65}$$

$$\Delta h = c_p \Delta T \tag{3-66}$$

可逆多变过程中,由熵的定义可导出

$$ds = \frac{\delta q}{T} = c_n \frac{dT}{T} \tag{3-67}$$

对式(3-67)积分可得

$$s = c_n \ln T + C \tag{3-68}$$

或者写成

$$\Delta s = s_2 - s_1 = c_n \ln \frac{T_2}{T_1} \tag{3-69}$$

对于某个实际的多变过程,其多变指数 n 可由以下方法得到:先测出初、终态(如流动过程,其初、终态相应为进、出口状态)压力和温度 p_1、p_2、T_1、T_2,然后利用 p 与 T 的关系式即可求出相应的多变过程的 n,对两边取对数后整理可得

$$n = \frac{\ln(p_2/p_1)}{\ln(p_2/p_1) - \ln(T_2/T_1)} \tag{3-70}$$

由于多变过程包括 $-\infty \to +\infty$ 范围内的所有 n 值,故多变过程的过程曲线形状各不相同。例如在 p-v 图上 $n=0$,多变过程曲线是直线,当 $n=1$ 时,是双曲线,当 n 为其他值时,则是其他相应形状的曲线。

理想气体的 4 种基本热力过程的过程曲线在状态参数坐标图的分布有以下规律:按顺时针方向,多变指数 n 的值按照 $-\infty \to 0 \to 1 \to k \to +\infty$ 的次序逐渐增大,如图 3.9 所示。根据这一规律,可以判断出从任一点出发的不同 n 值的多变过程的过程曲线的大致位置。

注:每一个图上由同一点出发都能绘出两条方向相反的相同 n 值的曲线。

多变过程的容积变化功 w 可表示为

$$w = \int_1^2 p\,dv = p_1 v_1^n \int_1^2 \frac{dv}{v^n} = \frac{1}{n-1}(p_1 v_1 - p_2 v_2) = \frac{R_g T_1}{n-1}\left[1 - \left(\frac{p_2}{p_1}\right)^{\frac{n-1}{n}}\right] \tag{3-71}$$

多变过程的技术功 w_t 可表示为

$$w_t = -\int_1^2 v\,dp = \frac{n}{n-1}(p_1 v_1 - p_2 v_2) = \frac{n}{n-1} R_g T_1 \left[1 - \left(\frac{p_2}{p_1}\right)^{\frac{n-1}{n}}\right] \tag{3-72}$$

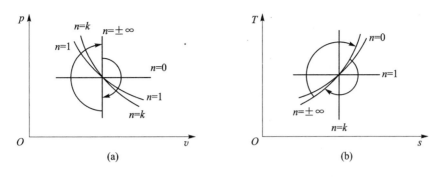

图 3.9 4 种基本热力过程的 $p-v$ 图和 $T-s$ 图

多变过程的过程热量 q 可表示为

$$q = c_n \Delta T = \frac{n-k}{n-1} c_V \Delta T \tag{3-73}$$

表 3.2 提供了当比热容取定值时理想气体可逆过程的公式。

表 3.2 理想气体可逆过程计算公式(取定值比热容)

可逆过程	定容过程 $n=\infty$	定压过程 $n=0$	定温过程 $n=1$	定熵过程 $n=k$	多变过程 n
过程特征	$v=$定值	$p=$定值	$T=$定值	$s=$定值	/
T、p、v 之间的关系式	$\dfrac{T_1}{p_1}=\dfrac{T_2}{p_2}$	$\dfrac{T_1}{v_1}=\dfrac{T_2}{v_2}$	$p_1 v_1 = p_2 v_2$	$p_1 v_1^k = p_2 v_2^k$ $T_1 v_1^{k-1} = T_2 v_2^{k-1}$ $T_1 p_1^{-\frac{k-1}{k}} = T_2 p_2^{-\frac{k-1}{k}}$	$p_1 v_1^n = p_2 v_2^n$ $T_1 v_1^{n-1} = T_2 v_2^{n-1}$ $T_1 p_1^{-\frac{n-1}{n}} = T_2 p_2^{-\frac{n-1}{n}}$
Δu	$c_V(T_2 - T_1)$	$c_V(T_2 - T_1)$	0	$c_V(T_2 - T_1)$	$c_V(T_2 - T_1)$
Δh	$c_p(T_2 - T_1)$	$c_p(T_2 - T_1)$	0	$c_p(T_2 - T_1)$	$c_p(T_2 - T_1)$
Δs	$c_V \ln \dfrac{T_2}{T_1}$	$c_p \ln \dfrac{T_2}{T_1}$	$\dfrac{q}{T}$ $R_g \ln \dfrac{v_2}{v_1}$ $-R_g \ln \dfrac{p_2}{p_1}$	0	$c_V \ln \dfrac{T_2}{T_1} + R_g \ln \dfrac{v_2}{v_1}$ $c_p \ln \dfrac{T_2}{T_1} - R_g \ln \dfrac{p_2}{p_1}$ $c_p \ln \dfrac{v_2}{v_1} + c_V \ln \dfrac{p_2}{p_1}$
比热容 c	$c_V = \dfrac{R_g}{k-1}$	$c_p = \dfrac{kR_g}{k-1}$	∞	0	$\dfrac{n-k}{n-1} c_V$
容积变化功 $w = \int_1^2 p \, dv$	0	$p(v_2 - v_1)$ $R_g(T_2 - T_1)$	$R_g T \ln \dfrac{v_2}{v_1}$ $R_g T \ln \dfrac{p_1}{p_2}$	$-\Delta u$ $\dfrac{R_g}{k-1}(T_1 - T_2)$ $\dfrac{R_g T_1}{k-1}\left[1-\left(\dfrac{p_2}{p_1}\right)^{\frac{k-1}{k}}\right]$	$\dfrac{R_g}{n-1}(T_1 - T_2)$ $\dfrac{R_g T_1}{n-1}\left[1-\left(\dfrac{p_2}{p_1}\right)^{\frac{n-1}{n}}\right]$

续表 3.2

可逆过程	定容过程 $n=\infty$	定压过程 $n=0$	定温过程 $n=1$	定熵过程 $n=k$	多变过程 n
过程特征	$v=$定值	$p=$定值	$T=$定值	$s=$定值	/
技术功 $w_t=-\int_1^2 v\mathrm{d}p$	$v(p_1-p_2)$	0	$w_t=w$	$-\Delta h$ $\dfrac{k}{k-1}R_g(T_1-T_2)$ $\dfrac{kR_gT_1}{k-1}\left[1-\left(\dfrac{p_2}{p_1}\right)^{\frac{k-1}{k}}\right]$ $w_t=kw$	$\dfrac{n}{n-1}R_g(T_1-T_2)$ $\dfrac{nR_gT_1}{n-1}\left[1-\left(\dfrac{p_2}{p_1}\right)^{\frac{n-1}{n}}\right]$
过程热量 q	Δu	Δh	$T(s_2-s_1)$ $q=w=w_t$	0	$\dfrac{n-k}{n-1}c_V(T_2-T_1)$

例 3-5 空气在活塞式压气机中被压缩,其初态 $V_1=2\ \mathrm{m}^3$, $p_1=1\ \mathrm{bar}$, $t_1=40\ ℃$,经多变过程压缩到 $p_2=5.65\ \mathrm{bar}$, $V_2=0.5\ \mathrm{m}^3$,求:①过程的多变指数;②终温 t_2;③压缩气体所消耗的功;④与外界交换的热量以及该压缩过程中的内能、焓、熵的变化量。设空气比热 $c_V=0.718\ \mathrm{kJ/(kg·K)}$。

解:由理想气体状态方程求出空气的质量

$$m=\frac{p_1V_1}{RT_1}=\frac{1\times10^5\times 2}{0.287\times10^3\times 313}=2.23\ \mathrm{kg}$$

根据多变过程关系式 $p_1V_1^n=p_2V_2^n$,可有

$$n=\frac{\ln(p_2/p_1)}{\ln(V_1/V_2)}=\frac{\ln(5.56/1)}{\ln(2/0.5)}=1.25$$

终态温度 t_2 可由式(3-60)求得

$$T_2=T_1\left(\frac{V_1}{V_2}\right)^{n-1}=313\times\left(\frac{2}{0.5}\right)^{1.25-1}=442.5\ \mathrm{K}$$

或

$$t_2=(442.5-273)℃=169.5\ ℃$$

压缩过程的容积功为

$$W=\frac{p_1V_1}{n-1}\left[1-\left(\frac{p_2}{p_1}\right)^{\frac{n-1}{n}}\right]=\frac{1\times10^5\times 2}{1.25-1}\left[1-\left(\frac{5.61}{1}\right)^{\frac{1.25-1}{1.25}}\right]=-329\ \mathrm{kJ}$$

负号表示压缩过程消耗的功(容积变化功)。

压缩过程与外界交换的热量为

$$Q=m\frac{n-k}{n-1}c_V(T_2-T_1)=2.23\times\frac{1.25-1.4}{1.25-1}\times 0.718\times(442.5-313)=-124.4\ \mathrm{kJ}$$

负号表示压缩过程向外放热。

过程中内能及焓的变化分别为

$$\Delta U=mc_V(T_2-T_1)=2.23\times 0.718\times(442.5-313)=207.3\ \mathrm{kJ}$$

$$\Delta U=mc_p(T_2-T_1)=2.23\times 1.004\times(442.5-313)=289.9\ \mathrm{kJ}$$

过程中熵的变化为

$$\Delta S = m\left(c_V \ln \frac{T_2}{T} + R_g \ln \frac{V_2}{V_1}\right)$$

$$= 2.23 \times \left(0.718 \times \ln \frac{442.5}{313} + 0.287 \times \ln \frac{0.5}{2}\right)$$

$$= -0.333 \text{ kJ/K}$$

思考题

3-1 为什么焓的变化在数值上等于定压过程交换的热量,而不是其他过程的热量?

3-2 如图 3.10 所示,设气体的比热为定值,q_{123} 与 q_{143} 相等吗?

3-3 如图 3.11 所示,今有任意过程 $a \to b$ 及 $a \to c$,b 点及 c 点在同一条可逆绝热线上,试问 $\Delta u_{a \to b}$ 与 $\Delta u_{a \to c}$ 谁大谁小?

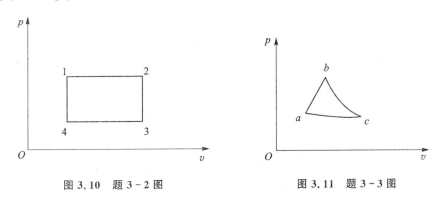

图 3.10 题 3-2 图　　　　图 3.11 题 3-3 图

3-4 如果多变比热为负值,怎样理解该过程能量变化的特点?

3-5 膨胀过程的压力能否升高?

3-6 试设计一个过程,使它吸收热量的同时降低温度,这样的过程多变指数范围如何?

3-7 过程方程和状态方程之间有何区别又有何联系?在应用时应注意什么问题?

3-8 气体的真实比热到底是变值还是定值?为什么有变比热又有定比热?平均比热是什么意思?

3-9 多变过程是不是毫无规律的变化莫测的过程?为什么?

3-10 已知某压缩过程的实验曲线($p-v$ 图),用什么方法可以确定其多变指数?假定它可以用多变过程来代替。

习 题

3-1 某飞机的气密座舱由于漏气而影响座舱压力,从飞行高度 16 km 下降到 10 km,垂直下降速度为 100 m/s。开始下降时的座舱压力为 295 mmHg,下降到 10 km 时为 200 mmHg,设飞机下降时座舱的温度变化很小,可忽略不计,并保持为 25 ℃,试计算漏气率(kg/m³·h)。

3-2 有一冷气瓶内装有压缩空气,瓶上压力表指示为 49 bar,环境温度为 15 ℃,如果冷气瓶最大承受压力为 100 bar,问此瓶安全使用的环境最高温度为多少?

3-3 某空气罐中有压缩空气 5 kg,表压力为 6 bar,由于气罐密封性不好,经一段时间后表压力为 3 bar,试计算泄漏的空气量。设环境温度为 15 ℃,大气压力为 1 bar。

3-4 设某气体服从理想气体状态方程 $pv=R_gT$,试问下列两个量是否为全微分:

① $\dfrac{\mathrm{d}T}{T}-\dfrac{v\mathrm{d}p}{T}$;

② $\dfrac{\mathrm{d}T}{T}-\dfrac{p\mathrm{d}v}{v}$。

3-5 活塞式压气机压缩某种气体,每分钟进气量 $V_1=0.2 \text{ m}^3$,气体原来的温度 $t_0=17$ ℃,压力 $p_0=1$ bar,储气罐体积 $V=9.5 \text{ m}^3$,问经过多少分钟后,压气机才能把储气罐压力变为 7 bar,温度为 50 ℃。设储气罐中原存该气体的初压为 1.5 bar,温度为 17 ℃。

3-6 高 1 m 的竖直圆筒顶端装有一光滑紧密配合的活塞,若活塞重量及厚度可忽略不计,筒内空气压力为 1 bar,现将水银徐徐注入活塞上面,活塞逐渐下降,问水银从圆筒顶部溢出前,活塞下降了多少?设筒内空气温度保持不变。

3-7 用一不导热的活塞将一平放的绝热气缸分隔两半,起初活塞的各边均装有 1 bar,0 ℃ 的同样理想气体,若对活塞左边的气体加热,使活塞向右膨胀,把右边气体压缩至 3.5 bar,假定该气体的摩尔比热 $\mu c_v=16.618 \text{ kJ/(kmol·K)}$,$k=1.5$,原来气缸容积 $V=0.072 \text{ m}^3$,试计算:①活塞右边气体所接受的压缩功;②对活塞左边气体所加入的热量。

3-8 1 kg 空气初态 $p_1=15$ bar,$t_1=60$ ℃,经多变过程达到 $p_2=7$ bar,已知该过程比热为 0.582 kJ/(kg·K),试计算该过程熵的变化,并将该过程绘在 $p-v$ 图和 $T-s$ 图上。

3-9 试证明管道中理想气体流经任意两截面间有下述关系:

$$\frac{p_2}{\rho_2^k}=\frac{p_1}{\rho_1^k}\mathrm{e}^{\frac{s_2-s_1}{c_V}}$$

式中,p 为气体压力;ρ 为气体密度;s 为比熵;c_V 为定容比热。

3-10 压缩过程中,外界向系统做了 19.62 kJ 的功,同时系统放出 251 kJ 的热量,设工质为 N_2,试确定多变指数。

3-11 理想气体由初态 1 沿多变指数 $n=0.5$ 的过程膨胀到终态 2,试在 $p-v$ 图和 $T-s$ 图上用相应的线段或面积表示 Δu、Δh、q、w。

3-12 如图 3.12 所示,在一绝热管内,有一很薄的隔板 A(中有小孔)将管分成两部分,A 板前后安装有绝热且无摩擦活塞 C、D。开始时,使 D 紧贴 A,有销钉销住,两活塞间有理想气体,其温度 $t_1=15$ ℃,$V_1=1 \text{ m}^3$,C 的左边外界压力永远维持为 $P_外=2$ bar,D 右边为不变的压力 $p_2=1$ bar,今拨去销钉,则两活塞均向右移动,直至 C 紧贴 A 为止,试计算两活塞间理想气体的终态温度、容积 V_2 及内能变化 Δu。$c_p=1.006 \text{ kJ/(kg·K)}$,$R=0.286 \text{ kJ/(kg·K)}$。

3-13 一直径为 600 mm 的直立式气缸内装有 0.085 m³ 压力为 10^6 Pa 的压缩空气,推动活塞向上移动,活塞质量为 90 kg,试计算当活塞升高 1.2 m 时,活塞的速度和此时气缸内空气的压力及熵变。假定:①活塞与缸壁无摩擦;②气缸内空气的变化遵循 $pv^{1.35}=$ 常数的规律;③气缸内气体的速度可忽略不计;④活塞上部的大气压力为 1.013 bar。

3-14 如图 3.13 所示,气瓶内装有 20 bar,115 ℃ 的理想气体,气瓶经过一阀门与一竖直放置的气缸连接,气缸内有活塞,需要有 7 bar 的压力才能将活塞支撑起来。起始活塞是在气缸的底部,忽略阀门与气缸间的容积,慢慢地开启阀门,让气体充入气缸,最后到达气缸与气瓶内气体压力相等为止,这时气瓶内的气体温度为 19 ℃,求最后气缸内气体的温度。设气缸、气瓶及阀门都是绝热的,k 取 1.4。

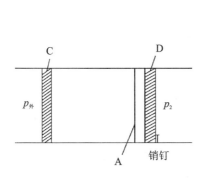

图 3.12 题 3-12 图

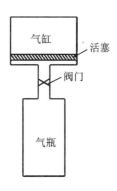

图 3.13 题 3-14 图

3-15 A、B 两个绝热的容器通过自动调压阀 C 连接起来,A 内装有 41.37 bar,333 K 的 N_2,B 内充满了液体(见图 3.14),若打开调压阀 C,始终保持对 B 内液体的作用压力 6.89 bar,同时打开阀门 D 放出液体,使 A 内的 N_2 得以定熵地流向 B,直到 A 内的压力降到 6.89 bar 时,B 容器向外界排出的液体为 0.23 m^3,试求 A 的体积。

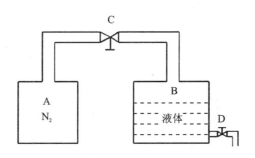

图 3.14 题 3-15 图

3-16 2 kg 气体以多变过程膨胀到它原来容积的 3 倍,其温度从 300 ℃ 降到 60 ℃,膨胀时吸入 20 kJ 热量,做出 100 kJ 的功,试确定该气体的比热。

3-17 如图 3.15 所示,有一空气压缩机,每分钟从大气中吸入温度 $t_b=27$ ℃,压力 $p_0=750$ mmHg 的空气 0.15 m^3,充入体积为 $V=1$ m^3 的储气罐中。储气罐中原有空气的温度 $t_1=27$ ℃,表压力 $P_{e1}=0.05$ MPa。经过多长时间储气罐内气体压力才能提高到 0.7 MPa,温度 $t_2=60$ ℃?

3-18 某理想气体初态时 $P_1=500$ kPa,$V_1=0.121\ 3$ m^3,经过放热膨胀过程达到终态 $P_2=170$ kPa,$V_2=0.242\ 5$ m^3,过程焓值变化 $\Delta H=-67.95$ kJ,已知该气体的比定压热容 $c_p=5.20$ kJ/(kg·K),且为定值。求:①热力学能变化量;②比定容热容和气体常数 R_g。

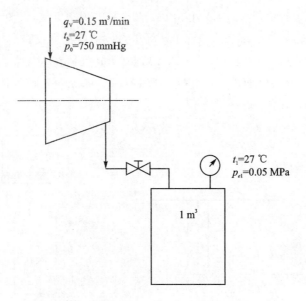

图 3.15 题 3-17 图

3-19 如图 3.16 所示,有 2 kg 的理想气体,定容下吸热量 $Q_v=370$ kJ,同时输入搅拌功 460 kJ。该过程中气体的平均比热容为 $c_p=1\,132$ J/(kg·K),$c_V=927$ J/(kg·K),已知初态温度为 $t_1=290$ ℃,求:① 终态温度 t_2;② 热力学能、焓、熵的变化量 ΔU、ΔH、ΔS。

3-20 氧气由 $t_1=30$ ℃,$p_1=1$ bar 被压缩到 $p_2=4$ bar,试计算下列情况下压缩

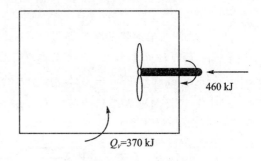

图 3.16 题 3-19 图

1 kg 氧气消耗的技术功:① 按定温压缩计算;② 按绝热压缩计算,设比热容为定值;③ 将它们表示在 $p-v$ 图和 $T-s$ 图上,试比较两种情况下技术功的大小。

3-21 3 kg 的空气从 $p_1=10$ bar、$T_1=900$ K 绝热膨胀到 $p_2=1$ bar。设比热容为定值,绝热指数 $k=1.4$,求:① 终态参数 T_2 和 V_2;② 过程功和技术功;③ ΔU 和 ΔH。

3-22 一体积为 0.2 m³ 的气罐内装有 $p_1=6$ bar,$T_1=38$ ℃ 的氧气,对氧气加热,其温度、压力都将升高。罐上装有压力控制阀,当压力超过 0.8 MPa 时阀门自动打开,放走部分氧气,使罐中维持最大压力 0.8 MPa。问当罐中氧气温度为 285 ℃ 时,共加入多少热量?设氧气的比热容为定值,$c_V=0.667$ kJ/(kg·K),$c_p=0.917$ kJ/(kg·K)。

3-23 某理想气体在 $T-s$ 图上的 4 种热力过程如图 3.17 所示,试在 $p-v$ 图上画出相应的 4 种热力过程,并说明每个过程 n 的范围,是吸热还是放热,是膨胀过程还是压缩过程?

3-24 试将满足以下要求的多变过程表示在 $p-v$ 图和 $T-s$ 图上(先标出 4 个基本热力过程):

① 工质膨胀,吸热且降温;

② 工质压缩,放热且升温;

③ 工质压缩,吸热且升温;

④ 工质压缩,降温且降压;

⑤ 工质放热,降温且升压;

⑥ 工质膨胀且升压。

3-25 如图 3.18 所示,气缸活塞系统的缸壁和活塞均为刚性绝热材料制。A 侧为 N_2,B 侧为 O_2,两侧温度、压力、体积均相同,$T_{A1}=T_{B1}=300$ K,$p_{A1}=p_{B1}=1$ bar,$V_{A1}=V_{B1}=0.5$ m^3。活塞可在气缸中无摩擦地自由移动。A 侧的电加热器通电后缓缓地对 N_2 加热,直到 $p_{A2}=202$ bar,设 O_2 和 N_2 均为理想气体,试按定值比热容计算:

① T_{B2} 和 V_{B2};

② V_{A2} 和 T_{A2};

③ Q 和 W_A(A 侧 N_2 对 B 侧 O_2 做出的功);

④ ΔS_{O_2} 和 ΔS_{N_2};

⑤ 在 p-v 图和 T-s 图上定性地表示 A、B 两侧气体所进行的过程;

⑥ A 侧进行的是否是多变过程,为什么?

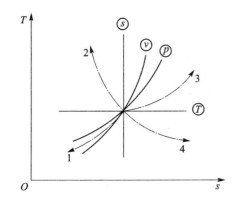

图 3.17 题 3-23 图

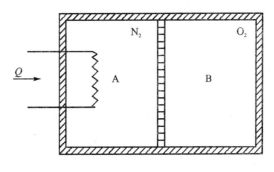

图 3.18 题 3-25 图

第4章 热力学第二定律

热力学第一定律只说明了能量转换过程中的数量守恒关系，即能量在传递和转换时的数量关系，并没有提到关于能量品质的问题，比如机械能可以完全转换成热能，而热能并不能完全转变成机械能；它也没有涉及能量转换过程的方向性问题，高温物体和低温物体间的传热，只是说明了两者能量的总和是不变的，但是对于能量谁得谁失，传热过程进行到什么程度停止等问题并没有给出明确的结论。热力学第二定律将指出系统变化可能进行的方向、条件和限度。本章将讨论热力学第二定律的实质及几种说法，建立热力学第二定律的数学表达式，并分析过程中熵、㶲等物理量的内在联系。

4.1 热力学第二定律的实质

4.1.1 自发过程与其方向性

不需要任何条件就能自发进行的过程，称为自发过程。比如导热过程中，热量从高温物体传向低温物体，摩擦生热以及气体从高压区流向低压区等。这类过程并不需要人为干预，自己就能进行。

只要稍加注意就会发现，这些过程都具有方向性，即过程总是自动向某一个方向进行，而不可能自动地逆向进行。如将一块烧热的金属放到凉水中，所看到的总是水的温度升高，金属块的温度下降，直至两者温度相等；反之，不可能自动出现水温下降，而金属块温度上升的现象。又如，行驶中的汽车刹车时，汽车的动能通过摩擦全部转换成热能传给了刹车片和轮胎，使其温度升高，但无法通过刹车片或轮胎的温度下降，使放出的热量自动转换为汽车的动力。

这些事例表明，自然界中的一切自发过程都具有方向性。热力学第一定律虽然说明了能量传递与转换过程中的守恒关系，但并未涉及能量转换过程中的方向性问题。因此，即使一个热力过程满足了热力学第一定律，即能量守恒，也不一定会真实发生。一个热力过程能否真实发生，需要引入热力学第二定律来判断其方向性。

4.1.2 热力学第二定律的表述

热力学第二定律是阐明与热现象相关的各种过程进行的方向、条件和限度的定律。与热力学第一定律一样，热力学第二定律是人类长期观察和实践经验的总结，无数的实践检验都证明了热力学第二定律和它的所有推论是正确的。由于热力学第二定律在工程实践中被广泛应用于各类具体问题，故它有数十种表述形式，本教材采用其中两种说法。

热力学第二定律的开尔文-普朗克说法：不可能建造这样一个循环工作的机器，其唯一结果是从单一热源吸热和举起重物（做功）。

开尔文-普朗克说法表明，一切可实现的热机循环，除了从热源吸热以外，还必须要向冷源排热。人们把只有一个热源、通过工质循环将吸入热量全部转变为功的机器称为第二类永动机,用来与第2章所述的完全不供给能量的第一类永动机加以区别。这种设想的机器虽不违背热力学第一定律,但实践证明是不可能实现的。热力学第二定律的确立,破除了设计这种永动机的幻想,所以热力学第二定律又可表达为:不可能制成第二类永动机。

开尔文-普朗克说法本身表明了机械能转变为热能和热能转变为机械能是两类不同性质的转变,前者是能自发进行的,而后者则是有条件的,从热功转换的角度反映了自然界中自发过程进行的单向性。同时,开尔文-普朗克说法也表明,机械能和热能在能量的品质方面存在差别,机械能能自发地全部变为热能,但是热能不能自发地全部变为机械能,因此机械能的品质要高于热能。

热力学第二定律的克劳修斯说法:不可能不付代价地把热量从一个低温物体传给另一个高温物体。

克劳修斯说法表明了高温物体向低温物体传递热量和低温物体向高温物体传递热量是两类不同性质的过程,前者能自发进行,而后者则不能自发进行,如果一定要进行,则必须付出其他代价。克劳修斯说法从传热角度反映了自发过程的单向性。

这两种说法虽然描述对象和表述方法均不相同,但它们的实质是相同的,都指出了自发过程的单向性。为了证明这两种说法的等效性,需要证明开尔文-普朗克说法成立,则克劳修斯说法也成立;并且若克劳修斯说法成立,则开尔文-普朗克说法也成立。

首先证明开尔文-普朗克说法成立,则克劳修斯说法也成立。如图 4.1(a)所示,设制冷机 R 不消耗任何功而能从冷源抽出热量 Q 传给热源,这是违反克劳修斯说法的;就在这同一热源与冷源之间设置另一热机 H,使它从热源吸入热量 Q 并向外界做出功 W,同时向冷源排出热量$(Q-W)$。于是当两台机器联合工作时,就热源来说,既不获得热量也不放出热量,实际上已不起热源的作用,而冷源却失去了热量 $Q-(Q-W)=W$。这表明从单一热源(冷源)吸收热量而做出正功,显然是违反开尔文-普朗克说法的。由此得出,违反了克劳修斯说法,最后导致违反开尔文-普朗克说法;按逆否命题等效原理可知,开尔文-普朗克说法成立,克劳修斯说法也就必然成立。

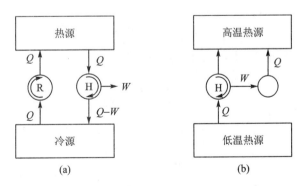

图 4.1 热力学第二定律两种说法等效性分析

现在证明若克劳修斯说法成立,则开尔文-普朗克说法也成立。设热机 H(见图 4.1(b))从单一低温热源吸得热量 Q 而全部转变为功,这是违反开尔文-普朗克说法,假若将这份功重新全部变为热量加给高温热源,联合工作的结果是低温热源向高温热源传送热量而不消耗任何外功,显然这是违反克劳修斯说法的。由此可见,违反了开尔文-普朗克说法导致违反克劳修斯说法。按逆否命题等效原理可知,克劳修斯说法成立,那么开尔文-普朗克说法也就必然成立。

所以,热力学第二定律的上述两种说法是完全等效的。实际上热力学第二定律的其他各种说法也彼此都是等效的。

4.2 卡诺定理

4.2.1 卡诺循环

法国热力学创始人之一卡诺认为,为了尽可能提高热机的热效率,应当减少各种不可逆损失。热源和热机工质的传热温差是造成不可逆损失的原因之一,为了实现可逆,工质在与热源进行热量交换时的温差要无限小,因此他设计了一个可逆的热机循环:设想工质在与热源同样温度下定温吸热,在与冷源同样温度下定温放热,就可以避免由于传热温差造成的不可逆损失。

卡诺循环是工作于温度分别为 T_1 和 T_2 的两个恒温热源之间的正向循环,由两个定温可逆过程和两个绝热可逆过程(定熵过程)组成。工质为理想气体时,卡诺循环的 $p-v$ 图和 $T-s$ 图如图 4.2 所示。图中 $d \to a$ 为等熵压缩;$a \to b$ 为定温吸热;$b \to c$ 为等熵膨胀;$c \to d$ 为定温放热。

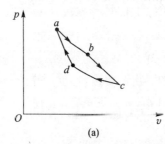 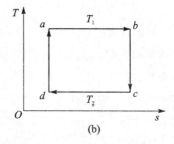

图 4.2 卡诺循环

根据循环经济性指标定义,卡诺循环的热效率为

$$\eta_c = \frac{w_{net}}{q_1} = 1 - \frac{q_2}{q_1} \tag{4-1}$$

从 $T-s$ 图上可见,循环的吸热量为

$$q_1 = T_1(s_b - s_a) \tag{4-2}$$

循环的放热量为

$$q_2 = T_2(s_c - s_d) \tag{4-3}$$

利用等熵关系(绝热可逆)有

$$s_b = s_c \quad 和 \quad s_a = s_d \tag{4-4}$$

故

$$s_b - s_a = s_c - s_d \tag{4-5}$$

整理可得卡诺循环的热效率为

$$\eta_c = 1 - \frac{T_2}{T_1} \quad (4-6)$$

由卡诺循环热效率公式可知：

① 卡诺循环的热效率只取决于高温热源和低温热源的温度，提高 T_1、降低 T_2 都可以提高热效率。但实际情况中，T_1 要受到材料在高温下强度和适应性的限制，因此提升材料的耐热性能是提高热机热效率的一个重要方面；另外，T_2 通常是自然界的大气温度或河海的水温，改进放热过程使其放热温度尽量接近 T_2 对提高热效率也是大有裨益的。

② 卡诺循环的热效率只能小于1，绝不能等于1。这就给热机设计者提供一个改善热机经济性的理论上限。

③ 当 $T_1 = T_2$ 时，循环热效率 $\eta_c = 0$，它表明，在温度平衡的体系中热能不可能转化为机械能，即第二类永动机是不存在的。

4.2.2 概括性卡诺循环

工程实际应用中，严格意义上的绝热可逆（等熵）压缩或者膨胀过程很难实现，但是可以通过回热的方式来尽可能实现相同的循环热效率。双热源间的极限回热循环，即概括性卡诺循环，就是其中一种方式。如图 4.3 所示，概括性卡诺循环由两个可逆定温过程 $a \rightarrow b$、$c \rightarrow d$ 以及两个同类型其他可逆过程 $d \rightarrow a$、$b \rightarrow c$ 组成。它需要满足两个条件：①工质是理想气体时，这两个同类型过程的多变指数 n 相同；②工质在可逆过程 $b \rightarrow c$ 中放给蓄热器热量，在可逆过程 $d \rightarrow a$ 中又从蓄热器收回热量，经过一个循环，蓄热器无所得失。

概括性卡诺循环的循环热效率为

$$\eta_t = 1 - \frac{q_2}{q_1} = 1 - \frac{T_2 \Delta s_{ab}}{T_1 \Delta s_{ab}} = 1 - \frac{T_2}{T_1} = \eta_c \quad (4-7)$$

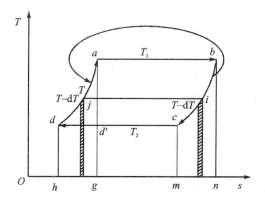

图 4.3 概括性卡诺循环

概括性卡诺循环的热效率与卡诺循环相同。由于 n 可以为任意实数，所以在 T_1 和 T_2 之间可以构建无数个概括性卡诺循环。概括性卡诺循环的意义在于提出了回热的概念，即利用工质原本排出的热量来加热工质的方法。回热的方法有很多种，利用蓄热器就是其中一种方法。回热广泛应用于近代的燃气轮机装置和大中型的蒸汽动力装置中。

4.2.3 逆向卡诺循环

与卡诺循环具有相同的过程,但以相反的方向进行的循环,称为逆向卡诺循环。如图 4.4 所示,它的一切过程均与卡诺循环相反,因而它消耗外功 w_{net},从低温热源吸热 q_2,向高温热源放热 q_1,并不违反克劳修斯说法。

根据循环经济性指标定义,逆向卡诺制冷循环的制冷系数为

$$\varepsilon = \frac{q_2}{w_{net}} = \frac{q_2}{q_1 - q_2} = \frac{T_2}{T_1 - T_2} \quad (4-8)$$

逆向卡诺热泵循环的供暖系数为

$$\varepsilon'_c = \frac{q_1}{w_{net}} = \frac{q_1}{q_1 - q_2} = \frac{T_1}{T_1 - T_2} \quad (4-9)$$

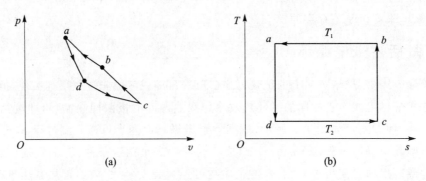

图 4.4 逆向卡诺循环

4.2.4 多热源的可逆循环

图 4.5 所示的循环 $ABCDA$ 就是在最高温度 T_1 及最低温度 T_2 两个温限范围内工作的,多于两个定温热源的任意可逆循环。在同一图上还画出了工作于相同温限范围内的卡诺循环,以做比较。由图可以看出,多热源循环的吸热量 Q_1 及放热量 Q_2 分别为

$$Q_1 = c + d + e + f \quad \text{和} \quad Q_2 = c + d + f$$

式中,a、b、c、d、e、f 表示 T-s 图上相应的面积。

卡诺循环的吸热量及放热量分别为

$$Q_{1(c)} = a + b + c + d + e + f \quad \text{和} \quad Q_{2(c)} = f$$

由图 4.5 可以看出,$Q_1 < Q_{1(c)}$,$Q_2 > Q_{2(c)}$,由热效率公式可知,卡诺循环的热效率大于任意工作在相同温限范围内的多热源可逆循环的热效率。

为了便于分析比较任意可逆循环的热效率,引入了平均温度的概念。由积分中值定理可知,在吸热过程 $A \rightarrow B \rightarrow C$ 中可以找到某一个温度 $\bar{T}_1$,使得在 T-s 图上一高度为 $\bar{T}_1$ 的矩形 12651 的面积等于 $c + d + e + f$,这个温度就是平均吸热温度 $\bar{T}_1$。同理可以找出放热过程 $C \rightarrow D \rightarrow A$ 的平均放热温度 $\bar{T}_2$。可逆过程 $A \rightarrow B \rightarrow C \rightarrow D \rightarrow A$ 的热效率也可以表示为

$$\eta_t = 1 - \frac{q'_2}{q'_1} = 1 - \frac{\bar{T}_2 \Delta s}{\bar{T}_1 \Delta s} = 1 - \frac{\bar{T}_2}{\bar{T}_1}$$

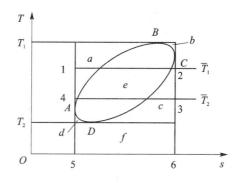

图 4.5 循环热效率的比较

4.2.5 卡诺定理

卡诺定理包括两个分定理：

① 所有工作于两个定温热源之间的可逆热机热效率皆相等，均等于卡诺热机的热效率，而且与工质的性质无关，只取决于两个热源的温度。

利用反证法证明如下：

在定温热源 T_1 和定温冷源 T_2 之间有两个工作的热机，分别是利用理想气体为工质的卡诺热机 R，应用实际气体为工质的其他可逆热机 H，如图 4.6(a) 所示。先假定 $\eta_{tH} > \eta_{tR}$，当两者从热源 T_1 吸取相同的热量 Q_1 时，热机 H 所做的功 W_H 大于可逆热机所做的功 W_R，热机 H 的排热量 Q_{2H} 必小于可逆热机 R 的排热量 Q_{2R}。现在令可逆热机 R 逆向运行，因 R 是可逆热机，所以逆向运转时，各有关量应与正向的数值相等，只是方向相反（见图 4.6(b)）。

将两台装置联合工作，既然 $W_H > W_R$，则从中取出相当于 W_R 的功来带动 R 逆转运行，余下 $W_H - W_R$ 的功向外界输出，最后这两台机器联合工作的总结果是：热源 T_1 无丝毫改变，只是从单一热源 T_2 取出 $Q_{2R} - Q_{2H}$ 的热量转变为 $W_H - W_R$ 的功，显然这是违反热力学第二定律的，所以 $\eta_{tH} > \eta_{tR}$ 不成立。再假设 $\eta_{tH} < \eta_{tR}$，令 R 反向运行，R 带动 H，同样的方法可以得到：联合工作的总效果为从单一热源 T_2 取出 $Q_{2H} - Q_{2R}$ 的热量转变为 $W_R - W_H$ 的功，同样违反热力学第二定律，因此 $\eta_{tH} < \eta_{tR}$ 也不成立。所以唯一的结果就是 $\eta_{tH} = \eta_{tR}$，即所有工作于两个定温热源之间的可逆热机热效率皆相等，均等于卡诺热机的热效率，而且与工质的性质无关，只取决于两个热源的温度。

② 在两个定温热源之间工作的不可逆热机的热效率必小于可逆热机的热效率。

利用反证法证明如下：

在定温热源 T_1 和定温冷源 T_2 之间工作的可逆热机为 R，其他任何热机为 H，如图 4.6(a) 所示。先假定 $\eta_{tH} > \eta_{tR}$，当两者从热源 T_1 吸取相同的热量 Q_1 时，热机 H 所做的功 W_H 大于可逆热机所做的功 W_R，热机 H 的排热量 Q_{2H} 必小于可逆热机 R 的排热量 Q_{2R}。

现在令可逆热机 R 逆向运行，因 R 是可逆热机，所以逆向运转时，各有关量应与正向的数值相等，只是方向相反（见图 4.6(b)）。既然 $W_H > W_R$，则从中取出相当于 W_R 的功来带动 R 逆转运行，余下 $W_H - W_R$ 的功向外界输出，最后这两台机器联合工作的总结果是：热源 T_1 无丝毫改变，已不起热源的作用，于是形成从单一热源 T_2 取出 $Q_{2R} - Q_{2H}$ 的热量转变为 $W_H -$

W_R 的功,显然这是违反热力学第二定律的,所以原来假设其他任何热机 H 的热效率大于可逆热机 R 的热效率是不能成立的。现若假定 $\eta_{tR}=\eta_{tH}$,当两机吸热 Q_1 相同时,则应有 $W_H=W_R$,现用热机 H 带动可逆机 R 逆向运转,则联合工作的结果会使工质及冷、热源全部恢复原状而不留下丝毫的改变。这与热机 H 是不可逆热机的假设矛盾,所以原假定 $\eta_{tR}=\eta_{tH}$ 是错误的。因此最后唯一可能是 $\eta_{tR}>\eta_{tH}$,由此得证。

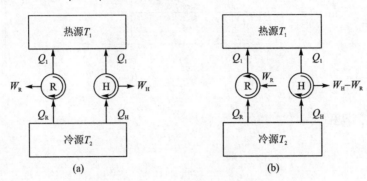

图 4.6 卡诺定理分析图

例 4-1 某热机在温度为 1 000 ℃ 的热源和温度为 150 ℃ 的冷源之间工作,试确定其可能达到的最大热效率和输出功率,假定热源加热率为 10 kW。

解：将热源及冷源温度分别用绝对温度 T_1 及 T_2 表示。

$$T_1 = 1\ 000 + 273 = 1\ 273\ \text{K}$$
$$T_2 = 150 + 273 = 423\ \text{K}$$

最大热效率可由式(4-6)计算得

$$\eta_{t(\max)} = 1 - \frac{T_2}{T_1} = 1 - \frac{423}{1273} = 0.668$$

又由式(4-1)

$$\eta_t = \frac{W_0}{Q_1} = \frac{\dot{W}_0}{\dot{Q}_1}$$

故

$$\dot{W}_0 = \eta_t \cdot \dot{Q}_1 = 0.668 \times 10 = 6.68\ \text{kW}$$

例 4-2 用热泵向房间供暖,要求房间内保持最低温度为 24 ℃,热泵循环的低温热源是 −4 ℃,如果每小时需要向房内供给热量 80 640 kJ,问输给热泵的功率最少是多少?

解：设热泵进行逆向卡诺循环耗功最少,由式(4-9)有

$$\varepsilon_w = \frac{\dot{Q}_1}{\dot{W}} = \frac{T_1}{T_1 - T_2}$$

所以

$$\dot{W}_0 = \frac{\dot{Q}_1}{T_1}(T_1 - T_2) = \frac{80\ 640}{3\ 600 \times 297} \times (297 - 269) = 2.112\ \text{kW}$$

例 4-3 冬季通常在室内烧煤取暖,煤燃烧后可达 1 800 K,室温保持为 20 ℃,供暖的热量为 Q_1。现改用另一方案供暖,即先以卡诺机在热源 1 800 K 及室外冷空气(0 ℃ 的冷源)之间工作,设从煤燃烧获得的热量仍为 $Q_1' = Q_1$,则利用其机械功 W_0 来驱动另一以逆向卡诺循

环工作的热泵,该热泵从室外冷空气取热,向室内供热 $Q'_\text{供} = Q'_\text{svp}$,试证明这种方案的供热量 Q'_svp 将为烧煤直接取暖供热量 Q_1 的 12 倍以上。

证:

现用 T-s 图解题。a、b、c、d、f、g 等字母所表示的长度如图 4.7(a)所示。

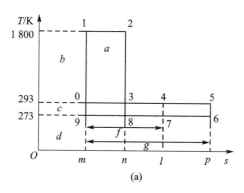
(a)

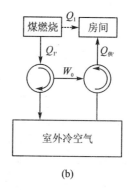
(b)

图 4.7 例 4-3 图

① 室内烧煤时,煤燃烧在 1 800 K 时放出热量 Q_1,为过程 21

$$Q_1 = \text{面积 } 21mn2 = a(b+c+d)$$

在室温(293 K)下室内空气获得热量(Q_1)为过程 04

$$Q_1 = \text{面积 } 04lm0 = f(c+d)$$

② 热泵供暖时,卡诺机循环 12891 所完成的循环功 W_0 为

$$W_0 = \text{面积 } 12891 = a(b+c) \tag{1}$$

热泵循环 96509 所耗费机械功 $W_p = W_0$,其中

$$W_p = \text{面积 } 96509 = g(c) = W_0 \tag{2}$$

热泵从冷空气提取的热量 Q_2 为

$$Q_2 = \text{面积 } 96pm9 \tag{3}$$

热泵向室内供热量 Q'_svp 为

$$Q'_\text{svp} = \text{面积 } mp50m = g(c+d) \tag{4}$$

③ 由式(1)和式(2)有

$$f = \frac{a(b+c+d)}{c+d}$$

由式(3)和式(4)有

$$g = \frac{a(b+c)}{c}$$

由式(2)和式(4)有

$$\frac{Q'_\text{svp}}{Q_1} = \frac{Q'_\text{svp}}{Q'_1} = \frac{g}{f}$$

又

$$b = 1\,800 - 293 = 1\,507, \quad c = 20, \quad d = 273$$

所以

$$\frac{Q'_\text{svp}}{Q_1} = \frac{g}{f} = \frac{(b+c)}{c} \cdot \frac{(c+d)}{(b+c+d)} = \frac{(1507+20)}{20} \cdot \frac{(20+273)}{(1507+20+273)} = 12.42$$

4.3 克劳修斯不等式

4.3.1 熵的概念

在经典热力学中,借助于卡诺循环,应用卡诺定理可以导出熵是任意工质的状态参数。

设某一工质在多热源情况下完成一个可逆循环,如图 4.8 所示。现用无数条相互之间无限接近的可逆绝热(定熵)线 $AB,CD,\cdots\cdots$ 将循环分割成无穷多个微元循环,如 $ABDC$,$CDFE$,$EFNM$,$\cdots\cdots$。由于 B 与 D,D 与 F,F 与 N,以及 M 与 E,E 与 C,C 与 A 这些相邻的两点之间是无限接近的,故可以把这些两点之间的换热过程看成是定温换热过程。其中相邻的两个循环的可逆绝热线彼此反向,其所引起的效果相互抵消,如图 4.8 所示的循环 $ABDC$ 和 $CDFE$,虽然 CD 与 DC 过程线相同,但是方向相反,相互抵消。因此这些微元循环加起来的总结果(包括换热和做功)就等于原来的循环(相当于用无数个卡诺热机并联代替任意一个循环)。现取出一个微元卡诺循环 $ABDC$ 进行分析,设工质为 1 kg,应用卡诺定理可知,不论何种工质均有

$$\frac{\delta q_1}{\delta q_2}=\frac{T_{r1}}{T_{r2}}$$

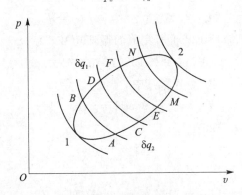

图 4.8 熵函数导出图

δq_1 和 δq_2 分别代表微元卡诺循环的吸热量和放热量,T_{r1} 和 T_{r2} 分别是吸热和放热时热源的温度,注意上式中 δq_2 是放热量,本身应为负,则上式可整理成

$$\frac{\delta q_1}{T_{r1}}+\frac{\delta q_2}{T_{r2}}=0 \tag{4-10}$$

式中,$\delta q_1/T_{r1}$ 表示加热量与加热时温度之比;$\delta q_2/T_{r2}$ 表示放热量与放热时温度之比。其他微元卡诺循环也具有上述类似的关系式。现将全部微元卡诺循环的这种关系式求和,则可写成

$$\sum\frac{\delta q_1}{T_{r1}}+\sum\frac{\delta q_2}{T_{r2}}=0 \tag{4-11}$$

由于相邻两绝热之间距离为无穷小,故上式可写成

$$\int_{1-B-F}^{2}\frac{\delta q_1}{T_1}+\int_{2-E-A}^{1}\frac{\delta q_2}{T_2}=0$$

即

$$\oint \frac{\delta q_{\text{rev}}}{T} = 0 \qquad (4-12)$$

这里下标 rev 表示可逆，上式表明在可逆循环中，微元换热量与换热时温度之比的循环积分等于零。这本身证明了 $\delta q_{\text{rev}}/T$ 应是某一状态参数的全微分，这个状态参数称为比熵。故有

$$\mathrm{d}s = \frac{\delta q_{\text{rev}}}{T} \qquad (4-13)$$

或

$$\mathrm{d}S = \frac{\delta Q_{\text{rev}}}{T} \qquad (4-14)$$

4.3.2 克劳修斯不等式

由式(4-14)可得，任意工质经任一可逆循环，都可以得到积分等式

$$\oint \frac{\delta Q_{\text{rev}}}{T} = \oint \mathrm{d}S = 0 \qquad (4-15)$$

因此该等式也是判断一个循环是否可逆的判据之一。

对于不可逆循环，如图 4.8 中循环的某一段不可逆，同样可以利用无数条相互之间无限接近的可逆绝热(定熵)线 $AB,CD,\cdots\cdots$ 将循环分割成无穷多个微元循环，如 $ABCD,CDFE$，$EFNM,\cdots\cdots$。于是每个可逆的微元循环 $ABCD,CDFE,\cdots\cdots$ 都可以看作一个卡诺循环。余下的那部分微元构成不可逆循环，根据卡诺定理可知，其热效率小于同样温度下的微元卡诺循环的热效率，即

$$1 - \frac{\delta Q_2}{\delta Q_1} < 1 - \frac{T_{r2}}{T_{r1}} \qquad (4-16)$$

其中，T_{r1} 和 T_{r2} 分别为换热时的热源温度，下面统一用 T_r 表示。将所有可逆和不可逆的微元循环全部相加，可以得到

$$\sum \frac{\delta Q}{T_r} < 0 \quad \text{或} \quad \oint \frac{\delta Q}{T_r} < 0 \qquad (4-17)$$

与上述可逆循环的式(4-15)相结合，即可得到任何循环的克劳修斯不等式

$$\oint \frac{\delta Q}{T_r} \leqslant 0 \qquad (4-18)$$

其中，当循环可逆时，式(4-18)取等号；当循环不可逆时，式(4-18)取不等号。该不等式是判断一个循环是否可以实现、是否不可逆的判据之一，也是热力学第二定律的数学表达式之一。

现在来考虑一个循环 $1 \to A \to 2 \to B \to 1$，如图 4.9 所示。设 $2 \to B \to 1$ 为可逆过程，$1 \to A \to 2$ 为可逆或者不可逆过程。根据克劳修斯不等式，可得

$$\oint \frac{\delta Q}{T_r} = \int_{1-A-2} \frac{\delta Q}{T_r} + \int_{2-B-1} \frac{\delta Q}{T_r} \leqslant 0$$

即

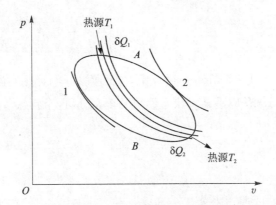

图 4.9 克劳修斯积分不等式导出图

$$\int_{1-A-2} \frac{\delta Q}{T_r} \leqslant -\int_{2-B-1} \frac{\delta Q}{T_r} = \int_{1-B-2} \frac{\delta Q}{T_r}$$

由于 $2 \to B \to 1$ 为可逆过程

$$\int_{1-B-2} \frac{\delta Q}{T_r} = \Delta S_{12} = S_2 - S_1 \tag{4-19}$$

因此可得

$$\int_{1-A-2} \frac{\delta Q}{T_r} \leqslant S_2 - S_1 \tag{4-20}$$

式(4-20)就是过程中的克劳修斯不等式,当过程可逆时取等号;当过程不可逆时取不等号;当此公式不成立时,该过程不可实现。式(4-20)表明,在不可逆过程中,$\int_1^2 \frac{\delta Q}{T_r}$ 总是小于系统的熵变 $S_2 - S_1$。需要注意的是,$\int_1^2 \frac{\delta Q}{T_r}$ 不是系统的熵变,因为分母不是工质温度,而是热源温度,通常把它称为热温熵。只有在可逆过程中,$T_r = T$,$\int_1^2 \frac{\delta Q}{T_r} = \int_1^2 \frac{\delta Q}{T}$,它才成为系统的熵变。

例 4-4 闭口系统从定温热源($T_{\text{sour}} = 300 \text{ K}$)取得热量 6 kJ,若系统因此引起熵变为 25 kJ/K,问此过程能否实现?如可能,是可逆还是不可逆过程?

解: 由题意可计算出

$$\int_1^2 \frac{\delta Q}{T_{\text{sour}}} = \frac{Q}{T_{\text{sour}}} = \frac{6}{300} \text{ kJ/K} = 0.02 \text{ kJ/K}$$

而 $\Delta S = 25$ kJ/K,因 $\int_1^2 \frac{\delta Q}{T_{\text{sour}}} < \Delta S$,它不违背克劳修斯不等式,所以这种过程是可能实现的。又由于这里是不等号的关系,所以该过程是不可逆过程。

4.4 熵及孤立系统熵增原理

4.4.1 熵产与熵流

根据微元过程热力学第二定律数学表达式

$$dS \geqslant \frac{\delta Q}{T_r}$$

其中,等号用于可逆过程;不等号用于不可逆过程,表明不可逆微元过程的熵变大于过程中 $\frac{\delta Q}{T_r}$,其差值即为不可逆因素造成的熵产 δS_g,即

$$\delta S_g = dS - \frac{\delta Q}{T_r} \geqslant 0 \tag{4-21}$$

显然,任意过程的熵产 δS_g 必须大于等于零;仅当过程可逆时,熵产为零。$\frac{\delta Q}{T_r}$ 是系统与外界换热量与热源温度的比值,称为热熵流,简称熵流,用 δS_f 表示。熵流是系统与外界可逆换热引起的系统熵变,其正负视系统吸热、放热还是绝热而定。系统吸热,δS_f 为正;系统放热,δS_f 为负;过程绝热,δS_f 为零。

因此,系统经历任意过程的熵变可以表示为

$$dS = \delta S_g + \delta S_f \tag{4-22}$$

或

$$\Delta S = S_g + S_f \tag{4-23}$$

对于绝热可逆过程,$\delta S_f = 0$ 且 $\delta S_g = 0$,因此 $dS = 0$,可以认为是定熵过程。

4.4.2 孤立系统熵增原理

对于孤立系统而言,其与外界没有任何传热,所以孤立系统的熵流 $\delta s_f = 0$,于是

$$ds_{\text{孤立系}} = 0 + \delta s_g = \delta s_g \geqslant 0 \tag{4-24}$$

这就是孤立系统熵增原理的表达式。当孤立系统内部可逆过程发生时,等号成立;而任何不可逆过程(自发过程)都会使孤立系统的熵增加。

孤立系统熵增原理阐明了过程可能进行的方向和限度,以及非自发过程进行的条件。孤立系统熵增原理指出:

① 孤立系统的熵只能增加,而不能减少,只有那些导致孤立系统熵增加的过程才可能发生,这表明了自发过程的单向性。

② 孤立系统的熵增加有一个最大值,当孤立系统的熵达到极大值时,一般对应着最终的平衡态,可以用熵来确定孤立系统中过程进行的限度。

③ 非自发过程是使系统熵减少的过程,按照孤立系统熵增原理是不能自发进行的,为了使这类非自发过程得以实现,必须要附加某些补偿条件,即加上某种补偿过程。例如热机为了实现热变功这个非自发过程,必须要伴随有向冷源排热,在制冷机(或制暖设备)中,补偿过程是外界输入功。这些补偿过程可以是各种各样的,但有一点是共同的,即必定是一个自发过程,或者用熵来说,它必定是一个熵增加的过程。由于补偿过程的参加,孤立系统的熵得以补偿,由原来的减少改变为增加,符合孤立系统熵增原理,使非自发过程得以实现。值得注意的是,此时的孤立系统发生了变化,即将新的存在相互作用的外界也纳入到原孤立系统中。以热变功(非自发过程)为例,将工质和联系的外界(包括热源在内)划为一个大系统,它可看成是孤立的。该系统的熵变原来是

$$\Delta S_{\text{iso}} = \Delta S_h + \Delta S_{\text{sub}} = \frac{-Q}{T_h} + 0 < 0$$

式中,工质循环的熵变 ΔS_{sub} 总为 0,上式表明非自发过程使孤立系统的熵减少,所以它不可能实现。现在加上补偿条件,即向冷源排热(将冷源加入到该孤立系统中),用下标 h、sub 及 c 表示热源、工质及冷源,于是

$$\Delta S_{\text{iso}} = \Delta S_h + \Delta S_{\text{sub}} + \Delta S_c = -\frac{Q_1}{T_h} + 0 + \frac{Q_2}{T_c} \tag{4-25}$$

当 $\frac{Q_2}{T_c} > \frac{Q_1}{T_h}$ 时,$\Delta S_{\text{iso}} > 0$,满足孤立系统熵增原理的条件,使热变功非自发过程得以实现,该补偿过程(向冷源排热)实为一个高温向低温排热的自发过程,也是一个熵增过程。

4.4.3 熵平衡方程

热力学第一定律描述了能量传递与转换过程中能量的"量"守恒问题,但是对于过程不可逆性、方向性、进行的限度等未能体现,因此,需要一个用熵表达的关系式——熵平衡方程,而熵产则是这个方程中一个组成项,通过它可以来表达热力学第二定律的限制。

熵平衡方程的一般形式为

系统熵的变化＝进入系统的熵－离开系统的熵＋系统的熵产

其中,系统熵的变化为

$$\Delta S = S_2 - S_1$$

进入和离开系统的熵由两部分组成,第一部分是随热量传递而进出系统的熵流,可以表示为

$$S_f = \int_1^2 \frac{\delta Q}{T}$$

第二部分是随质量传递而进出系统的熵量,可以表示为

$$S_m = m_{\text{in}} s_{\text{in}} - m_{\text{out}} s_{\text{out}}$$

因此,对于任何系统的熵平衡方程,数学上可以表示为

$$\Delta S = S_f + S_m + S_g$$
$$= \int_1^2 \frac{\delta Q}{T} + m_{\text{in}} s_{\text{in}} - m_{\text{out}} s_{\text{out}} + S_g$$

当所选系统为闭口系统时,无质量的交换,因此 m_{in} 和 m_{out} 都为零,其熵平衡方程为

$$\Delta S = \int_1^2 \frac{\delta Q}{T} + S_g \tag{4-26}$$

或

$$\Delta s = \int_1^2 \frac{\delta q}{T} + s_g \tag{4-27}$$

对于常见的稳定流动开口系统,系统熵的变化为零,即

$$\Delta S = 0$$

且

$$m_{\text{in}} = m_{\text{out}} = m$$

因此熵平衡方程为

$$0 = \int_1^2 \frac{\delta Q}{T} + m(s_{in} - s_{out}) + S_g \tag{4-28}$$

若写成流率形式,则为

$$0 = \int_1^2 \frac{\delta q}{T} + s_{in} - s_{out} + s_g \tag{4-29}$$

4.4.4 典型不可逆过程的熵分析

1. 有限温差传热

在不同温度物体间的传热过程中,如图 4.10 所示,温度为 T_1 的物体向温度为 T_2 的物体传热,可取两个物体所组成的系统作为孤立系统,则整个系统的熵变为

$$\Delta S_{iso} = \Delta S_{T_1} + \Delta S_{T_2} = \frac{-|Q|}{T_1} + \frac{|Q|}{T_2} = Q\left(\frac{1}{T_2} - \frac{1}{T_1}\right) \tag{4-30}$$

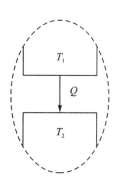

图 4.10 有限温差传热问题分析图

① 当 $T_1 > T_2$ 时,$\Delta S_{iso} > 0$,传热过程可以自发进行,即高温物体向低温物体的传热可以自发进行。

② 当 $T_1 < T_2$ 时,$\Delta S_{iso} < 0$,传热过程不能自发进行,即低温物体向高温物体的传热不能自发进行。

③ 当 $T_1 = T_2$ 时,$\Delta S_{iso} = 0$,传热过程是可逆过程,两温度相等的物体间的传热是可逆的。

2. 理想气体自由膨胀过程

如图 4.11 所示,容器左侧为状态参数为 T_1、v_1 的理想气体,右侧为真空,中间用一挡板隔开,现突然抽去挡板,左侧理想气体向整个容器内膨胀,达到最终的平衡态时的状态参数为 T_2、v_2,其中 $v_1 < v_2$。

抽去隔板前后,对容器机器内部的气体组成的闭口系统应用热力学第一定律可得

$$q = \Delta u + w$$

与外界没有热量交换,且是向真空自由膨胀,因此可得 $\Delta u = 0$,理想气体的热力学能是温度的单值函数,所以容器内的气体温度不变,即

$$T_1 = T_2$$

容器和其中的理想气体所构成的系统可视为孤立系统,该孤立系统的熵变为

$$\Delta S_{iso} = S_2 - S_1 = m\left(c_V \ln \frac{T_2}{T_1} + R_g \ln \frac{v_2}{v_1}\right) = m R_g \ln \frac{v_2}{v_1} > 0 \tag{4-31}$$

所以整个系统总熵变大于零,此过程不可逆。

3. 理想气体的绝热节流

如图 4.12 所示,状态参数为 T_1、p_1 的理想气体经过节流阀节流之后状态参数变为 T_2、p_2。

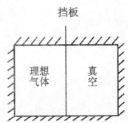 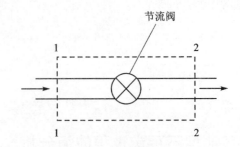

图 4.11　理想气体自由膨胀过程分析图　　图 4.12　节流问题分析图

对于图 4.12 中虚线所围成的开口系统而言，节流前后焓值不变，理想气体的焓是温度的单值函数，所以节流前后理想气体的温度不变，即

$$T_1 = T_2$$

但节流会造成压力损失，因此压力降低，即

$$p_1 > p_2$$

取截面 1 和 2 之间的流体为热力系，该系统为开口系，且有 $\dot{m}_1 = \dot{m}_2 = \dot{m}$，该过程为稳定流动过程，系统总熵变为 0，不计系统与外界的能量交换，则过程中的热熵流为 0，应用稳定流动系统熵平衡方程可得熵产为

$$S_g = \dot{m}(s_1 - s_2) = \dot{m}\left(c_p \ln \frac{T_2}{T_1} - R_g \ln \frac{p_2}{p_1}\right) = -\dot{m} R_g \ln \frac{p_2}{p_1} > 0 \quad (4-32)$$

节流过程熵产大于 0，由此可以判断节流过程为不可逆过程。

4. 热功转变

如图 4.13 所示，功变成热的过程的熵变为

$$\Delta S_{iso} = \Delta S_{T_1} + \Delta S_{功源} = \frac{Q}{T_1} > 0 \quad (4-33)$$

所以该过程是不可逆的。

由热力学第二定律可知，从单一热源取热变成功是不可能的，该过程熵变为

$$\Delta S_{iso} = \Delta S_{T_1} + \Delta S_{功源} = \frac{-Q}{T_1} < 0 \quad (4-34)$$

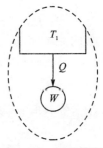

图 4.13　热功转变问题分析图

4.4.5　做功能力的损失

实际热机中，由于存在不可逆性造成的损失，故实际做出的功 W 小于 W_{max}，两者之差 $W_{max} - W = I$ 就是做功能力的损失，又叫作不可逆度。

如图 4.14 所示，R 为工作在恒温热源 T_1，T_2（$T_1 > T_2$）间的可逆热机，H 为不可逆热机，假定可逆热机 R 从热源 T_1 吸热 Q_{1R}，向冷源 T_2 放热 Q_{2R}，做功为 W_R，不可逆热机从热源 T_1 吸热 Q_{1H}，向冷源 T_2 放热 Q_{2H}，做功为 W_H，由卡诺定理可知，可逆热机的热效率 η_t 大于不可逆热机的热效率 η_t'，若 $Q_{1R} = Q_{1H}$，则 $W_R > W_H$，由热力学第一定律可以得到

$$Q_{2H} > Q_{2R}$$

可逆热机 R 和热源组成的孤立系统的总熵变为

$$\Delta S_{iso} = \Delta S_{T_1} + \Delta S_{T_2} + \Delta S_R + \Delta S_{功源} = \frac{-Q_{1R}}{T_1} + \frac{Q_{2R}}{T_2} = 0 \quad (4-35)$$

不可逆热机 H 和热源组成的孤立系统的总熵变为

$$\Delta S_{iso} = \Delta S_{T_1} + \Delta S_{T_2} + \Delta S_R + \Delta S_{功源} = \frac{-Q_{1H}}{T_1} + \frac{Q_{2H}}{T_2} > \frac{-Q_{1R}}{T_1} + \frac{Q_{2R}}{T_2} \quad (4-36)$$

即

$$\Delta S_{iso} = \frac{-Q_{1H}}{T_1} + \frac{Q_{2H}}{T_2} > 0 \quad (4-37)$$

由式(4-35)和式(4-36)可得

$$\Delta S_{iso} = \frac{-Q_{1H}}{T_1} + \frac{Q_{2H}}{T_2} = \frac{Q_{2H} - Q_{2R}}{T_2} = \frac{W_R - W_H}{T_2}$$

因此可得不可逆度为

$$I = W_R - W_H = T_2 \Delta S_{iso} \quad (4-38)$$

例 4-5 有一所房子在户外温度为 10 ℃时,每天需要供入 500 000 kJ 的热量以保持室内温度为 21 ℃,如果采用热泵供暖,问每天需供给热泵的功最少为多少?

解: 如图 4.15 所示,取热泵为闭口系统,由于它是循环工作的,故在每一个循环中系统的能量及熵均无改变,系统的能量方程及熵方程分别为

$$Q_0 + W = Q_h \quad (1)$$

及

$$\frac{Q_0}{T_0} - \frac{Q_h}{T_h} + S_{prod} = 0 \quad (2)$$

式中,Q_0 为从户外环境吸入热泵的热量;Q_h 为热泵供给房间的热量;W 是供给热泵运转的功,它们都是绝对值;T_0 是户外环境温度;T_h 是室内温度。联合式(1)和式(2)消去 Q_0 可得

$$W = (1 - \frac{T_0}{T_h})Q_h + T_0 S_{prod}$$

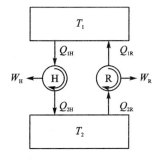

图 4.14 做功能力损失问题分析图

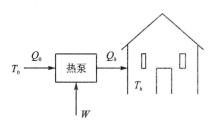

图 4.15 例 4-5 图

上式中 T_0 为正值,为要满足 $S_{prod} \geq 0$,故有

$$W \geq \left(1 - \frac{T_0}{T_H}\right)Q_h$$

代入数值计算,$T_0 = 283$ K,$T_h = 294$ K,$Q_h = 500\ 000$ kJ/天

$$\dot{W} \geqslant \left(1 - \frac{283}{294}\right) \times 5 \times 10^5 = 1.87 \times 10^4 \text{ kJ/天}$$

热泵所需的最小功是可逆运转时,$S_{\text{prod}} = 0$,上式取等号,即每天最少供给热泵的功为 1.87×10^4 kJ。

4.5 㶲

4.5.1 㶲的基本概念

从能源利用角度来看,一个热力设备能否对加入的能量充分利用是一个非常重要的问题,也是节能中的一个重要课题。解决这一问题的理论基础,除热力学第一定律之外,还必须有热力学第二定律。

根据卡诺定理可知,热机所能做出的最大功是 $(1 - T_0/T)Q$。这表明,从热源 (T_1) 吸取热量 Q,其中有 $Q - [(1 - T_0/T)Q] = (T_0/T)Q$ 的能量即使采用可逆过程也无法转变为功,而是以热的形式排给环境。这一部分能量称为㶲。$(1 - T_0/T)Q = W_{\max}$ 是可以用来转变为功的能量,称为㶲。㶲在热力学中定义为:在环境条件下,能量中可转化为有用功的最高份额称为该能量的㶲,不可能转化为有用功的那部分能量称为㶲。

任何能量都由㶲(E_x)和㶲(A_n)两部分组成,即

$$E = E_x + A_n \tag{4-39}$$

其中,E 为总能量;E_x 为㶲;A_n 为㶲。

机械能和电能全部都是可无限转换的能量,$E_x = E$,$A_n = 0$;环境介质中的热能全部都是不可转换的能量,$E_x = 0$,$A_n = E$。不同形态的能量或物质处于不同状态时,包含的㶲和㶲比例各不相同。㶲可以转换为㶲,㶲不可转化为㶲。

4.5.2 㶲的各种形式

1. 机械形式的㶲

宏观动能和宏观位能都是机械能,也都是㶲,可以称为机械(能)㶲,用 $E_{x,W}$ 表示。但是闭口系统对外做功并不全是㶲。由于环境状态 p_0、T_0 都不等于零,所以闭口系统对外膨胀必然要推开环境 (p_0, T_0) 物质,从而有一部分功作用于环境而不能百分百利用,那这部分功就不是有用功,也就不是㶲。若在环境状态 p_0、T_0 下推开环境物质所做的功为 $p_0 \Delta V$,那么闭口系统对外膨胀做出的功的㶲为

$$E_{x,W} = W_{12} - p_0 \Delta V \tag{4-40}$$

反抗环境压力所做的环境功 $P_0 \Delta V$ 可以看作是体积变化功的㶲部分。

2. 热量㶲

在温度为 T_0 的环境条件下,系统 $(T > T_0)$ 所提供的热量中可转化为有用功的最大值是热量㶲,用 $E_{x,Q}$ 表示。

以环境为冷源,系统为热源(变温),设想有一系列微元卡诺热机在它们之间工作,每一卡诺循环做出的循环净功,即系统提供的热量 δQ 中的热量㶲为

$$\delta E_{x,Q} = \left(1 - \frac{T_0}{T}\right)\delta Q \tag{4-41}$$

则系统提供热量 Q 中的热量㶲为

$$\delta E_{x,Q} = \int_1^2 \left(1 - \frac{T_0}{T}\right)\delta Q = Q - T_0 \int_1^2 \frac{\delta Q}{T} \tag{4-42}$$

因为是可逆循环,各过程可逆,所以 $\mathrm{d}S = \frac{\delta Q}{T}$。于是有

$$\delta E_{x,Q} = Q - T_0 \Delta S \tag{4-43}$$

若热源为恒温 T,则相应的热量㶲和热量㶲为

$$\delta E_{x,Q} = \left(1 - \frac{T_0}{T}\right)\delta Q = Q - T_0 \Delta S \tag{4-44}$$

$$A_{n,Q} = T_0 \frac{Q}{T} = T_0 \Delta S \tag{4-45}$$

热量㶲是过程量,当环境状态一定时,还与系统供热温度变化规律有关。由上式可以看出,对于一定数量的热量 Q,可能获得的最大功可以用热源及环境的温度加以确定,在环境温度 (T_0) 一定情况下,它仅取决于热源本身温度。

3. 冷量㶲

冷量㶲是指在系统边界温度低于环境温度时通过边界传递的热量,吸入热量 Q_c(冷量)时做出的最大有用功称为冷量㶲,用 E_{x,Q_c} 表示。由循环的能量关系式 $Q = E_{x,Q_c} + Q_c$,可得冷量㶲为

$$\delta E_{x,Q_c} = \left(\frac{T_0}{T} - 1\right)Q_c = T_0 \Delta S - Q_c \tag{4-46}$$

冷量㶲为循环从环境的吸热量,即

$$A_{n,Q_c} = T_0 \Delta S \tag{4-47}$$

式中,ΔS 为系统吸热时的熵变。因而得出

$$Q_c = -E_{x,Q_c} + A_{n,Q_c} \tag{4-48}$$

若为 $T < T_0$ 的变温系统,取微元卡诺循环,用与 $T > T_0$ 时变温系统类似的方法,则可以导出冷量㶲为

$$E_{x,Q_c} = \int_1^2 \left(\frac{T_0}{T} - 1\right)\delta Q_c \tag{4-49}$$

4. 闭口系统的㶲(热力学能㶲)

如图 4.16 所示,假设一个闭口系统的初始状态为 p_1、v_1、T_1、u_1、h_1、s_1,经过某可逆过程达到与环境相同的状态 p_0、v_0、T_0、u_0、h_0、s_0,过程中对外放热 $\int \delta q$,对外做功 w,其中 $\int \delta q$ 可以继续通过可逆热机对外做功 w',最终环境放热 $\int \delta q'$,则闭口系统对外做总功为

$$w'' = w + w'$$

对闭口系统与可逆热机组成的系统应用热力学第一定律可得

$$\int \delta q' = (u_0 - u_1) + w'' \qquad (4-50)$$

对闭口系统与可逆热机以及环境所组成的孤立系统应用热力学第二定律可得

$$\Delta s_{\text{iso}} = (s_0 - s_1) + \frac{-\int \delta q'}{T_0} = 0 \qquad (4-51)$$

因此

$$\int \delta q' = T_0 (s_0 - s_1) \qquad (4-52)$$

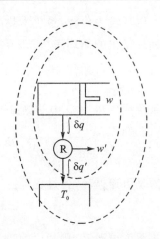

图 4.16 闭口系统㶲分析示意图

将式(4-52)代入式(4-50)可得

$$w'' = (u_1 - u_0) - T_0 (s_1 - s_0)$$

系统对外做的总功需减去克服大气压力所做的功

$$p_0 (v_0 - v_1)$$

所以该闭口系统的㶲为

$$ex_u = w'' - p_0(v_0 - v_1) = (u_1 - u_0) - T_0(s_1 - s_0) + p_0(v_1 - v_0) \qquad (4-53)$$

烷为

$$a_{n,u} = T_0(s_1 - s_0) - p_0(v_1 - v_0) \qquad (4-54)$$

5. 稳定流动系统的㶲(焓㶲)

如图 4.17 所示,假设 1 kg 的工质初态为 p_1、v_1、T_1、u_1、h_1、s_1、c_1、z_1,经过稳定流动达到与环境平衡的状态 p_0、v_0、T_0、u_0、h_0、s_0、c_0、z_0,过程中对外放热 $\int \delta q$,对外做功 w,其中 $\int \delta q$ 可以通过可逆热机对外做功 w',最终向环境放热 $\int \delta q'$,则工质对外做总功为

$$w'' = w + w'$$

对工质与可逆热机组成的系统应用热力学第一定律可得

$$\int \delta q' = (h_0 - h_1) + \frac{1}{2}(c_0^2 - c_1^2) + g(z_0 - z_1) + w''$$

$$(4-55)$$

其中,由于动能与重力位能变化很小可以忽略,故上式可简化为

$$\int \delta q' = (h_0 - h_1) + w_s'' \qquad (4-56)$$

对工质与可逆热机以及环境所组成的孤立系统应用热力学第二定律可得

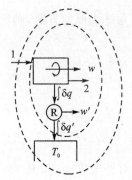

图 4.17 稳定流动系统的㶲分析示意图

$$\Delta s_{\text{iso}} = (s_0 - s_1) + \frac{-\int \delta q'}{T_0} = 0 \qquad (4-57)$$

联立式(4-56)和式(4-57)可得稳定流动工质的焓㶲为

$$e_{x,h} = w''_s = (h_1 - h_0) - T_0(s_1 - s_0) \tag{4-58}$$

例 4-6 预热器是一种热交换器,利用高温燃气将空气加温,以便空气进入燃烧室与燃油进行燃烧,提高燃烧效率。假定对环境无热损失,有关数据如下,试计算这种热交换过程造成的可用功损失($\dot{I}$)。

$$p_g = p_a = p_0; \quad T_0 = 298 \text{ K}$$

$$\dot{m}_g = 4500 \text{ kg/h}; \quad \dot{m}_a = 42000 \text{ kg/h}$$

$$c_{p,g} = 1.09 \text{ kJ/(kg·K)}; \quad c_{p,a} = 1.004 \text{ kJ/(kg·K)}$$

$$t_{g,in} = 315 \text{ ℃}; \quad t_{a,in} = 38 \text{ ℃}$$

$$t_{g,out} = 200 \text{ ℃}$$

下标 g 表示燃气,a 表示空气。

解:因为预热器并未做出实际功,即

$$W_{a,1 \to 2} = 0$$

$$\dot{I} = \dot{W}_{a,max1 \to 2} = (\dot{E}_x)_{in} - (\dot{E}_x)_{out}$$

即

$$\dot{I} = [(\dot{E}_x)_a + (\dot{E}_x)_g]_{in} - [(\dot{E}_x)_a + (\dot{E}_x)_g]_{out}$$

$$= [(\dot{E}_x)_{g,in} + (\dot{E}_x)_{g,out}] + [(\dot{E}_x)_{a,in} + (\dot{E}_x)_{a,out}]$$

$$= \dot{m}_g [(h_{g,in} - h_{g,out}) - T_0(s_{g,in} - s_{g,out})] +$$

$$\dot{m}_a [(h_{a,in} - h_{a,out}) - T_0(s_{a,in} - s_{a,out})]$$

$$= \dot{m}_g \left[c_{p,g}(t_{g,in} - t_{g,out}) - T_0 \left(c_{p,g} \ln \frac{t_{g,in} + 273}{t_{g,out} + 273} \right) \right] +$$

$$\dot{m}_a \left[c_{p,a}(t_{a,in} - t_{a,out}) - T_0 \left(c_{p,a} \ln \frac{t_{a,in} + 273}{t_{a,out} + 273} \right) \right]$$

把流动看成是定压的,由热量平衡关系可得

$$\dot{m}_g c_{p,g}(t_{g,in} - t_{g,out}) = \dot{m}_a c_{p,a}(t_{a,out} - t_{a,in})$$

代入数值

$$45000 \times 1.09 \times (315 - 200) = 42000 \times 1.004 \times (t_{a,out} - 38)$$

解出得

$$t_{a,out} = 171.77 \text{ ℃}$$

将有关数据代入

$$\dot{I} = \frac{45000}{3600} \times \left[1.09 \times (315 - 200) - 298 \times \left(1.09 \times \ln \frac{315 + 273}{200 + 273} \right) \right] +$$

$$\frac{42000}{3600} \times \left[1.004 \times (38 - 171.77) - 298 \times \left(1.004 \times \ln \frac{38 + 273}{171.77 + 273} \right) \right]$$

$$= 683.24 - 317.8$$

$$= 365.44 \text{ kW}$$

4.5.3 能量贬值原理

一切实际过程都存在着不可逆因素，不可逆因素会造成㶲的损失，做功能力降低，部分可用能退化为无效能，这种损失不是热力系统具有能量数量的减少，而是能量品质的退化和贬值。

孤立系统内，若发生可逆变化时，能量中的㶲维持不变；发生不可逆变化时，会出现㶲的损失，孤立系统的㶲值不可能增加，欲使能量中㶲增加的变化过程是不可能发生的。这称为能量贬值原理，是热力学第二定律的另一种表达方式。

孤立系统内，若发生不可逆变化，则必然有熵产出现和㶲的损失，也必然有做功能力的损失。当选择同一环境状态为讨论基准时，㶲损失、熵产、做功能力的损失都与不可逆因素成某种相关性。合理用能及节能的指导方向应该是减少㶲损失。

思考题

4-1 什么叫自发过程？什么叫非自发过程？

4-2 有人说："既然自发过程必为不可逆过程，则非自发过程就是可逆过程。"这种说法对吗？为什么？

4-3 "热过程总是不可逆"是一切热现象的根本规律，试说明之。

4-4 在定温过程中，加进去的热全部变为功（设工质为完全气体），这是否违背热力学第二定律？在绝热过程中，不吸热反而可以做出功来，这违背热力学第一定律和第二定律吗？

4-5 水箱有三根可绕轴 1 转动的管子，束在一起的每根管子两端呈偏置球形 2（见图 4.18），各管内装有低沸点的乙醚，只要水箱中盛有一定量的热水，此转动机构就可以不断地绕轴转动，试分析：

① 这是不是第二类永动机？

② 此机构能否永远转动下去？

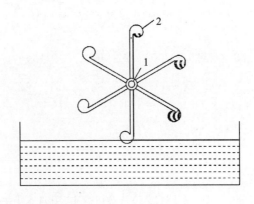

图 4.18　题 4-5 图

4-6 循环热效率公式:
$$\eta_t = 1 - \frac{q_2}{q_1} \quad \text{及} \quad \eta_t = 1 - \frac{T_2}{T_1}$$
在各种场合下它们俩都是等同的吗?

4-7 有人宣布设计了这样一种循环:在定温热源(300 ℃)吸热 100 kJ,对定温冷源(100 ℃)排热 10 kJ。试讨论这种循环是否能实现。

4-8 两个定温热源间的可逆循环除了卡诺循环以外,还可能有其他形式的循环吗?

4-9 试画出具有三个定温热源(包括冷源)的可逆循环的形式,并与最高和最低热源之间的另一卡诺循环相比较,看哪个循环的热效率大。

4-10 试比较图 4.19 中循环的热效率大小。

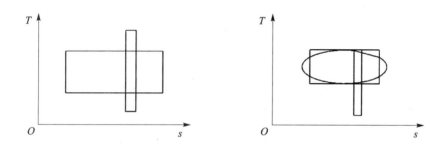

图 4.19 题 4-10 图

4-11 下列各说法是否正确,请加以分析判断:
① 可逆绝热过程总是定熵过程。
② 初、终态间没有熵的变化的过程总是可逆过程。
③ 熵增大的过程必为不可逆过程。
④ 孤立系统的熵不能减少。
⑤ 绝热系统的熵可能增加,也可能减少。
⑥ 从某一初始状态到另一终态有两条途径,一为可逆,一为不可逆,则不可逆途径的熵的变化必大于可逆的。
⑦ 工质进行不可逆循环,其循环熵的变化为零。
⑧ 工质进行可逆循环,其循环熵的变化必小于零。

4-12 熵是强度量,还是广延量?

4-13 非平衡热力系统的熵如何确定?不可逆过程的熵的变化如何计算?

4-14 系统经历了一复杂未知的可逆变化过程,只知道过程终态的熵大于初态的熵,能断定这个过程一定吸入了热量吗?如果是不可逆的呢?

4-15 只利用系统状态参数的变化就能确定过程交换的热量吗?只利用温度的变化可以吗?

4-16 什么是熵流?什么是熵产?它们有什么区别?

4-17 熵流可为负吗?熵产可为负吗?

4-18 空气在绝热管道中流动,从管道的 A、B 两点测量得知气体的压力和温度如表 4.1 所列,问气体是从 A 流向 B,还是从 B 流向 A?

表 4.1 题 4-18 表

参 数	A 点	B 点
压力/bar	1.3	1.0
温度/℃	50	13

4-19 如图 4.20 所示,试判断下列各种方案在什么条件下可以实现,或根本不能实现。

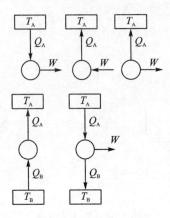

图 4.20 题 4-19 图

4-20 闭口系统经历:①可逆过程,系统做功 15 kJ,加入热量 5 kJ,系统熵变量为正?为负?可正可负?②不可逆过程,系统做功 15 kJ,放热 5 kJ,系统熵变量为正?为负?可正可负?

习 题

4-1 应用热力学第二定律证明以下各结论:
① 可逆工作的热机对外做功不能等于零。
② 可逆工作的制冷机自冷源吸取的热量不能为零。
③ 可逆绝热线与定温线只能有一个交点。
④ 两可逆绝热线不能相交。
⑤ 沿可逆绝热线移动时,温度的变化永远具有单一方向。

4-2 从温度为 800 ℃ 的热源传给卡诺机的热量为 200 kW,若冷源温度为 100 ℃,试确定循环的热效率及输出功率。

4-3 做逆向卡诺循环的制冷机用于冷藏库,须保持温度在 −5 ℃,从冷藏库取出的热流量要求为 5 kW。设制冷机向大气排热(大气温度为 25 ℃),计算制冷机所需输入的功率。

4-4 某汽轮机的工质在 1 000 ℃ 和 200 ℃ 两个极限温度之间工作,它的热效率是同温度范围内工作的卡诺机的一半,使用新的叶片材料有可能将温度上限提高到 1 100 ℃,试估计这时的热效率(设仍为同温度范围内工作的卡诺机的一半)以及每单位输出功率节约的油耗百分数。

4-5 如果用热效率为30%的热机带动一制冷机为4的制冷机,则制冷机从冷源输送1 kJ的热量时,需给热机加入多少热量?

4-6 两卡诺机A、B串联工作,A机在627 ℃下得到热量,对温度为T的热源放热,B机从热源吸收了A机的排热,并向27 ℃的冷源放热,在下述情况下计算温度T:

① 两机输出功相等。

② 两机热效率相等。

4-7 系统进行某过程,从热源吸热10 kJ,而做出20 kJ的功,问能否用一绝热过程(可逆及不可逆的)使其回到初态,试分析之。

4-8 一热机工作于热源1 000 K与冷源300 K之间,并带动一热泵,热泵从300 K冷源抽出的热量为热机排给该冷源热量的两倍,若热机的机效率及热泵的供暖系数分别为最大可能值的40%及50%,则向热泵排放热量的热源温度是多少?若供给热机的热量为50 kJ,问热泵排给热源的热量是多少?

4-9 热泵由大气环境把热量供给房间以维持在20 ℃,通过房屋的墙壁漏热估计为0.65 kW/K(房间内壁与大气的温差换热)。求:

① 若大气温度为-10 ℃,热泵输入最小功率是多少?

② 若改用此热泵在夏天作冷却房间用,设室温、漏热率以及输入功率相同,最大允许的大气温度是多高?

4-10 一可逆热机工作于600 ℃与40 ℃热源之间,它带动一可逆制冷机,制冷机工作于40 ℃与-18 ℃之间,热机的吸热量为2 100 kJ,从上述联合机构中输出净功370 kJ。求:

① 制冷机的吸热量及40 ℃热源所获得的总热量。

② 若热机热效率及制冷机制冷系数分别为其最大可能值的40%,重复①的计算。

4-11 海水表面层的温度若为30 ℃,而在几百米深处的温度若为10 ℃,以此作为热源和冷源,用一热机来工作,问其最大热效率有多大?

4-12 一热机带动热泵,热机和热泵排出的热量用来加热建筑物暖气设备用的循环水,设热机热效率为27%,热泵的供暖系数为4,试计算加给循环水的热量与热机吸热量之比。

4-13 人造卫星上一可逆热机工作于热源T_H及一个温度为T_C的辐射板之间,由辐射板辐射出的热量与该板的面积A成正比,与温度T_C的四次方成正比,设已知热机的输出功及T_H值,试证当$T_C/T_H=0.75$时,辐射板具有的最小面积。

4-14 两质量相等、比热相同(都为常数)的物体,A物体初温为T_A,B物体初温为T_B,用它们作为热源和冷源,用一可逆热机在其间工作,直至两物体温度相等时为止。

① 试证平衡时的温度$T=\sqrt{T_A \cdot T_B}$。

② 求可逆热机做出的功。

③ 如果两物体直接接触换热,至温度相等为止,求其平衡温度及两物体总的熵变。

4-15 一物体的初温T_1高于一热源的温度T_2,用一热机在物体和热源之间工作,若热机从物体中吸收的热量为Q,试证此热机所能输出的最大功为

$$W_{\max}=Q-T_2(S_1-S_2)$$

式中，S_1-S_2 是物体的熵减少量。

4-16 两个质量均为 m，比热容为定值 c 的相同物体处于同一温度 T_i，将两物体作为制冷机的冷、热源，使热量从一物体移至另一物体，一物体温度下降，而另一物体温度上升。

证明：作为冷源的物体温度降到 $T_f(T_f-T_i)$ 时所需的最小功量为

$$W_{\min} = mc\left(\frac{T_i^2}{T_f^2} + T_f - 2T_i\right)$$

4-17 一内燃机用两个 12 V 电瓶起动，每个电瓶的容量为 60 A·h，现打算用压缩空气代替起动装置，当环境大气为 1 bar、25 ℃时，储气源的压力为 14 bar，温度为 25 ℃，计算与电瓶具有相同有用能的储气源所具有的容积。

4-18 气缸内装 0.453 6 kg 的空气，具有压力 1.24 bar，温度 32 ℃。欲将其压缩到 5.5 bar，93 ℃，问最少要花费多少轴功？设环境条件为 1.013 bar，25 ℃。

4-19 6.89 bar、71 ℃空气进入涡轮，做功后以 1.034 bar、10 ℃状态流出，试计算每千克空气所能做的最大功，并与实际完成的功做比较，求出功的损失。设环境条件为 1.013 bar，25 ℃，忽略进、出口动能及势能的变化。

第 5 章 实际气体及水蒸气

工质是能量转换所依赖的物质,工质的热力学性质对能量转换有着不可忽视的影响,因此对工质的热力学性质研究是热力学的一个重要方面。以上各章所讨论的工质主要是理想气体,但理想气体只不过是实际气体的一种理想的极限情况而已。在实际的热功转换中,常常会遇到许多不能当作理想气体看待的工质,如汽轮机中的水蒸气、制冷设备中的制冷剂等。因此,对实际气体研究所得的一般关系式,对理想气体也是完全适用的。

本章主要讨论实际气体的一些主要热力学性质,并用热力学定律导出这些性质之间的一般关系式,最后以热力学工程中最常用的工质——水蒸气作为实际气体的代表,介绍其热力学性质及计算。

5.1 实际气体状态方程

研究实际气体工质在能量转换过程中的作用,仍然以描述工质状态性质的状态特性量——状态参数作为分析计算的依据。这些状态参数是 p,v,T,u,h 及 s。同样地,其中 p,v,T 是可直接测量的基本状态参数,而 u,h,s 需要通过基本状态参数间接计算得到。

前几章中介绍的理想气体状态方程的适用范围是有限的,完美的气体状态方程应该能够在更大的区域内准确地表示物质的 p-v-T 的关系,且没有任何限制。科学家们从不同的角度,已经提出了很多解决办法,建立了相应的实际气体方程表达形式。

前面讲过,无化学反应的简单可压缩系统有 2 个独立参数,其他参数是这 2 个独立参数的函数,因而 3 个基本参数间应有:

$$F(p,v,T)=0 \tag{5-1}$$

这个关系式表征着不同工质的热力学特性,所以又称为特性方程,同样是分析计算实际气体性质的重要根据。

目前还没有完全根据理论推导出来的实际气体状态方程,为了取得比较接近实际气体的状态方程,一般可以从两个方面进行:一是以理想气体状态方程为基础,给予某些修正。当然这些修正量也要通过实验数据整理获得,范德瓦尔方程就是这一类型的典型代表;另一类是以实验为基础,按照热力学两个定律导出的一般热力学关系式,根据实际气体得到的某些实验结果代入而得。两者比较起来,前者方法比较简单,但偏离实际气体的特性较远;后者方法较繁琐,但就针对的实际气体而言,是更为精确的。

本节仅介绍最经典的由理想气体状态方程修正后所得的实际气体状态方程,即范德瓦尔方程。由实验结合理论方法得到的实际气体状态方程将在一般热力学关系式中介绍。

5.1.1 范德瓦尔(Van der Waals)方程

理想气体的微观模型:分子是质点,分子间没有相互作用力。这两个假设是从实际气体压力为零的极限情况得到的,因此压力很低或温度较高的情况与此假设比较接近,在理想气体性质一章中对此有详细的阐述。在常温常压下的房间里,分子实际占据的体积只有房间体积的千分之一左右。可是当压力升高或温度降低时,气体分子本身所占的体积变得越来越重要,而且分子之间的相互作用力也变得不可忽视。

范德瓦尔根据这两点假设对理想气体状态方程进行了修正,建立了如下实际气体状态方程,称为范德瓦尔方程(也译为范德瓦尔斯方程),其中的 a 和 b 称为范德瓦尔常数。

$$\left(p + \frac{a}{V_m^2}\right)(V_m - b) = RT \tag{5-2}$$

范德瓦尔在方程中用 a/V_m^2 表示分子间作用力,常称为内压力;将理想气体关系中的 V_m 替换为 $V_m - b$,b 表示气体分子占据的体积,对于给定的气体,它的值是恒定的。式(5-2)中: p 是实际气体压力;T 是绝对温度;$V_m = Mv$ 是 1 kmol 气体的容积;$R = MR_g$ 是通用气体常数;M 是气体分子的摩尔质量,单位为 kg/kmol。

完全符合式(5-2)的气体称为范德瓦尔气体,严格来说这种气体也是不存在的,实际气体只是或多或少地接近它。将式(5-2)按 V_m 的降幂排列可写为

$$V_m^3 - \left(b + \frac{RT}{p}\right)V_m^2 + \frac{a}{p}V_m - \frac{ab}{p} = 0 \tag{5-3}$$

根据这个方程的求解,可在 $p-v$ 图上绘出一簇定温线(见图 5.1)。在不同的温度范围内,定温线可以有以下 3 种线型,分别对应 3 类解的形式:

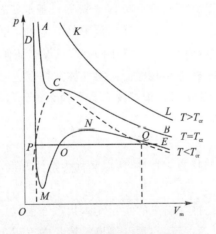

图 5.1 范德瓦尔气体定温线

① 3 个不同实根。这是在温度较低的情况($T < T_{cr}$)下,如图中定温线 DPMNQE,曲线有一个极小值 M 和一个极大值 N。DP 段对应液体状态,PMNQ 段对应两相状态,QE 段对应气体状态。P 点为饱和液体状态,Q 点为饱和气体状态。实验测试结果显示,相变区的实际定温线为 POQ 直线。

注:相是指在化学成分和物理结构上都是均匀的物质量。物理结构的均一性意味着物质全部是固体,或全部是液体,或全部是气体,一个系统可以包含一个或多个相。纯物质是化学成分均匀不变的物质,纯物质可以存在于多个相中,但其化学成分在每个相中必须相同。

② 3 个相同的实根。3 个根重合在 1 点,就是图中定温曲线转折点 C 点,C 点称为临界点

$(T=T_{cr})$。

③ 1个实根和2个虚根。这是高温下的定温线($T>T_{cr}$)所具有的特性,接近于理想气体定温线。

临界点 C 的温度、压力及容积分别称为临界温度 T_{cr}、临界压力 p_{cr} 及临界容积 $(V_m)_{cr}$,由数学推导可知,在转折点 C 处应有

$$\left(\frac{\partial p}{\partial V_m}\right)_T = 0 \quad \text{和} \quad \left(\frac{\partial^2 p}{\partial V_m^2}\right)_T = 0$$

即

$$\frac{-RT_{cr}}{[(V_m)_{cr}-b]^2} + \frac{2a}{(V_m)_{cr}^3} = 0 \tag{5-4}$$

和

$$\frac{2RT_{cr}}{[(V_m)_{cr}-b]^3} - \frac{6a}{(V_m)_{cr}^4} = 0 \tag{5-5}$$

联立式(5-4)及式(5-5),解之可得

$$\left. \begin{array}{l} (V_m)_{cr} = 3b \\ T_{cr} = \dfrac{8a}{27Rb} \\ p_{cr} = \dfrac{a}{27b^2} \end{array} \right\} \tag{5-6}$$

由上式可求得

$$\left. \begin{array}{l} a = \dfrac{27R^2 T_{cr}^3}{64 p_{cr}} \\ b = \dfrac{RT_{cr}}{8 p_{cr}} \end{array} \right\} \tag{5-7}$$

当将实验测得某种气体的 p_{cr} 及 T_{cr} 代入式(5-7)即可确定该气体的 a、b 值,表5.1所列为几种常见气体的 a、b、p_{cr} 及 T_{cr} 的值。

表5.1 几种常见气体的范德瓦尔常数和临界参数

气 体	范德瓦尔常数		临界压力 p_{cr} /MPa	临界温度 T_{cr} /K	临界压缩因子 Z_{cr}
	a /(MPa·m^6·kmol^{-2})	b /(m^3·kmol^{-1})			
氢气(H_2)	0.024 7	0.026 5	1.30	33.2	0.304
氮气(N_2)	0.136 1	0.038 5	3.39	126.2	0.291
氧气(O_2)	0.136 9	0.031 5	5.05	154.4	0.290
空气	0.135 8	0.036 4	3.77	132.5	0.302
一氧化碳(CO)	0.146 3	0.039 4	3.50	133.0	0.294
二氧化碳(CO_2)	0.364 3	0.042 7	7.39	304.2	0.276
水蒸气(H_2O)	0.550 7	0.030 6	22.09	647.3	0.233
甲烷(CH_4)	0.228 5	0.042 7	4.64	190.7	0.290
乙烯(C_2H_4)	0.456 3	0.057 4	5.12	283.0	0.270

范德瓦尔状态方程是模拟真实气体行为的最早尝试之一,尽管有局限性,仍具有历史价值。实践中,方程的精度不仅可以通过修订 a 和 b 的值来提高,还可以通过更大范围内的气体特性规律来建立更为接近实际气体行为的状态方程。

此处需要指出的是,范德瓦尔状态方程也可以采用单位质量的比容来表示:

$$\left(p+\frac{a_v}{v^2}\right)(v-b_v)=R_g T \tag{5-8}$$

式(5-8)的结构形式与式(5-2)完全一致,式中的范德瓦尔常数 a_v、b_v 与 a、b 的关系如下:

$$a_v=a/M^2, \quad b_v=b/M$$

其中,M 为气体分子的摩尔质量,单位为 kg/kmol;a_v、b_v 的单位为 $\text{MPa}\cdot\left(\frac{\text{m}^3}{\text{kg}}\right)^2$、$\frac{\text{m}^3}{\text{kg}}$。

5.1.2 对比态定律

实际气体的状态方程还可以在理想气体状态方程的基础上,引入一个修正系数 Z 来表达,即

$$pv=ZR_g T \quad \text{或} \quad pV_m=ZRT \tag{5-9}$$

式中,Z 为压缩因子,是个无因次量,它表示该气体与理想气体的偏离程度。对于理想气体,Z 等于 1;而对于实际气体,它是状态的函数,因为有 $v=\varphi(p,T)$,所以

$$Z=\frac{pv}{R_g T}=f(p,T) \tag{5-10}$$

Z 的数值与 1 相差越大,表明这种实际气体偏离理想气体越远。

经验表明,当各种不同的实际气体处于热力学相似时,它们的 Z 值近似相等。所谓热力学相似是指两种气体具有相同的相似准则,这些相似准则是用气体的实际压力、温度和比容分别与临界点的压力、温度和比容之比来定义的,并分别称为对比压力、对比温度和对比比容,即对比压力为 $p_r=p/p_{cr}$;对比温度为 $T_r=T/T_{cr}$;对比比容为 $v_r=v/v_{cr}$。这里的热力学相似准则 p_r、T_r 及 v_r 都是无因次量。

在相同的压力和温度下,不同实际气体的比容并不相等。但是实验表明,在相同的对比压力和对比温度下,不同的实际气体的对比比容近似相同,这个由经验得出的规律称为对比态定律。对比态定律的表达式也可以写为

$$F(v_r,p_r,T_r)=0 \tag{5-11}$$

这实质上是一种用对比参数表示的状态方程。

对比参数表达的状态方程式(5-11)对各种实际气体或液体都是通用的。这本身也反映了各种物质之间在 p,v,T 的关系上所具有的相似性。按照 v_r 及 Z 的定义可有:

$$v_r=\frac{v}{v_{cr}}=\frac{ZR_g T/p}{Z_{cr}R_g T_{cr}/p_{cr}}=\frac{Z}{Z_{cr}}\cdot\frac{T_r}{p_r} \tag{5-12}$$

式中,Z_{cr} 叫作临界压缩因子。由式(5-12)可得:

$$Z=f_1(p_r,T_r,Z_{cr}) \tag{5-13}$$

由表 5.1 可见,对于大多数物质 Z_{cr} 的实验值都落在 0.2~0.3 的狭窄范围内。因此,可以近似认为 Z_{cr} 是一个常数,所以式(5-13)可表示为

$$Z=\psi(p_r,T_r) \tag{5-14}$$

于是根据式(5-14)可以作出 p_r、T_r 及 Z 的曲线图。图 5.2 是取绝大多数气体临界压缩因子平均值 0.27 绘制的通用压缩因子图的常用部分,完整的图线见附录 8。

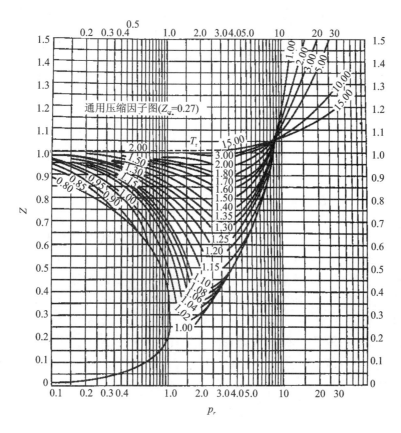

图 5.2 通用压缩因子图

例 5-1 二氧化碳的 $V_m = 0.192 \text{ m}^3/\text{kmol}$，温度为 345 K，试用：①理想气体状态方程；②范德瓦尔方程；③通用压缩因子图确定其压力。

解：①用理想气体状态方程计算：

$$p = \frac{RT}{V_m} = \frac{8\,314 \times 345}{0.192} = 149.4 \text{ bar}$$

② 用范德瓦尔方程计算：

$$p = \frac{RT}{V_m - b} - \frac{a}{V_m^2}$$

由表 5.1 查得 $a = 3.643, b = 0.042\,7$，代入上式有

$$p = \frac{8\,314 \times 345}{0.192 - 0.042\,7} - \frac{3.643 \times 10^5}{0.192^2} = 93.3 \text{ bar}$$

③ 用通用压缩性因子图：
由表 5.1 查得 $T_{cr} = 304.2 \text{ K}, p_{cr} = 73.9 \text{ bar}$，则

$$T_r = \frac{T}{T_{cr}} = \frac{345}{304.2} = 1.13$$

而

$$p = p_r p_{cr} = \frac{ZRT}{V_m}$$

或

$$p_r = \frac{ZRT}{p_{cr}V_m} = \frac{8\,314 \times 345}{73.9 \times 10^5 \times 0.192}Z = 2.02Z$$

上式 $p_r = 2.02Z$ 在通用压缩因子图上是一条直线,它与 $T_r = 1.13$ 定温线交点处的 p_{cr} 及 Z 值是需要确定的值。可以用作图法确定,即在图上找到 $p_r = 2.02Z$ 直线上的两个点(比如 $Z = 1$, $p_r = 2.02$; $Z = 0.5$, $p_r = 1.01$),再将它们连成一条直线,与 $T_r = 1.13$ 定温线相交处的 $p_r = 1.25$, $Z = 0.62$,于是

$$p = p_r p_{cr} = 1.25 \times 73.9 = 92.38 \text{ bar}$$

由以上计算结果可见,用理想气体状态方程计算的结果相对误差较大。

5.2 热力学一般关系式

基本状态参数都是可以直接测量的,其他不能直接测量的状态参数需要通过基本参数间接计算获得。在理想气体一章中推导获得的计算公式对于实际气体不再适用,而需要应用从热力学基本定律出发、借助于数学工具导出的关系式来计算。因为热力学基本定律是普遍适用的经验定律,在推导中并不加入任何反映物质特殊性质的条件,所以导出的结果不应带有任何条件,需要对任何系统、任何工质都普遍适用,这类关系式称为热力学一般关系式。

为了顺利导出这些关系式,需要应用特性量的各种偏导数关系。工质的各种特性量的偏导数关系是根据热力学第一定律及第二定律基本关系式推导出来的,具有广泛的普适性。此外,除了需要间接计算的状态参数,本节还会推导一些物性参数,如工质的比热。下面先介绍两个新的状态量,再来推导这些关系。

5.2.1 自由能及自由焓

实际气体的状态量除了前面介绍过的 p, v, T, u, h, s 六个以外,还将用到两个新的状态参数:自由能和自由焓,定义式如下:

自由能: $\qquad\qquad\qquad F = U - TS \qquad\qquad\qquad (5-15)$

比自由能: $\qquad\qquad\qquad f = u - Ts \qquad\qquad\qquad (5-16)$

自由焓: $\qquad\qquad\qquad G = H - TS \qquad\qquad\qquad (5-17)$

比自由焓: $\qquad\qquad\qquad g = h - Ts \qquad\qquad\qquad (5-18)$

自由能又称为亥姆霍兹函数;自由焓又称为吉布斯函数,它们都是广延量。自由能、自由焓和热力学能、焓一样,它的变化量都是特定过程中功的函数。例如热力学能及焓的变化量分别是定熵过程中容积功及技术功的函数,因为在定熵过程中,由能量方程可得:

$$(p\,dv)_s = -du \qquad\qquad (5-19)$$

$$(-v\,dp)_s = -dh \qquad\qquad (5-20)$$

而自由能及自由焓的变化量分别是定温过程中的容积功及技术功,因为在定温过程中,由能量方程可得

$$(p\,dv)_T = Tds - du = -[du - d(Ts)] = -d(u - Ts) = -df \qquad (5-21)$$

及 $\qquad (-v\,dp)_T = Tds - dh = -[dh - d(Ts)] = -d(h - Ts) = -dg \qquad (5-22)$

5.2.2 特征函数

上面曾经讲过,简单可压缩系统有两个独立参数,其他状态参数都可表示为这两个独立参数的函数。原则上这两个独立参数可以任意选定,但在某一特殊选定的方式下,即选定某一状

态参数为特定的两个独立参数的函数时,就可以从这个已知的热力学函数关系式出发,结合热力学微分方程,得到其余的热力学函数。比如选定热力学能 u 是熵 s 和比容 v 的函数,则这一特定的热力学函数形式为

$$u = u(s, v) \tag{5-23}$$

式中,s,v 是两个独立参数,其余的热力学函数也可由此式而得到。下面借助可逆过程展开分析,根据热力学基本定律可知:

$$T\mathrm{d}s = \mathrm{d}u + p\mathrm{d}v \tag{5-24}$$

根据数学中有关全微分方程的性质,按照式(5-23)可有

$$\mathrm{d}u = \left(\frac{\partial u}{\partial s}\right)_v \mathrm{d}s + \left(\frac{\partial u}{\partial v}\right)_s \mathrm{d}v \tag{5-25}$$

比较式(5-24)及式(5-25),即有

$$T = \left(\frac{\partial u}{\partial s}\right)_v \tag{5-26}$$

$$p = -\left(\frac{\partial u}{\partial v}\right)_s \tag{5-27}$$

另外,根据有关定义式可求得由函数 $u = u(s, v)$ 表达的其余几个特性量

$$h = u + pv = u - v\left(\frac{\partial u}{\partial v}\right)_s \tag{5-28}$$

$$f = u - Ts = u - s\left(\frac{\partial u}{\partial s}\right)_v \tag{5-29}$$

$$g = h - Ts = u - v\left(\frac{\partial u}{\partial v}\right)_s - s\left(\frac{\partial u}{\partial s}\right)_v \tag{5-30}$$

式(5-26)~式(5-30)就是除 u,s,v 以外的 5 个状态参数计算表达式,它们都是通过 $u = u(s, v)$ 关系而间接得到的。具有这种特征的热力学函数关系被称为特征函数。除这个特征函数以外,还有 3 个特征函数分别是:$h = h(s, p)$,$f = f(v, T)$,$g = g(p, T)$。表 5.2 所列为这些特征函数的具体推导结果。

表 5.2 特征函数关系表

特征函数	热力学第一、第二定律表达式	全微分关系式	其余热力学函数关系式
$u = u(s, v)$	$\mathrm{d}u = T\mathrm{d}s - p\mathrm{d}v$	$\mathrm{d}u = \left(\frac{\partial u}{\partial s}\right)_v \mathrm{d}s + \left(\frac{\partial u}{\partial v}\right)_s \mathrm{d}v$	$T = \left(\frac{\partial u}{\partial s}\right)_v$;$p = -\left(\frac{\partial u}{\partial v}\right)_s$; $h = u - v\left(\frac{\partial u}{\partial v}\right)_s$; $f = u - s\left(\frac{\partial u}{\partial s}\right)_v$; $g = u - v\left(\frac{\partial u}{\partial v}\right)_s - s\left(\frac{\partial u}{\partial s}\right)_v$
$h = h(s, p)$	$\mathrm{d}h = T\mathrm{d}s + v\mathrm{d}p$	$\mathrm{d}h = \left(\frac{\partial h}{\partial s}\right)_p \mathrm{d}s + \left(\frac{\partial h}{\partial p}\right)_s \mathrm{d}p$	$T = \left(\frac{\partial h}{\partial s}\right)_p$;$v = \left(\frac{\partial h}{\partial p}\right)_s$; $u = h - p\left(\frac{\partial h}{\partial p}\right)_s$; $f = h - p\left(\frac{\partial h}{\partial p}\right)_s - s\left(\frac{\partial h}{\partial s}\right)_p$; $g = h - s\left(\frac{\partial h}{\partial s}\right)_p$

特征函数	热力学第一、第二定律表达式	全微分关系式	其余热力学函数关系式
$f=f(v,T)$	$\mathrm{d}f=-p\mathrm{d}v-s\mathrm{d}T$	$\mathrm{d}f=\left(\dfrac{\partial f}{\partial v}\right)_T \mathrm{d}v+\left(\dfrac{\partial f}{\partial T}\right)_v \mathrm{d}T$	$p=-\left(\dfrac{\partial f}{\partial v}\right)_T;\ s=-\left(\dfrac{\partial f}{\partial T}\right)_v;$ $u=f-T\left(\dfrac{\partial f}{\partial T}\right)_v;$ $h=f-T\left(\dfrac{\partial f}{\partial T}\right)_v-v\left(\dfrac{\partial f}{\partial v}\right)_T;$ $g=f-T\left(\dfrac{\partial f}{\partial T}\right)_v-v\left(\dfrac{\partial f}{\partial v}\right)_T+T\left(\dfrac{\partial f}{\partial T}\right)_v$
$g=g(p,T)$	$\mathrm{d}g=v\mathrm{d}p-s\mathrm{d}T$	$\mathrm{d}g=\left(\dfrac{\partial g}{\partial p}\right)_T \mathrm{d}p+\left(\dfrac{\partial g}{\partial T}\right)_p \mathrm{d}T$	$v=\left(\dfrac{\partial g}{\partial p}\right)_T;\ s=-\left(\dfrac{\partial g}{\partial T}\right)_p;$ $h=g-T\left(\dfrac{\partial g}{\partial T}\right)_p;$ $u=g-T\left(\dfrac{\partial g}{\partial T}\right)_p-p\left(\dfrac{\partial g}{\partial p}\right)_T;$ $f=g-T\left(\dfrac{\partial g}{\partial T}\right)_p-p\left(\dfrac{\partial g}{\partial p}\right)_T+T\left(\dfrac{\partial g}{\partial T}\right)_p$

5.2.3 麦克斯韦关系式

表 5.2 中热力学第一、第二定律表达式的 4 个式子都是全微分表达式,按照全微分数学性质应有以下偏导数关系,由全微分式

$$\mathrm{d}u=T\mathrm{d}s-p\mathrm{d}v$$

则 $\mathrm{d}s$ 及 $\mathrm{d}v$ 的系数应有

$$\left(\frac{\partial T}{\partial v}\right)_s=-\left(\frac{\partial p}{\partial s}\right)_v \tag{5-31}$$

用同样的方法,对其余 3 个全微分方程也应有

$$\left(\frac{\partial T}{\partial p}\right)_s=\left(\frac{\partial v}{\partial s}\right)_p \tag{5-32}$$

$$\left(\frac{\partial p}{\partial T}\right)_v=\left(\frac{\partial s}{\partial v}\right)_T \tag{5-33}$$

$$\left(\frac{\partial v}{\partial T}\right)_p=-\left(\frac{\partial s}{\partial p}\right)_T \tag{5-34}$$

上述 4 个方程称为麦克斯韦关系式,在后面的推导中,当需要对参数进行变换时,应用上式可以将某一参数的偏导数置换为另一参数的偏导数。

5.3 物性参数关系式

本节将讨论以下几个物理量:热系数、定容比热和定压比热。

5.3.1 热系数及循环关系式

当取 $v=v(p,T)$ 时,有:

$$\mathrm{d}v = \left(\frac{\partial v}{\partial p}\right)_T \mathrm{d}p + \left(\frac{\partial v}{\partial T}\right)_p \mathrm{d}T \tag{5-35}$$

其中，$(\partial v/\partial T)_p$ 是在压力不变的情况下，由于温度改变所引起的比容的变化。如果取比容的相对变化量，则可定义热膨胀系数为

$$\alpha = \frac{1}{v}\left(\frac{\partial v}{\partial T}\right)_p \tag{5-36}$$

$(\partial v/\partial p)_T$ 是在温度不变的情况下，由于压力改变所引起的比容变化。如果取比容的相对变化量，则可定义定温膨胀系数为

$$\beta_T = -\frac{1}{v}\left(\frac{\partial v}{\partial p}\right)_T \tag{5-37}$$

对于一般实际工质来说，由于 $(\partial v/\partial p)_T$ 是负值，所以式(5-37)定义中冠以负号使 β_T 为正值，将 α 及 β_T 的表达式带入式(5-35)有

$$\mathrm{d}(\ln v) = \alpha \mathrm{d}T - \beta_T \mathrm{d}p$$

上式也是全微分方程，应有

$$\left(\frac{\partial \alpha}{\partial p}\right)_T = -\left(\frac{\partial \beta_T}{\partial T}\right)_p$$

这表明 α 与 β_T 不是相互独立的，而是有联系的，其关系推导如下：

因为
$$\frac{\alpha}{\beta_T} = -\frac{\left(\frac{\partial v}{\partial T}\right)_p}{\left(\frac{\partial v}{\partial p}\right)_T} \tag{5-38}$$

又由式(5-34)，当 v 保持不变时有

$$\left(\frac{\partial v}{\partial p}\right)_T (\mathrm{d}p)_v + \left(\frac{\partial v}{\partial T}\right)_p (\mathrm{d}T)_v = 0$$

或
$$\left(\frac{\partial v}{\partial p}\right)_T \left(\frac{\partial p}{\partial T}\right)_v + \left(\frac{\partial v}{\partial T}\right)_p = 0$$

整理可得
$$\left(\frac{\partial v}{\partial p}\right)_T \left(\frac{\partial p}{\partial T}\right)_v \left(\frac{\partial T}{\partial v}\right)_p = -1 \tag{5-39}$$

式(5-39)称为循环关系式，在变换参数时非常有用。将式(5-39)代入式(5-38)，即可得到 α 与 β_T 的关系为

$$\frac{\alpha}{\beta_T} = \left(\frac{\partial p}{\partial T}\right)_v \tag{5-40}$$

最后，定义定熵压缩系数

$$\beta_s = -\frac{1}{v}\left(\frac{\partial v}{\partial p}\right)_s \tag{5-41}$$

此外，热系数 α、β_T 及 β_s 都是可以通过实验测量的，根据实验测定的热系数再积分求解状态方程式，也是通过实验获取状态方程式的一种基本方法。

例 5-2 试求服从范德瓦尔方程的范德瓦尔气体的 α 和 β_T。

解：范德瓦尔方程为

$$p = \frac{R_g T}{v - b_v} - \frac{a_v}{v^2}$$

对上式取导数，有

$$\left(\frac{\partial p}{\partial T}\right)_v = \frac{R_g}{v-b_v}$$

$$\left(\frac{\partial p}{\partial v}\right)_T = \frac{2a_v}{v^3} - \frac{R_g T}{(v-b_v)^2}$$

利用循环关系式(5-38)

$$\left(\frac{\partial v}{\partial T}\right)_p = -\frac{(\partial p/\partial T)_v}{(\partial p/\partial v)_T} = \frac{R_g v^3(v-b_v)}{R_g T v^3 - 2a_v(v-b_v)^2}$$

故

$$\alpha = \frac{1}{v}\left(\frac{\partial v}{\partial T}\right)_p = \frac{R_g v^2(v-b_v)}{R_g T v^3 - 2a_v(v-b_v)^2}$$

$$\beta_T = -\frac{1}{v}\left(\frac{\partial v}{\partial p}\right)_T = -\frac{1}{v\left(\frac{\partial p}{\partial v}\right)_T} = \frac{v^2(v-b_v)^2}{R_g T v^3 - 2a_v(v-b_v)^2}$$

则

$$\frac{\alpha}{\beta_T} = \frac{R_g}{v-b_v}$$

当范德瓦尔方程中 $a=b=0$ 时，范德瓦尔气体即为理想气体，理想气体的 α、β_T 及 α/β_T 分别为

$$\alpha = \frac{1}{T}, \quad \beta_T = \frac{1}{p}, \quad \frac{\alpha}{\beta_T} = \frac{p}{T}$$

5.3.2 定容比热及定压比热

均匀简单可压缩系统的定容比热及定压比热定义分别为

$$\left.\begin{array}{l} c_v = \left(\dfrac{\partial u}{\partial T}\right)_v \\ c_p = \left(\dfrac{\partial h}{\partial T}\right)_p \end{array}\right\}$$

由上式可以看出，c_v，c_p 都是状态函数，下面导出有关 c_v 及 c_p 的某些性质。

(1) 用熵表示的 c_v 及 c_p

应用热力学函数关系(见表5.2)可有

$$\left.\begin{array}{l} c_v = \left(\dfrac{\partial u}{\partial T}\right)_v = T\dfrac{\left(\dfrac{\partial u}{\partial T}\right)_v}{T} = T\dfrac{\left(\dfrac{\partial u}{\partial T}\right)_v}{\left(\dfrac{\partial u}{\partial s}\right)_v} = T\left(\dfrac{\partial s}{\partial T}\right)_v \\ c_p = \left(\dfrac{\partial h}{\partial T}\right)_p = T\dfrac{\left(\dfrac{\partial h}{\partial T}\right)_p}{T} = T\dfrac{\left(\dfrac{\partial h}{\partial T}\right)_p}{\left(\dfrac{\partial h}{\partial s}\right)_p} = T\left(\dfrac{\partial s}{\partial T}\right)_p \end{array}\right\} \quad (5-42)$$

(2) 定温条件下的关系式

下面推导温度不变的情况下，c_v 随容积改变所引起的变化 $(\partial c_v/\partial v)_T$，以及 c_p 随压力改变所引起的变化 $(\partial c_p/\partial p)_T$。由式(5-42)可得

$$\left(\frac{\partial c_v}{\partial v}\right)_T = T\frac{\partial^2 s}{\partial v \partial T}, \quad \left(\frac{\partial c_p}{\partial p}\right)_T = T\frac{\partial^2 s}{\partial p \partial T}$$

由麦克斯韦关系式(5-32)及式(5-33)可得

$$\left(\frac{\partial^2 p}{\partial T^2}\right)_v = \frac{\partial^2 s}{\partial T \partial v}, \quad \left(\frac{\partial^2 v}{\partial T^2}\right)_p = -\frac{\partial^2 s}{\partial T \partial p}$$

于是有

$$\left(\frac{\partial c_v}{\partial v}\right)_T = T\left(\frac{\partial^2 p}{\partial T^2}\right)_v \tag{5-43}$$

$$\left(\frac{\partial c_p}{\partial p}\right)_T = -T\left(\frac{\partial^2 v}{\partial T^2}\right)_p \tag{5-44}$$

(3) 比热比 $k = c_p/c_v$ 的关系式

根据比热比定义和式(5-42)，可得

$$k = \frac{c_p}{c_v} = \frac{\left(\frac{\partial s}{\partial T}\right)_p}{\left(\frac{\partial s}{\partial T}\right)_v}$$

再利用循环关系式原理，将参数 $s = s_1(p,T)$ 及 $s = s_2(v,T)$ 代入上式的两个微分表达式中，可有

$$\left(\frac{\partial s}{\partial T}\right)_p = -\left(\frac{\partial p}{\partial T}\right)_s \left(\frac{\partial s}{\partial p}\right)_T$$

$$\left(\frac{\partial s}{\partial T}\right)_v = -\left(\frac{\partial v}{\partial T}\right)_s \left(\frac{\partial s}{\partial v}\right)_T$$

$$k = \frac{\left(\frac{\partial p}{\partial v}\right)_s}{\left(\frac{\partial p}{\partial v}\right)_T} = \frac{\beta_T}{\beta_s} \tag{5-45}$$

可见，比热比 k 也是物性参数，式(5-45)是物性参数 k、β_T 及 β_s 之间的关系。

(4) $c_p - c_v$ 的关系式

由函数关系 $s = s_1(p,T)$ 及 $s = s_2(v,T)$，可得全微分方程为

$$ds = \left(\frac{\partial s}{\partial T}\right)_p dT + \left(\frac{\partial s}{\partial p}\right)_T dp = \frac{c_p}{T} dT - \left(\frac{\partial v}{\partial T}\right)_p dp \tag{5-46}$$

$$ds = \left(\frac{\partial s}{\partial T}\right)_v dT + \left(\frac{\partial s}{\partial v}\right)_T dv = \frac{c_v}{T} dT + \left(\frac{\partial p}{\partial T}\right)_v dv \tag{5-47}$$

联立式(5-46)及式(5-47)联立，整理后可得

$$dp = \frac{c_p - c_v}{T(\partial v/\partial T)_p} dT - \frac{(\partial p/\partial T)_v}{(\partial v/\partial T)_p} dv \tag{5-48}$$

考虑到 $p = p(T,v)$，上式为全微分表达式，则式(5-48)中微分 dT 的系数应为

$$\frac{c_p - c_v}{T(\partial v/\partial T)_p} = (\partial p/\partial T)_v$$

所以

$$c_p - c_v = T(\partial v/\partial T)_p (\partial p/\partial T)_v \tag{5-49}$$

利用循环关系式(5-39)，有

$$(\partial p/\partial T)_v = \frac{(\partial v/\partial T)_p}{-(\partial v/\partial p)_T}$$

代入式(5-49),得另一表达式

$$c_p - c_v = -\frac{T[(\partial v/\partial T)_p]^2}{(\partial v/\partial p)_T} \quad (5-50)$$

由此,只需要利用工质的状态方程,就可以推导出 c_p 与 c_v 的具体表达式,并可由一种比热计算出另一种比热。例如对固体或者液体用实验确定 c_v 是很困难的,可以利用上述方程把测得的 c_p 转换为 c_v。同时,因为 $(\partial v/\partial T)_p$ 的平方总是正值,对于现在已经知道的物质 $(\partial v/\partial p)_T$ 总是负的,因此 $c_p - c_v$ 总为正值,或者说 c_p 总大于 c_v,从而 $k>1$。将式(5-36)和式(5-37)代入式(5-50),可以得到 c_p,c_v 与 α,β_T 的关系为

$$c_p - c_v = \frac{Tv\alpha^2}{\beta_T} \quad (5-51)$$

此外,根据比热与基本状态参数的关系式(5-44),可以用实验方法从精确测得的比热 $c_p = c_p(p,T)$ 关系中导出该实际气体的状态方程。

例 5-3 试求范德瓦尔气体的 $c_p - c_v$ 表达式。

解:将例 5-2 所求得的 α,β_T 的表达式代入式(5-51)可得:

$$c_p - c_v = \frac{Tv\alpha^2}{\beta_T}$$

$$= Tv\left[\frac{R_g v^2(v-b_v)}{R_g T v^3 - 2a_v(v-b_v)^2}\right]\frac{R_g}{(v-b_v)}$$

$$= \frac{R_g}{1 - 2a_v(v-b_v)^2/(R_g T v^3)}$$

若令 $a=b=0$,则范德瓦尔气体变为理想气体,由上式可得

$$c_p - c_v = R_g$$

这正是适用于理想气体的 c_p 与 c_v 关系式,即前面介绍的迈耶定律。类似可得到 $c_{p,m} - c_{v,m} = R$。

例 5-4 试证理想气体和范德瓦尔气体的 c_v 都只是温度的函数。

解:① 由理想气体方程 $pv = R_g T$ 可得:

$$\left(\frac{\partial p}{\partial T}\right)_v = \frac{R_g}{v}, \quad \left(\frac{\partial^2 p}{\partial T^2}\right)_v = 0$$

代入式(5-43)可得

$$\left(\frac{\partial c_v}{\partial v}\right)_T = T\left(\frac{\partial^2 p}{\partial T^2}\right)_v = 0$$

可见,理想气体的 c_v 与 v 无关,只是温度的函数。

② 由范德瓦尔方程 $\left(p + \frac{a_v}{v^2}\right)(v - b_v) = R_g T$ 求得

$$\left(\frac{\partial p}{\partial T}\right)_v = \frac{R_g}{v - b_v}, \quad \left(\frac{\partial^2 p}{\partial T^2}\right)_v = 0$$

代入式(5-43)可得

$$\left(\frac{\partial c_v}{\partial v}\right)_T = T\left(\frac{\partial^2 p}{\partial T^2}\right)_v = 0$$

因此,范德瓦尔气体的 c_v 与 v 无关,只是温度的函数。

在例 5-4 的基础上,可以用类似的方法讨论范德瓦尔气体的 c_p 与 v 的关系:

$$\left(\frac{\partial c_p}{\partial p}\right)_T = -T\left(\frac{\partial^2 v}{\partial T^2}\right)_p = R_g^2 T\left[\frac{2a_v v^{-3} - 6a_v b_v v^{-4}}{(p - a_v v^{-2} + 2a_v b_v v^{-3})^3}\right]$$

可以看出范德瓦尔气体的 c_p 不仅与温度有关，还与压力 p 有关。将 $a=b=0$ 代入上式即可得到理想气体的 $\left(\frac{\partial c_p}{\partial p}\right)_T = 0$，即理想气体的 c_p 只是温度的函数，与 p 无关。

5.4 熵、热力学能及焓的一般关系式

这一节将以热力学第一、第二定律表达式为依据，运用数学中全微分的性质，导出适用于简单可压缩系统，用基本参数及有关物性参数表示的熵、热力学能及焓的一般关系式。

5.4.1 熵的一般关系式

当选用 T,v 为独立参数时，可由 $s=s(T,v)$ 写出全微分方程：

$$ds = \left(\frac{\partial s}{\partial T}\right)_v dT + \left(\frac{\partial s}{\partial v}\right)_T dv$$

应用麦克斯韦关系式及比热关系式，将式(5-32)及式(5-42)代入上式可得熵的一般关系式(第一熵方程)为

$$ds = \frac{c_v}{T}dT + \left(\frac{\partial p}{\partial T}\right)_v dv \qquad (5-52)$$

用类似的方法还可以导出分别用 T,v（第二熵方程）及 p,v（第三熵方程）表示的熵的一般关系式：

$$ds = \frac{c_p}{T}dT - \left(\frac{\partial v}{\partial T}\right)_p dp \qquad (5-53)$$

$$ds = \frac{c_v}{T}\left(\frac{\partial T}{\partial p}\right)_v dp + \frac{c_p}{T}\left(\frac{\partial T}{\partial v}\right)_p dv \qquad (5-54)$$

当应用上述某一关系式计算出实际气体熵的变化以后，即可通过 $\delta q = Tds$（可逆过程）得出系统与外界的换热量。把理想气体状态方程 $pv = R_g T$ 代入上述各式，即可得到理想气体熵变的关系式，与理想气体性质一章中的关系式完全一致。

5.4.2 热力学能的一般关系式

由热力学第一、第二定律表达式可知

$$du = Tds - pdv$$

将式(5-52)代入上式整理后，即可得由独立参数 T,v 表示的热力学能的一般关系式：

$$du = c_v dT + \left[T\left(\frac{\partial p}{\partial T}\right)_v - p\right]dv \qquad (5-55)$$

当把理想气体状态方程代入后，上式即为理想气体热力学能表达式 $du = c_v dT$。

将 ds 的另外两个表达式(5-53)及式(5-54)分别代入，再整理后分别得到用 T,p 及 p,v 表示的热力学能的一般关系式：

$$du = \left[c_p - p\left(\frac{\partial v}{\partial T}\right)_p\right]dT - \left[p\left(\frac{\partial v}{\partial p}\right)_T + T\left(\frac{\partial v}{\partial T}\right)_p\right]dp \qquad (5-56)$$

$$du = c_v\left(\frac{\partial T}{\partial p}\right)_v dp + \left[c_p\left(\frac{\partial T}{\partial v}\right)_p - p\right]dv \tag{5-57}$$

上述关系式中以 T,p 表示的式(5-56)在工程中最为常用。

5.4.3 焓的一般关系式

由热力学第一、第二定律表达式可知

$$dh = Tds + vdp \tag{5-58}$$

将 ds 的表达式(5-52)及下列 $p = p(T,v)$ 的全微分表达式：

$$dp = \left(\frac{\partial p}{\partial T}\right)_v dT + \left(\frac{\partial p}{\partial v}\right)_T dv$$

同时代入式(5-58)，整理后即可得到用 T,v 表示的焓的一般关系式：

$$dh = \left[c_v + v\left(\frac{\partial p}{\partial T}\right)_v\right]dT + \left[T\left(\frac{\partial p}{\partial T}\right)_v + v\left(\frac{\partial p}{\partial v}\right)_T\right]dv \tag{5-59}$$

将式(5-53)代入式(5-58)得到：

$$dh = c_p dT + \left[v - T\left(\frac{\partial v}{\partial T}\right)_p\right]dp \tag{5-60}$$

这个关系式非常有用，当代入理想气体状态方程时，式(5-60)就变成理想气体焓的表达式 $dh = c_p dT$。将式(5-54)代入式(5-58)，即可得到用 p,v 表示的焓的一般关系式：

$$dh = \left[v + c_v\left(\frac{\partial T}{\partial p}\right)_v\right]dp + c_p\left(\frac{\partial T}{\partial v}\right)_p dv \tag{5-61}$$

5.5 水蒸气

以上章节介绍了实际气体状态方程，还导出用于任意工质（包括实际气体）的热力学一般关系式和物性参数的关系式，这些关系式是分析、计算实际气体的理论基础。本节将简要介绍水蒸气的性质及工程中常用到的有关图、表。通过对水蒸气的介绍，可以了解到一般实际气体所具有的共同规律性。

5.5.1 水蒸气的定压发生过程

工程上利用蒸汽锅炉产生蒸汽（通常水蒸气简称为蒸汽），蒸汽锅炉的构造形式虽有不同，但产生蒸汽的方式原则上是完全一样的，即定压蒸发过程。为了简便起见，假设水在活塞-气缸里定压蒸发，图 5.3 所示为水蒸气定压蒸发过程中的 5 个状态，下面先介绍这 5 个状态的基本特征。

状态 1：设气缸中装有 1 kg，20 ℃，1 atm 的水，此时的水以液相形式存在，称为未饱和水或过冷水。

状态 2：随着温度升高，液态水略微膨胀，因此其比体积略增大，温度不断升高，直到达到 100 ℃，即将发生从液体到蒸汽的相变过程。即将蒸发的液体称为饱和液体，状态 2 的水也称为饱和水，饱和水的状态参数都用上标"'"来表示。

在一定的压力下，饱和水的温度（称为饱和温度）t_s 及比容 v' 具有确定的数值。例如达到饱和时具有的压力（又称饱和压力）$p_s = 1$ atm，$t_s = 99.63$ ℃，$v' = 1.043\ 4 \times 10^{-3}$ m³/kg。

状态 3 和状态 4：若继续加热，则发现温度不再变化，此时饱和水吸收汽化潜热变为饱和

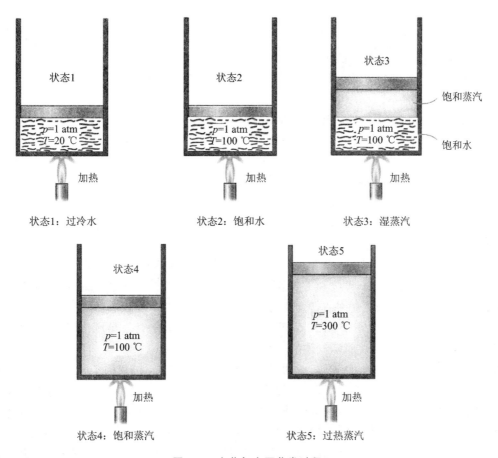

图 5.3 水蒸气定压蒸发过程

蒸汽,水量减少,蒸汽量增加,蒸发直到状态 4 结束,饱和水完全变成饱和蒸汽。状态 3 介于状态 2 和状态 4 之间,气缸中是饱和水及饱和蒸汽的两相混合物,这种状态的蒸汽叫作湿饱和蒸汽或湿蒸汽。状态 4 是所有饱和水都已蒸发成饱和蒸汽,称为干饱和蒸汽或干蒸汽,干蒸汽的状态参数都用上标"″"表示,例如比容用 v'' 表示。

需要指出的是,在整个蒸发阶段里,混合物的温度保持不变,并且饱和温度单值地取决于饱和压力,有 $t_s = f(p_s)$,因此在这种有相变的过程中,温度和压力不能再看成是两个独立参数。

通常采用干度 x 来描述湿蒸汽中的汽水比例,$x = m_汽 / (m_汽 + m_水)$,即 x 是湿蒸汽中干蒸汽质量与汽水混合物总质量之比。在图上,饱和水(状态 2)的干度 $x=0$,而干饱和汽(状态 4)的干度 $x=1$。

状态 5:若对状态 4 的干饱和蒸汽继续加热,仍保持压力不变,则蒸汽的温度将升高,这时的蒸汽称为过热蒸汽(状态 5)。过热蒸汽与干饱和蒸汽的区别在于干饱和汽的温度仅仅是压力的函数,而过热蒸汽的温度与压力和比容都有关。在同一压力下,过热蒸汽与饱和蒸汽温度之差称为过热度。

以上所述仅仅是在某一压力下的水蒸气定压蒸发过程。在另一起始压力下按上述步骤进行水的定压蒸发,还可以得到与上述相应的状态 $1', 2', 3', 4'$ 及 $5'$。用此方法可得到一系列不同起始压力状态的定压蒸发过程,在 $p-v$ 图上将性质相同的点连接起来就能得到反映不同特性的曲线。

图 5.4 所示为依据以上过程绘制的水定压蒸发过程 $p-v$ 图,图中包含了以下几种曲线:

① 定压线:在 $p-v$ 图上是一条水平线,例如 $1_0-1'-1''-1$;
② 下界线:所有不同压力下饱和水状态点的连接曲线,即图中 $1'-2'-3'-C$ 线;
③ 上界线:所有不同压力下干饱和蒸汽状态点的连接曲线,即图中 $1''-2''-3''-C$ 线;
④ 定温线:温度相同的点的连接曲线,如图中 $a_1-1'-1''-b_1$。

实验表明,随着压力的升高,饱和水的比容将逐渐增大,而干饱和蒸汽的比容却逐渐减小,这就导致下界线和上界线随着压力的提高而相互接近,当达到某一压力时,这两条线汇交于一点 C,这一点就是临界点,临界状态的参数称为临界参数,用下标 cr 表示,水的临界参数如下:$p_{cr}=220.9$ bar;$h_{cr}=2\,095.2$ kJ/kg;$T_{cr}=647.3$ K;$s_{cr}=4.423\,7$ kJ/kg;$v_{cr}=0.003\,147$ m³/kg。

在临界压力下进行定压蒸发过程时,饱和水与干饱和蒸汽的点重合在 C 点处,因而从物理现象上看,这时水与汽之间已经没有原则上的差别,汽化过程可以理解为在一瞬间完成的。

通过临界点(C 点)的上界线和下界线,把 $p-v$ 图划分为了三个明显的区域:下界线左边的是液相区 I,上边界线右边的是气相区 III,在上、下界线之间的区域是汽、液共存的两相区 II。对照范德瓦尔方程绘制的 $p-v$ 图(见图 5.1)可以看出,它们之间极为相似,这也表明范德瓦尔方程在理论上能反映实际气体的一般特性。

图 5.5 所示是与图 5.4 中 $p-v$ 图相对应的水蒸气定压汽化过程的 $T-s$ 图。图中同样包括下界线、上界线、定温线、定压线(在两相共存区定温线与定压线是重合的)及临界点 C。下界线仍为饱和水线,上界线为饱和蒸汽线。下界线的左方是液态区,上、下界线之间是两相区,上界线右侧是气态区。图中 3 条定压线的压力为 $p_1<p_2<p_3$。$T-s$ 图中可以通过面积直观地分析过冷水加热到饱和水、饱和水加热到饱和蒸汽(汽化潜热)、饱和蒸汽加热到过热蒸汽所需要的热量。

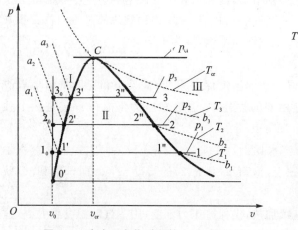

图 5.4 水定压汽化过程的 $p-v$ 图

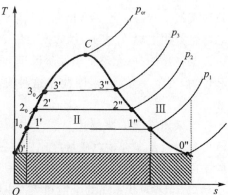

图 5.5 水定压汽化过程的 $T-s$ 图

将水与汽之间的相变曲线绘制到 $p-T$ 图上(见图 5.6),则原来的上界线和下界线完全重合成一条曲线 TC,两相共存区变为一条曲线,它的外伸端点就是临界点 C。图 5.6 还绘出了固-液(融解)、固-汽(升华)两相转变的曲线。相应的冰-水共存线为 BT,冰-汽共存线为 AT,3 条曲线汇集的交点 T 就是水的三相点,三相点状态就是物质气、液、固三相平衡共存的状态。水的三相点状态参数是 $p_{tp}=610.4$ Pa,$T_{tp}=273.16$ K。

考虑一个问题,水蒸气是否任何状态都不能视为理想气体?这个问题不能简单地用"是"或"否"来回答,可以参考水蒸气的 T-v 图(见图5.7)来加以分析。与图5.4和图5.5状态参数图的绘制方法类似,T-v 图中的等值线为定压线,过热蒸汽区定压线上标注的数字是假设蒸汽为理想气体时的比容误差百分比,误差定义为

$$\sigma = (v_{实际} - v_{理想}) \times 100/v_{实际} \quad (5-62)$$

其中,$v_{理想}$ 是按理想气体计算得到的比容;$v_{实际}$ 是气体的实际比容。从图5.7可以清楚地看到,当水蒸气压力低于10 kPa时,不管其温度如何,误差都是可以忽略不计的(小于0.1%),这时的

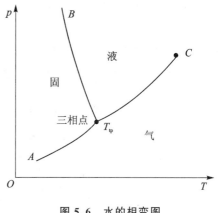

图 5.6 水的相变图

水蒸气显然可以视为理想气体。然而,在较高压力下,理想气体假设会产生不可接受的误差,特别是在临界点和饱和蒸汽线附近(超过100%)。

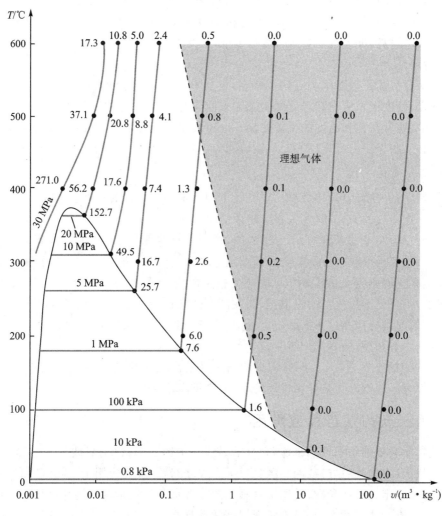

图 5.7 水蒸气 T-v 图

因此，在第 6 章，将湿空气中的水蒸气作为理想气体处理，基本上是没有误差的，因为湿空气中水蒸气的压力非常低。然而，在蒸汽发电厂应用中，涉及的压力通常非常高，是绝对不能使用理想气体关系式的。

5.5.2 水蒸气图及表

不可能有一种状态方程完全适用于各种实际气体，即便是那些通过半理论半经验得到的状态方程也不能满足工程的要求，而且这些方程也是极为复杂的。长期以来，对于水蒸气的参数关系，都是通过大量实验数据，在理论的指导下整理成水蒸气图或表以供计算时使用。随着电子计算机技术迅速发展，国际水蒸气会议的国际公式化委员提出了详细的计算公式，用这些公式计算出来的数值都是在允许的误差范围之内的，同时水蒸气图表依然广泛应用于各种工程计算，本节主要介绍水蒸气图表的结构和使用方法。

(1) 水蒸气表

水蒸气表一般有两类，第一类是饱和蒸汽表，它主要列出上界线和下界线上有关的热力参数值，有下界线上饱和水的 v', h', s' 和上界线上干饱和蒸汽的 v'', h'', s''，表中汽化潜热 $\gamma = h'' - h'$。这类表按一定的间隔列出饱和温度和饱和压力对应数值。为了使用方便，这类表通常有两种形式，一种是按温度为自变量等分度排列的（见附录 5），另一种是按压力为自变量等分度排列的（见附录 6）。

第二类水蒸气表是过冷水和过热蒸汽表，它列出了在不同温度和压力下的 v, h, s 值。在一定压力下，温度低于相应饱和温度的状态为未饱和水，温度高于饱和温度的状态为过热蒸汽状态。在表中，通常在饱和温度的位置处加一段粗实线作为分界线，以区分未饱和水和过热蒸汽。在压力高于临界压力时，没有液、气区域的分界（见附录 7）。

(2) 水蒸气的 $h-s$ 图

由于换热设备的换热量、热力机械设备输出的技术功都可以通过设备进、出口工质的焓差来计算，因此，水蒸气的 $h-s$ 图在工程应用中极为方便。

图 5.8 所示是完整的水蒸气 $h-s$ 概略图，可通过这张图了解 $h-s$ 图的全貌。图上绘有上界线、下界线、定干度线、定压线、定温线及定容线。与 $T-s$ 图相比，$h-s$ 图增加了定干度线，即所有具有相同干度 x 的湿蒸汽状态点的连接曲线，下界线（$x=0$）和上界线（$x=1$）的连接点（临界点）不再是边界线上的极值点，而在图中所示的位置。湿蒸汽区域内的定压线也是定温线，温度值通常标注在过热区的定温线上，这条线到达上界线以后，在过热区里定压线和定温线就分开了，定温线向右侧偏转。

工程上常用的水蒸气 $h-s$ 图通常只印出干度较高及过热蒸汽部分（图中虚线右上方部分），因为这部分是蒸汽动力装置中常用的状态（详见附录 9）。

5.5.3 水蒸气的状态参数确定

水蒸气实际所处的状态可以是饱和水（下界线）、干饱和蒸汽（上界线）、未饱和水区（下界线左方）、过热区（上界线右方）或两相区（上、下界线之间）。实际应用中，通常已知该状态的一部分参数，需要确定另一些参数，使用中水蒸气图或者水蒸气表是两个同样可行的工具。$h-s$ 图线是连续的，查图法相对简便，可直接根据已知数据在图上确定其状态，缺点是读数误差较大，为了取得较为精确的数据，或计算 $x<0.5$ 的蒸汽状态，仍需查水蒸气表，通过线性插值计

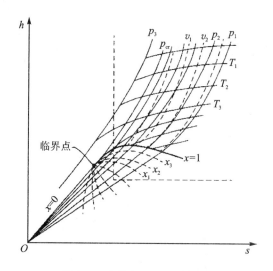

图 5.8 水蒸气 h-s 图的概略图

算获得。下面主要介绍查表法。

一般用来描述水蒸气性质的状态参数为 p,v,t,u,h,s 等,其中 $u=h-pv$,即 u 可以通过 h,p,v 三个参数来计算,故通常在表中不会列出 u 的数据。

① 未饱和水及过热蒸汽。只要知道上述 5 个参数中任意 2 个,即能直接从水和过热蒸汽表(见附表 7)中查出其余参数的值。

② 饱和水及干饱和蒸汽。因为在上、下界线上,饱和温度与饱和压力是相互一一对应的关系,若明确是这两条线上的状态,只要知道上述 5 个参数中的 1 个,即能从附表 5 或附表 6 查到该状态的其余参数值,如前所述,饱和水参数上标为"′",干饱和蒸汽参数上标为"″"。

③ 湿蒸汽。定压蒸发过程中温度保持不变,因此 p_s 及 t_s 不能看成两个独立参数。此外,系统实际是由饱和水及干饱和蒸汽所组成的两相混合物,仅仅知道混合物的压力(或温度)还不能确定它的状态,通常还要知道标志混合成分比例的干度 x 才行(或者已知 h,v,s 其一也可)。其余参数可根据混合物组成的关系求得,其计算公式如下:

$$\left.\begin{array}{l} v_x = xv'' + (1-x)v' \\ h_x = xh'' + (1-x)h' \\ s_x = xs'' + (1-x)s' \end{array}\right\} \tag{5-63}$$

式中,饱和水及干饱和蒸汽的参数值可根据压力(或温度)从附表 5 或附表 6 中查出。

例 5-5 试确定湿蒸汽的状态参数,已知压力为 20 bar,干度为 0.9。

解:用查表法由附表 6 查得 $p=20$ bar 时的:$t_s=212.37$ ℃;$v'=0.001\,176\,6$ m³/kg;$v''=0.099\,549$ m³/kg;$h'=908.6$ kJ/kg;$h''=2\,797.2$ kJ/kg;$\gamma=1\,888.7$ kJ/kg;$s'=2.446\,8$ kJ/(kg·K);$s''=6.336$ kJ/(kg·K)。则

$$v_x = xv'' + (1-x)v' = 0.9 \times 0.099\,549 + 0.1 \times 0.001\,176\,6 = 0.089\,712 \text{ m}^3/\text{kg}$$
$$h_x = xh'' + (1-x)h' = 0.9 \times 2\,797.2 + 0.1 \times 908.6 = 2\,608.34 \text{ kJ/kg}$$

或用汽化潜热 γ 计算也可得到

$$h_x = h' + \gamma x = 908.6 + 1\,888.7 \times 0.9 = 2\,608.34 \text{ kJ/kg}$$

$$s_x = s' + \frac{\gamma x}{T_s} = 2.4468 + \frac{1888.7 \times 0.9}{212.37 + 273} = 5.94717 \text{ kJ/(kg·K)}$$

例 5-6 1 m^3 封闭容器装有 20 bar 的干饱和蒸汽,若将其冷却到 200 ℃,求终态参数、蒸汽量以及蒸汽放出的热量。

解: 由饱和蒸汽表(见附录 6)查得 $p = 20$ bar 的有关数据:$t_s = 212.37$ ℃;$v_1 = v'' = v_2 = 0.099549 \text{ m}^3/\text{kg}$(密闭容器);$h'' = 2797.2$ kJ/kg。

又由附录 5 查得 $t_s = 200$ ℃时的参数:$p_s = 15.549$ bar;$v'_{200} = 0.0011565 \text{ m}^3/\text{kg}$;$v''_{200} = 0.12716 \text{ m}^3/\text{kg}$;$h' = 852.4$ kJ/kg;$h'' = 2790.9$ kJ/kg。令

$$v' < v_2 < v''$$

可见终态处于湿蒸汽区域,其干度 x 的计算如下:

$$v_2 = x v''_{200} + (1-x) v'_{200}$$

所以

$$x = \frac{v_2 - v'_{200}}{v''_{200} - v'_{200}} = \frac{0.099549 - 0.0011565}{0.12716 - 0.0011565} = 0.78$$

则终态参数为 $t_2 = 200$ ℃,$p_2 = 15.549$ bar,$x = 0.78$,容器中的蒸汽量为

$$m = \frac{V}{v_1} = \frac{1}{0.099549} = 10 \text{ kg}$$

放热量为

$$Q = m(u_2 - u_1)$$

而

$$u_1 = h_1 - p_1 v_1 = 2797.2 - 20 \times 10^5 \times 0.099549 \times 10^{-3} = 2598 \text{ kJ/kg}$$

$$u_2 = h_2 - p_2 v_2$$

又因为

$$h_2 = x h''_{200} + (1-x) h'_{200} = 0.78 \times 2790.9 + 0.22 \times 852.4 = 2364.428 \text{ kJ/kg}$$

所以

$$u_2 = 2364.428 - 15.549 \times 10^5 \times 0.099549 \times 10^{-3} = 2519.2 \text{ kJ/kg}$$

则

$$Q = 10 \times (2519.2 - 2598) = -788 \text{ kJ}$$

例 5-7 根据热力学一般关系式,利用水蒸气表计算处于 1 bar,225 ℃水蒸气状态的 c_p(近似值)。

解: 由附录 6 可知,该蒸汽状态处于过热区,再由附录 7 查得:

1 bar,200 ℃ 时 $\quad s_{200} = 7.8349 \text{ kJ/(kg·K)}$

1 bar,250 ℃ 时 $\quad s_{250} = 8.0342 \text{ kJ/(kg·K)}$

所以

$$c_p = T \left(\frac{\partial s}{\partial T}\right)_p \approx T \left(\frac{\Delta s}{\Delta T}\right)_p$$

则

$$c_p = (273 + 225) \times \frac{8.0342 - 7.8349}{50} = 1.985 \text{ kJ/(kg·K)}$$

思考题

5-1 研究实际气体状态方程有何意义?

5-2 范德瓦尔方程是怎样得来的?试比较由范德瓦尔方程和理想气体状态方程导出的各种物性参数的差别。

5-3 什么是临界点?临界点有何物理特性和数学特性?

5-4 何谓热力学相似?在热力学相似条件下可以得到哪些结论?

5-5 为什么说物性参数也是特性量(状态参数)?

5-6 热力学一般关系式为何具有普适性？

5-7 试解释下列名词：上界线，下界线，湿蒸汽，过热度，饱和温度，未饱和水，干度。

5-8 一般情况下，公式 $\Delta h = c_p \Delta T$ 及 $\Delta u = c_v \Delta T$ 适用于水蒸气吗？是否在某种特定条件下能用？

5-9 水蒸气在定温过程中是否能用 $q = w$ 的关系式？

5-10 饱和水在定容下加热将出现什么状态？

5-11 饱和汽被绝热压缩将出现什么状态？

5-12 为何在湿蒸汽区域中 $\rho = \rho'' x + (1-x)\rho'$ 关系不能成立？

习 题

5-1 试证明 1 kmol 范德瓦尔气体定温过程有下列关系：

① $H_2 - H_1 = p_2 V_{m2} - p_1 V_{m1} + a\left(\dfrac{1}{V_{m1}} - \dfrac{1}{V_{m2}}\right)$

② $S_2 - S_1 = R \ln\left(\dfrac{V_{m2} - b}{V_{m1} - b}\right)$

5-2 若由实验数据整理得到热膨胀系数与 p, T 的函数关系为 $\alpha = \alpha(p, T)$，导出该实际气体的状态方程。

5-3 试证简单可压缩气体的状态方程可表示为 $\ln v = \int(\alpha \mathrm{d}T - \beta_T \mathrm{d}p)$。

5-4 试证：

$$u = f - T\left(\dfrac{\partial f}{\partial T}\right)_v = g - T\left(\dfrac{\partial g}{\partial T}\right)_p - p\left(\dfrac{\partial g}{\partial p}\right)_T$$

5-5 试证：

$$c_p - c_v = T\dfrac{\left(\dfrac{\partial^2 f}{\partial T \partial v}\right)^2}{\left(\dfrac{\partial^2 f}{\partial v^2}\right)_T}$$

5-6 某气体状态方程为 $pv = R_g T + Bp$，式中 B 为温度的函数，试求 $c_p - c_v$ 的表达式。

5-7 试根据理想气体状态方程 $pv = R_g T$，应用热力学一般关系式，证明理想气体的热力学能与压力、比容均无关。

5-8 试证：$T\mathrm{d}s = c_p \mathrm{d}T - Tv\alpha \mathrm{d}p$。

5-9 试导出范德瓦尔气体热力学能用 T, v 表示的关系式（1 kmol 的形式）。

5-10 水蒸气的状态为 $t = 240\ ℃, s = 4\ \mathrm{kJ/(kg \cdot K)}$，试确定该状态的 p, v, h, u。

5-11 容积为 0.03 m³ 的容器内装有湿蒸汽，已知温度为 180 ℃，饱和水的质量为 0.08 kg，求干度 x。

5-12 $x = 0.8$ 的湿蒸汽 1.2 m³ 从 4 bar 绝热膨胀到 0.6 bar，求终态的干度、容积和过程所做的容积功。

5-13 试用：①理想气体状态方程；②对比态方程；③水蒸气表。确定蒸汽处于 80 bar，600 ℃ 时的比容。

5-14 某车间利用 4 bar，200 ℃ 的蒸汽供暖，蒸汽定压放热后以 $x = 0.2$ 的水汽混合物排出，车间每小时需要供热 10^6 kJ，问蒸汽的供入量为多少？

5-15　水蒸气 1 kg，初压 $p_1=30$ bar，初温 $t_1=300$ ℃，在定温下被压缩到 $p_1=50$ bar，求蒸汽终态参数及压缩功、放热量，并将该过程描绘在 p-v，T-s 及 h-s 图上。

5-16　0.5 kg 的 10 bar、130 ℃ 的水（其比容为 0.001 07 m³/kg）被定压加热到 200 ℃，计算加热量、容积的变化及过程的容积功。现在，将其在容积不变的条件下冷却到 2 bar，计算其加热量（已知该状态水的 $u=546$ kJ/kg）。

5-17　4 bar，$x=0.95$ 的湿蒸汽可逆膨胀到 1.3 bar，膨胀过程为 $pv^{1.1}=$ 常数，试计算每千克蒸汽以下各量：
　① 终态比容；
　② 过程的功；
　③ 过程的热量。

5-18　竖直绝热气缸截面积为 0.1 m²，内装有 1 kg、15 ℃ 的水（$h=62.9$ kJ/kg，$v=0.001$ m³/kg），活塞以不变的 7 bar 压力作用于水面上，电加热器从气缸底部以 0.5 kW 的功率对水进行加热，计算活塞升高 1 m 所需要的时间。

5-19　0.1 kg 的 100 bar、350 ℃ 蒸汽可逆地膨胀（pv 为常数）到 1 bar，计算过程中的容积功及热量，并将过程绘制在 p-v 图及 T-s 图上。

第 6 章　理想气体混合物及湿空气

前面各章讨论的工质主要限于单一成分气体，即便是空气，也是当作一种单一成分气体来对待。本章主要讨论多成分气体，这里只研究各成分气体均可当作理想气体的多成分混合气体。同时假定各成分气体之间没有化学反应。经验表明，理想气体混合物的性质仍具有理想气体的特性。

在动力设备中，很多热机的工质都不是单一成分气体，而是几种气体成分组成的混合气体。例如在压气机里工作的气体是空气，空气是由氧气(O_2)、氮气(N_2)和其他微量气体所组成的混合气。再如从燃烧室流出、经过涡轮并最后由尾喷管排出的燃气，如果用一种叫作气体分析器的仪表对它分析以后就可以知道，它也不是单一成分气体，而是由 CO_2、NO_x、N_2、O_2、H_2O(水蒸气)以及 CO 等气体成分按一定比例组成的。这些气体成分都可以看成是理想气体(这里的水蒸气在混合气中处于低压，所以也可当作理想气体)，所以这类混合气又叫作理想气体的混合气。

本章首先阐述混合气体的基本性质，然后以湿空气作为混合气体的代表，介绍其热力性质及计算方法，并对湿空气热力过程作简要分析。

6.1　混合气体的成分

混合物中各组元的分量占混合物总量的百分比称为混合物的成分。按照所采用的物理量单位不同，混合物成分也有不同的表示方法，如质量成分、摩尔成分等。

(1) 质量成分

成分气体的质量 m_i 与混合气体的质量 m 之比叫作质量成分 ω_i，表示混合气体的组成比例，即

$$\omega_i = \frac{m_i}{m} = \frac{m_i}{\sum m_i} \tag{6-1}$$

有

$$\sum_{i=1}^{n} \omega_i = \omega_1 + \omega_2 + \cdots + \omega_n = 1 \tag{6-2}$$

即混合物所有组元的质量成分之和为 1。

(2) 摩尔成分

通常把成分气体的摩尔数 n_i 与混合气体的摩尔数 n(它等于各成分气体摩尔数之和)之比叫作摩尔成分 x_i，即

$$x_i = \frac{n_i}{n} = \frac{n_i}{\sum n_i}$$

同理有

$$\sum_{i=1}^{n} x_i = x_1 + x_2 + \cdots + x_n = 1 \tag{6-3}$$

(3) 混合气体的折合分子量和折合气体常数

根据分子量定义：各种气体分子质量与碳原子质量的 $\frac{1}{12}$（碳单位）相比所得的比值就是该气体的分子量。单独来看，各成分气体都具有自己的分子量，但混合气体是由各成分气体所组成的，混气中的分子都是属于成分气体的分子，并不存在什么混合气体分子。因而也就无法与（碳单位）质量相比而得混气的分子量，所以实际上不存在混气的分子量。然而在有关热力计算中为了简便起见，往往把混合气体当作一种单一成分气体看待，于是就有了折合分子量。

① 混气的折合分子量 M_{eq}。

当已知质量成分 ω_i 时：

$$M_{eq} = \frac{m}{n} = \frac{m}{\sum_{i=1}^{n} n_i} = \frac{m}{\sum_{i=1}^{n}(m_i / M_i)} = \frac{1}{\sum_{i=1}^{n}(\omega_i / M_i)} \tag{6-4}$$

当已知摩尔成分 x_i 时：

$$M_{eq} = \frac{m}{n} = \frac{\sum_{i=1}^{n} m_i}{n} = \frac{\sum_{i=1}^{n}(n_i \omega_i)}{n} = \sum_{j=1}^{n}(x_i M_i) \tag{6-5}$$

② 混气的折合气体常数 $R_{g,eq}$。

$$R_{g,eq} = \frac{R}{M_{eq}}$$

当已知 ω_i 时，将式(6-4)代入上式得

$$R_{g,eq} = R \sum_{i=1}^{n} \frac{\omega_i}{M_i} = \sum_{i=1}^{n}(\omega_i R_{g,i}) \tag{6-6}$$

当已知 x_i 时，将式(6-5)代入前式得

$$R_{g,eq} = \frac{R}{\sum_{i=1}^{n} x_j M_j} = \frac{1}{\sum_{i=1}^{n}(x_i / R_{g,i})} \tag{6-7}$$

若已知组元气体的质量成分 ω_i 和气体常数 $R_{g,i}$，可先由式(6-6)计算混合气体折合气体常数 $R_{g,eq}$；若已知组元气体的摩尔成分 x_i 及摩尔质量 M_i，可先由式(6-7)计算混合气体折合气体常数 $R_{g,eq}$，然后再由 $R = R_{g,eq} \cdot M_{eq}$ 确定另一参数 M_{eq}。

(4) 摩尔成分与质量成分之间的换算关系式

气体混合物的摩尔成分(x_i)与质量成分(ω_i)之间还存在以下换算关系式：

$$x_i = \frac{n_i}{n} = \frac{m_i / M_i}{m / M_{eq}} = \frac{M_{eq}}{M_i} \omega_i \tag{6-8}$$

或

$$\omega_i = \frac{m_i}{m} = \frac{n_i \cdot M_i}{n \cdot M_{eq}} = \frac{M_i}{M_{eq}} x_i \tag{6-9}$$

例 6-1 空气成分：$x_{O_2} = 0.21$，$x_{N_2} = 0.79$，试确定空气质量成分，气体常数及在物理标准情况下的密度。

解：

$$M_{eq} = x_{O_2}M_{O_2} + x_{N_2}M_{N_2} = 0.21 \times 32 + 0.79 \times 28 = 28.9$$

$$\omega_{O_2} = \frac{M_{O_2}}{M_{eq}} x_{O_2} = \frac{32}{28.9} \times 0.21 = 0.232$$

$$\omega_{N_2} = \frac{M_{N_2}}{M_{eq}} x_{O_2} = \frac{28}{28.9} \times 0.79 = 0.768$$

$$R_{g,eq} = \frac{8\ 314}{M_{eq}} = \frac{8\ 314}{28.9} = 287.7\ \text{J/(kg·K)}$$

$$\rho = \frac{p_0}{RT_0} = \frac{1.013 \times 10^5}{287.7 \times 273} = 1.289\ 7\ \text{kg/m}^3$$

6.2 分压力定律和分容积定律

6.2.1 分压力与道尔顿分压力定律

1. 分压力的概念

本章一开始就指出,本书研究的是理想气体混合物,各气体组元间互相独立,互不影响。若进一步假设各组元气体都是理想气体,各分子不占体积,相互之间也无影响。则符合理想气体的状态方程式(3-4),即

$$pV = nRT \tag{6-10a}$$

如图 6.1 所示,将具有体积 V 的 A+B 混合物分装在两个体积 V 相同,且温度 T 保持与混合物相同的容器中,此时 A,B 所具有的压力 p_A 和 p_B 就称为 A 组元和 B 组元的分压力。一般定义为在混合气体温度下,第 i 种组元气体单独占有与混合物相同体积 V 时所具有的压力为第 i 种组元气体的分压力 p_i。

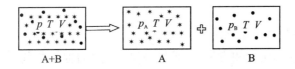

图 6.1 分压力的定义

2. 道尔顿(Dalton)分压力定律

如果每种组元气体都是理想气体,则有

$$p_i V = n_i RT \tag{6-10b}$$

将所有式(6-10b)相加,有

$$\left(\sum p_i\right) V = nRT \tag{6-10c}$$

比较式(6-10a)和式(6-10c),可得

$$p = \sum p_i \tag{6-11}$$

式(6-11)称为道尔顿(Dalton)分压力定律,即理想气体混合物的总压力 p 等于各组元的分压力 p_i 之和。

由上面分析过程可以看出,道尔顿分压力定律可以由理想气体状态方程直接导出,也就是

说,理想气体假设是道尔顿分压力定律成立的充分条件。从机理上看,假设混合气体是理想气体,就意味着分子之间毫无影响,那么每一种组元气体之间也就没有影响,混合气体中每一种气体对于容器壁面的作用力,和它们单独存在于相同的容器中对于容器壁面的作用力相同。对于独自占有的体积为 V 的空间,各组元气体对器壁的总作用力就是各组元单独作用力之和。这正是道尔顿分压力定律所反映的实质。

将式(6-10b)除以式(6-10a),可得

$$\frac{p_i}{p} = \frac{n_i}{n} = x_i \tag{6-12}$$

则

$$p_i = x_i p \tag{6-13}$$

式(6-13)说明:理想气体混合物中各组元的分压力等于总压力与其摩尔分数的乘积。通常把这一条性质作为道尔顿分压力定律的一个常用推论。

6.2.2 分体积与亚美格分体积定律

1. 分体积的概念

如图 6.2 所示,将具有压力的 A+B 混合物分装在两个容器中,且保持与混合物相同的压力 p 和温度 T,此时 A、B 所占有的体积 V_A 和 V_B 就分别称为 A 组元和 B 组元的分体积。一般定义为在混合气体的压力和温度下,第 i 种组元气体单独占有的体积 V_i 为第 i 种组元气体的分体积 V_i。

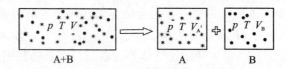

图 6.2 分体积的定义

2. 亚美格(Amagat)分体积定律

与推导道尔顿分压力定律相类似,如果每种组元气体都是理想气体,则有

$$pV_i = n_i RT \tag{6-14a}$$

将所有式(6-14a)相加,有

$$p \sum V_i = nRT \tag{6-14b}$$

比较式(6-10a)和式(6-14b),可得

$$V = \sum V_i \tag{6-15}$$

式(6-15)称为亚美格(Amagat)分体积定律,即理想气体混合物的总体积 V 等于各组元的分体积 V_i 之和。

又将式(6-14a)除以式(6-10a),可得体积分数为

$$\varphi_i = \frac{V_i}{V} = \frac{n_i}{n} = x_i \tag{6-16a}$$

或写为

$$V_i = x_i V \tag{6-16b}$$

在工程中,由于体积可以测量,故也常用体积分数来表示混合气体成分。由式(6-16a)可知体积分数与摩尔分数相等,它也可以作为亚美格分体积定律的推论,所以后面对理想气体混合物的 φ_i 和 x_i 不加区分,统一写为 x_i。

分压力定律与分体积定律都可以从理想气体模型直接推出,因此对理想气体混合物来说,它们并不是独立的定律。对理想气体混合物来说,它们的意义仅在于提出了分压力和分体积的概念,它们的适用范围比理想气体模型更大,因此它们真正的意义在于计算非理想气体混合物的性质。关于这一点已经超出了本书的范围,可参考其他书籍。

例 6-2 石油的燃烧产物具有下列摩尔数:

$$n_{O_2} = 0.07 \text{ kmol}, \quad n_{N_2} = 0.66 \text{ kmol}$$
$$n_{CO_2} = 0.07 \text{ kmol}, \quad n_{H_2O} = 0.066 \text{ kmol}$$

试计算:①燃气的 M_{eq} 及 $R_{g,eq}$;②标准情况下燃气的比容;③水蒸气的分压力。设燃气压力为 $p = 1.15$ bar。

解:$n = n_{O_2} + n_{N_2} + n_{CO_2} + n_{H_2O} = 0.07 + 0.66 + 0.07 + 0.066 = 0.866$ kmol

① $$M_{eq} = \frac{m}{n} = \frac{n_{O_2} \times M_{O_2} + n_{N_2} \times M_{N_2} + n_{CO_2} \times M_{CO_2} + n_{H_2O} \times M_{H_2O}}{n}$$

$$= \frac{0.07 \times 32 + 0.66 \times 28 + 0.07 \times 44 + 0.066 \times 18}{0.866}$$

$$= 29.1$$

$$R_{g,eq} = \frac{8314}{M_{eq}} = \frac{8314}{29.1} = 285.7 \text{ J/(kg·K)}$$

② $$M_{eq} v_o = 22.4 \text{ m}^3/\text{kmol}$$

$$v_o = \frac{22.4}{M_{eq}} = \frac{22.4}{29.1} = 0.77 \text{ m}^3/\text{kg}$$

③ $$p_{H_2O} = x_{H_2O} \cdot p = \frac{n_{H_2O}}{n} \cdot p = \frac{0.066}{0.866} \times 1.15 = 0.087 \text{ bar}$$

6.3 理想混合气体的热力性质计算

6.3.1 理想混合气体总参数的计算——加和性

混合气体作为一个热力系统,其系统总参数如总质量 m、总体积 V、总物质的量 n、总热力学能 U、总焓 H、总熵 S 等都是广延参数,具有可加性,等于其各子系统(组元)相应同名参数之和。

需要注意的是,除了总体积(采用亚美格分体积定律 $V = \sum_{i=1}^{k} V_i$ 计算总体积)外,其余广延参数都是按照 (T, V) 来确定的,即按照相同温度下组元实际占有的体积来确定,这是与道尔顿分压力定律中分压力的条件是一致的,也说明分压力的条件比较真实地反映了实际情况。根据道尔顿分压力定律,(T, V) 与 (T, p_i) 所代表的状态是一样的,则有

$$U = \sum_{i=1}^{k} U_i(T, V) = \sum_{i=1}^{k} U_i(T, p_i) = \sum_{i=1}^{k} U_i(T) \tag{6-17a}$$

$$H = \sum_{i=1}^{k} H_i(T, V) = \sum_{i=1}^{k} H_i(T, p_i) = \sum_{i=1}^{k} H_i(T) \tag{6-17b}$$

$$S = \sum_{i=1}^{k} S_i(T,V) = \sum_{i=1}^{k} S_i(T,p_i) \tag{6-17c}$$

除了广延参数外,强度参数由于不具备可加性,故不能写为和式。但由于有了分压力的概念,混合物的总压力同样也可以写为

$$p = \sum_{i=1}^{k} p_i(T,V) = \sum_{i=1}^{k} p_i(T,p_i) \tag{6-17d}$$

式(6-17)说明,混合物的总参数都具有加和性,但务必要注意加和条件。尤其是对于总熵 S,绝对不能写为 $\sum_{i=1}^{k} S_i(T,p)$ 和 $\sum_{i=1}^{k} S_i(T,V_i)$。

6.3.2 理想混合气体比参数的计算——加权性

用质量 m 分别除以式(6-17)的各式,可得混合物的比参数等于各组元相应的比热力学参数与质量成分乘积的总和,即

$$v = \sum_{i=1}^{k} \omega_i v_i(T,p) \tag{6-18a}$$

$$u = \sum_{i=1}^{k} \omega_i u_i(T,V) = \sum_{i=1}^{k} \omega_i u_i(T,p_i) = \sum_{i=1}^{k} \omega_i u_i(T) \tag{6-18b}$$

$$h = \sum_{i=1}^{k} \omega_i h_i(T,V) = \sum_{i=1}^{k} \omega_i h_i(T,p_i) = \sum_{i=1}^{k} \omega_i h_i(T) \tag{6-18c}$$

$$s = \sum_{i=1}^{k} \omega_i s_i(T,V) = \sum_{i=1}^{k} \omega_i s_i(T,p_i) \tag{6-18d}$$

考虑到比热容与热力学能和焓的关系式(3-9)和式(3-10),并利用式(6-18b)和式(6-18c),比热容可写为

$$c_p = \left(\frac{\partial h}{\partial T}\right)_p = \sum_{i=1}^{k} \omega_i \left(\frac{\partial h_i}{\partial T}\right)_p = \sum_{i=1}^{k} \omega_i c_{p,i}(T,p_i) = \sum_{i=1}^{k} \omega_i c_{p,i}(T) \tag{6-18e}$$

$$c_V = \left(\frac{\partial u}{\partial T}\right)_v = \sum_{i=1}^{k} \omega_i \left(\frac{\partial u_i}{\partial T}\right)_v = \sum_{i=1}^{k} \omega_i c_{V,i}(T,p_i) = \sum_{i=1}^{k} \omega_i c_{V,i}(T) \tag{6-18f}$$

考虑到迈耶公式中气体常数与比热容的关系,并考虑式(6-18b)和式(6-18c),混合气体的折合气体常数 $R_{g,eq}$ 可写为

$$R_{g,eq} = c_p - c_V = \left(\frac{\partial h}{\partial T}\right)_p - \left(\frac{\partial u}{\partial T}\right)_v = \sum_{i=1}^{k} \omega_i (c_{p,i} - c_{V,i}) = \sum_{i=1}^{k} \omega_i R_{g,i} \tag{6-18g}$$

显然,比参数全部都是按质量分数加权平均的,可统一写为

$$y = \sum_{i=1}^{k} \omega_i y_i \tag{6-19}$$

上述的混合气体比热容公式对于定值比热容、平均比热容及真实比热容都是适用的。利用混合气体比热容公式求出任何一种比热容之后,其他的热容可根据迈耶公式求取。

对于摩尔参数,用物质的量 n 分别除以式(6-17)的各式,可得混合物的摩尔参数等于各组元相应的摩尔热力学参数与摩尔成分乘积的总和,即

$$U_m = \sum_{i=1}^{k} x_i U_{m,i}(T,V) = \sum_{i=1}^{k} x_i U_{m,i}(T,p_i) = \sum_{i=1}^{k} x_i U_{m,i}(T) \tag{6-20a}$$

$$H_m = \sum_{i=1}^{k} x_i H_{m,i}(T,V) = \sum_{i=1}^{k} x_i H_{m,i}(T,p_i) = \sum_{i=1}^{k} x_i H_{m,i}(T) \tag{6-20b}$$

$$S_i = \sum_{i=1}^{k} x_i S_{m,i}(T,V) = \sum_{i=1}^{k} x_i S_{m,i}(T,p_i) \qquad (6-20\text{c})$$

考虑到摩尔热容与热力学能和焓的关系,摩尔热容可写为

$$C_{p,m} = \left(\frac{\partial H_m}{\partial T}\right)_p = \sum_{i=1}^{k} x_i \left(\frac{\partial H_{m,i}}{\partial T}\right)_p = \sum_{i=1}^{k} x_i C_{p,m,i}(T,p_i) = \sum_{i=1}^{k} x_i C_{p,m,i}(T)$$
$$(6-20\text{d})$$

$$C_{V,m} = \left(\frac{\partial U_m}{\partial T}\right)_v = \sum_{i=1}^{k} x_i \left(\frac{\partial U_{m,i}}{\partial T}\right)_v = \sum_{i=1}^{k} x_i C_{V,m,i}(T,p_i) = \sum_{i=1}^{k} x_i C_{V,m,i}(T) \quad (6-20\text{e})$$

显然,摩尔参数全部都是按摩尔分数加权平均的,可统一写为

$$Y_m = \sum_{i=1}^{k} x_i Y_{m,i} \qquad (6-21)$$

需要强调的是,理想气体混合物的参数不仅与理想气体的性质有关,而且还与其包含的各组元气体的种类及组成有关。比如,不能说理想气体混合物的焓只是温度的函数,混合物的性质要比单一组元物质复杂得多。

6.3.3 理想气体混合过程的熵变

气体混合过程是不可逆过程,如果对外绝热,则是不可逆绝热过程。从微观看混合过程,则是分子互相扩散的过程,根据熵的统计意义可知,扩散过程是从热力学几率较小到较大的过程,所以系统的熵要增加。图 6.3 和图 6.4 所示分别为扩散混合和合流混合两种混合形式。

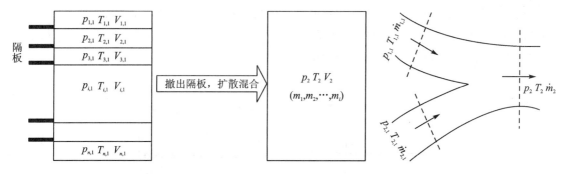

图 6.3　扩散混合　　　　　　　　图 6.4　合流混合

以图 6.3 扩散混合为例,现考虑混合气体中第 i 种气体在混合过程中熵的变化。设混合之前,它的状态参数为 $p_{i,1}, T_{i,1}, m_i$(i 种气体质量),混合后混合气体的温度和压力为 T_2, p_2,第 i 种气体具有的分压力为 $p_{2,i}$(分压力)。根据定值比热容理想气体熵变公式可求得该气体的熵变为

$$\Delta S_{12,i} = m_i \left(c_{p,i} \ln \frac{T_2}{T_{i,1}} - R_{g,i} \ln \frac{p_{2,i}}{p_{i,1}}\right)$$

各种气体的混合过程比熵变为

$$\Delta s_{12} = \sum_{i=1}^{n} \frac{m_i}{m} \Delta s_{12,i} = \sum_{i=1}^{n} \omega_i \left(c_{p,i} \ln \frac{T_2}{T_{i,1}} - R_{g,i} \ln \frac{p_{2,i}}{p_{i,1}}\right) \qquad (6-22)$$

同理 1 mol 气体混合的熵变为

$$\Delta s_{12,m} = \sum_{i=1}^{n} x_i \left(c_{p,m,i} \ln \frac{T_2}{T_{i,1}} - R \ln \frac{p_{2,i}}{p_{i,1}}\right)$$

若假设混合之前各气体的温度及压力分别相等,混合后的温度及压力也分别与混合前相等。因此除了"混合"这一不可逆因素造成的熵产外,再没有任何其他不可逆(如不等温、不等压等)因素造成的熵产,这样,全部的熵产也称为混合熵增。则

$$T_2 = T_{1,1} = T_{2,1} = T_{i,1}\ldots, \quad p_2 = p_{1,1} = p_{2,1} = p_{i,1}\ldots$$

由此,式(6-22)可变为

$$\Delta S_{12} = \sum_{i=1}^{n} m_i \Delta s_{12,i} = \sum_{i=1}^{n} m_i \left(c_{p,i} \ln \frac{T_2}{T_{i,1}} - R_{g,i} \ln \frac{p_{2,i}}{p_{i,1}} \right)$$

$$= \sum_{i=1}^{n} m_i \left(-R_{g,i} \ln \frac{p_{2,i}}{p_2} \right)$$

$$= \sum_{i=1}^{n} m_i (-R_{g,i} \ln x_i)$$

或

$$\Delta S_{12} = R \sum_{i=1}^{n} n_i \ln(1/x_i) \tag{6-23}$$

由上式可以看出,混合气体中组元的摩尔成分 $x_i < 1$,所以 $\Delta S_{12} > 0$,混合过程的熵总是增加的。显然,在这样一个绝热、等压、等温的混合过程中,总熵增就是混合熵增。

注:混合熵变式(6-22)绝对不能用分体积来计算,因此分体积的状态不是物质原来的状态,而是一个假想的状态(见图 6.2),或者是混合前的状态,这样算出的混合熵变有误。从这一点来看,分压力的状态与真实状态更接近。

例 6-3 如图 6.5 所示,A,B 两种理想气体初始状态均为 (p,T),体积分别为 V_A、V_B。抽开两室的隔板后,A、B 发生自发混合,两种气体的摩尔比热容数值相等,求混合后的状态参数 (p', T') 以及 1 kmol 气体的混合熵增 ΔS_m。

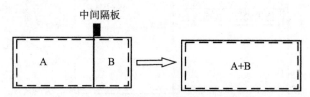

图 6.5 闭口系的混合

解:选定整个容器 $V_A + V_B$ 为热力系,如图 6.5 虚线所示。混合前后质量守恒,因此有

$$\frac{pV_A}{RT} + \frac{pV_B}{RT} = \frac{p'(V_A + V_B)}{RT'} \tag{1}$$

对选定的热力系来说,由于和外界没有功、热的交换,由热力学第一定律能量守恒得

$$\Delta U = U'_{AB,m} - (U_A + U_B) = 0$$

理想气体性质

$$n_A C_{V,m,A} T + n_B C_{V,m,B} T = (n_A C_{V,m,A} + n_B C_{V,m,B}) T' \tag{2}$$

得 $T' = T$,即混合前后温度不变。

混合气体性质:根据分体积定律,混合后 A,B 气体的摩尔分数分别为

$$x_A = \frac{V_A}{V_A + V_B}, \quad x_B = \frac{V_B}{V_A + V_B} \tag{3}$$

根据分压力定律,混合后 A、B 气体的分压力分别为

$$p_A' = x_A p', \quad p_B' = x_B p' \tag{4}$$

由上式可得 $p' = p$,即混合前后总压力不变。

由热力学第二定律,总熵增为

$$\Delta S_m = x_A \Delta S_A + x_B \Delta S_B = x_A \left(C_{p,m,A} \ln \frac{T'}{T} - R \ln \frac{p_A'}{p} \right) + x_B \left(C_{p,m,B} \ln \frac{T'}{T} - R \ln \frac{p_B'}{p} \right)$$

由 $p' = p, T' = T$,可得

$$\Delta S_m = x_A \left(-R \ln \frac{p_A'}{p'} \right) + x_B \left(-R \ln \frac{p_B'}{p'} \right) = -R(x_A \ln x_A + x_B \ln x_B)$$

本例中熵增 ΔS_m 不是由于温度或压力的变化引起的,而纯粹是由于不同物质混合的不可逆过程引起的,混合熵增 $\Delta S_{m,\text{mix}}$ 为

$$\Delta S_{m,\text{mix}} = -R(x_A \ln x_A + x_B \ln x_B) \tag{5}$$

对多组元的混合过程,1 kmol 混合熵增可写为

$$\Delta S_m = -R \sum_{i=1}^{n} x_i \ln x_i \tag{6}$$

对于式(6)的说明:

① 对于不同种 A 和 B 气体的混合,由于 $x_i < 1$,故只要发生混合,总有 $\Delta S_{m,\text{mix}} > 0$。而且由式(6)可以看出,这个熵增完全是由于 $x_i < 1$ 引起的。从数学上还可以证明,组元数目越多(n 越大),x_i 分布越均匀,即组元数目越多,x_i 分布越均匀,分子排列秩序就越混乱,混合熵增就越大。

② 如果 A,B 气体是同种气体,则只有一种气体而没有混合,$x_i = 1$,则混合熵增为零。对于同种气体不存在分压力,也就不存在"不同"分子之间混合的混乱程度。

例 6-4 一封闭圆筒被分成 3 个相等的小室,每个小室的容积为 V,设 3 个小室各装有 1 kmol 不同的理想气体(惰性气体,彼此不发生化学变化),原来各室气体温度皆相等,当抽去 3 个隔板之后,3 种气体进行定温扩散混合成一种均匀的混气。问混合过程的熵的变化是多少?

解:定温混合过程的终态混气温度等于原来气体温度,即 $T_{i,1} = T_2$。混合后 3 种气体的分压力为

$$p_{2,i} = x_i p_2 = \frac{n_i}{n} p_2 = \frac{1}{3} p_2$$

混合前后理想气体状态方程为

$$p_{i,1} V_i = n_i R T_{i,1}, \quad p_{2,i} V = n_i R T_2$$

由 $T_{i,1} = T_2, V_i = \frac{1}{3} V$ 得

$$p_{i,1} V_i = p_{2,i} V, \quad p_{2,i} = \frac{V_i}{V} p_{i,1} = x_i p_{i,1}, \quad p_{i,1} = p_2$$

就每一种气体来说,它变化前后温度未变,而容积膨胀了 3 倍,所以每一种气体的熵变为

$$\Delta s_{12,i} = m_i \left(c_{p,i} \ln \frac{T_2}{T_{i,1}} - R_{g,i} \ln \frac{p_{2,i}}{p_2} \right)$$
$$= m_i \left(-R_{g,i} \ln \frac{p_{2,i}}{p_2} \right)$$
$$= m_i (-R_{g,i} \ln x_i)$$
$$= -n_i R \ln x_i$$

$$\Delta S = \sum_{i=1}^{3} \Delta S_j = 3R\ln 3 = 26.04 \text{ kJ/K}$$

6.4 湿空气

环境中的大气并不是仅由 N_2、O_2 组成,还有水蒸气及其他微量气体。完全不含水蒸气的空气,在热力学里称为干空气;而含有水蒸气的空气则称为湿空气,所以湿空气可看成是干空气和水蒸气的气体混合物。湿空气中水蒸气的含量很小,其分压力很低,比体积相当大,这样低压稀薄的水蒸气可看作理想气体。

在有些工程问题中,湿空气的性质影响着能量转换的特性,例如在含有过多水蒸气的空气潮湿地区进行发动机试车时,发现发动机的输出功率要比其他条件相同的空气干燥地区小一些,这是由于潮湿空气的密度小于干空气密度,从而吸入流量降低而影响功率。所以了解湿空气的基本性质是非常必要的。本节将重点阐述湿空气的有关性质及计算。

6.4.1 湿空气的性质

工程上遇到的湿空气问题,在其状态变化的范围内,把其中的水蒸气当作理想气体来处理是足够精确的。所以湿空气可看作是由干空气和水蒸气两个组元所组成的组元成分不变(成分之间无化学反应)的理想气体混合物。

在应用上为计算方便,常以 1 kg 干空气为主体来定义有关成分的比例数。例如下面将要介绍的含湿量等参量,都是以每千克干空气为主体来定义的。现在分别介绍描述湿空气性质的有关参量。

1. 湿空气的定义

理想气体混合物遵循道尔顿分压定律,因此,湿空气的温度、容积也是干空气及水蒸气的温度、容积,即 $t=t_a=t_v$,$V=V_a=V_v$。根据分压定律对湿空气有

$$p = p_a + p_v = \frac{mR_gT}{V} = \frac{nRT}{V} \tag{6-24}$$

式中 p_a 及 p_v 分别为湿空气中干空气及水蒸气的分压力,一般湿空气的压力就是大气压力 p_b。下标 a、v、s 分别表示干空气、水蒸气及饱和水蒸气的参数,无下标时则为湿空气的参数。

(1) 饱和湿空气与未饱和湿空气

若湿空气的温度为 t,则对应该温度 t 有一水蒸气饱和分压力 $p_s(t)$,若水蒸气分压力 $p_v < p_s(t)$,则湿空气中的水蒸气处于过热状态,这种由干空气和过热水蒸气组成的湿空气称为未饱和湿空气。通常湿空气中的水蒸气的分压力总是低于湿空气温度对应的饱和压力。如图 6-6 中 A 点所示。

如果湿空气温度保持不变,而水蒸气含量增加,则水蒸气分压力增大,其状态点将沿着定温线向左上方($p-v$ 图上),或者水平向左($T-s$ 图上)变化,当分压力增大到 $p_s(t)$,如图 6.6 中点 C 时,水蒸气达到饱和状态,这种干空气和饱和水蒸气组成的湿空气称为饱和湿空气。

饱和湿空气中水蒸气的量已经达到了极限,对应的水蒸气分压力是该温度下可能存在的最大值。这时空气中水蒸气含量也达到最大值,不可能再增加,若再向饱和湿空气中加入水蒸

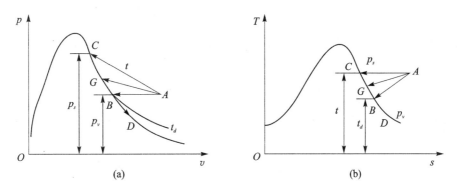

图 6.6　湿空气中水蒸气状态的 $p\text{-}v$ 图和 $T\text{-}s$ 图

气,就会凝结成液态水珠析出。这也就是"饱和"的含义,总而言之,对于湿空气有

$$\text{未饱和湿空气} = \text{干空气} + \text{过热水蒸气}$$
$$\text{饱和湿空气} = \text{干空气} + \text{饱和水蒸气}$$

(2) 结露和露点

未饱和湿空气也可通过保持分压力 p_v 不变,逐渐降低温度达到饱和。此时,状态点将沿着定压冷却线 $A-B$ 与干饱和蒸汽线相交于点 B,达到饱和状态。从 B 点开始,如果湿空气继续冷却,就会在湿空气中出现露滴。因此,把湿空气中水蒸气的分压力 p_v 对应的饱和温度称为湿空气的露点温度,简称露点,用 t_d 表示,显然 $t_d = f(p_v)$。达到露点后若继续冷却,就会有水蒸气凝结成水滴析出,湿空气中的水蒸气状态将沿着饱和蒸汽线变化,如图 6.6 中的 $B-D$ 所示,这时温度 t 降低,分压力 p_v 也随之降低,称为析湿过程。但此种情况水蒸气一直保持在饱和状态,湿空气也一直保持在饱和湿空气状态。自然界中的露水、冷冻管道表面的水珠就是由于湿空气在较低温度下发生结露而从湿空气中析出的水分。

2. 湿空气的湿度

湿空气作为二组元单相混合气体,确定其平衡状态需要 3 个独立的状态参数。在 p 及 T 一定的条件下,还需要表征湿空气中水蒸气含量的第 3 个参数才能确定湿空气的状态,一般统称为湿度,通常采用绝对湿度、相对湿度及含湿量从不同角度来表征湿空气中水蒸气含量的多少。

(1) 绝对湿度

单位体积(1 m³)的混合空气中所含水蒸气的质量称为湿空气的绝对湿度,也就是水蒸气的密度,即

$$\rho_v = \frac{1}{v_v} = \frac{p_v}{R_{g,v}T} \tag{6-25}$$

式中,p_v 及 $R_{g,v}$ 分别为水蒸气的分压力及气体常数。在湿空气温度 T 一定时,绝对湿度与水蒸气分压力 p_v 成正比。由于一定温度下水蒸气的最大分压力为饱和压力 p_s,对应湿空气的最大绝对湿度为

$$\rho_{v,\max} = \rho_s = \frac{p_s}{R_{g,v}T} \tag{6-26}$$

显然,这时湿空气已成为饱和空气。由于根据绝对湿度不能看出湿空气距离饱和空气的程度,因而无法表示吸湿能力的大小。

(2) 相对湿度

湿空气的绝对湿度与在同一温度下最大绝对湿度之比,称为湿空气的相对湿度,用符号 φ 表示,则

$$\varphi = \frac{\rho_v}{\rho_{v,\max}} = \frac{\rho_v}{\rho_s} = \frac{p_v/(R_{g,v}T)}{p_s/(R_{g,v}T)} = \frac{p_v}{p_s}(p_s < p) \tag{6-27}$$

上式表明,相对湿度还可用水蒸气的分压力 p_v 与同一温度同样总压力的饱和湿空气中水蒸气分压力 p_s 之比定义。

式(6-27)说明,φ 值介于 0 和 1 之间,当 $\varphi = 1$ 时,即为饱和空气,此时湿空气中的水蒸气达到饱和状态($p_v = p_s$);当 $\varphi = 0$ 时为干空气。相对湿度 φ 越大意味着湿空气越接近饱和空气状态,它反映了湿空气吸收水蒸气的能力,即吸湿能力。φ 越小空气越干燥,吸湿能力越强;反之,φ 越大吸湿能力越弱。

需要注意的是,当湿空气的温度很高时,这时对应的饱和水蒸气的压力 p_s 可能大于湿空气的总压力 p,则此时水蒸气能达到的最大分压力为湿空气的总压力 p,此种情况 φ 的定义为

$$\varphi = \frac{p_v}{p}(p_s > p) \tag{6-28}$$

(3) 含湿量

一定容积的湿空气中含有的水蒸气的质量 m_v 与干空气质量 m_a 之比称为含湿量,用 d 表示,习惯上表示为 kg(水蒸气)/kg(干空气),即

$$d = \frac{m_v}{m_a} = \frac{\rho_v}{\rho_a} \tag{6-29}$$

根据理想气体的状态方程 $p_v = \rho_v R_{g,v} T$,$p_a = \rho_a R_{g,a} T$,水蒸气的气体常数 $R_{g,v} = 461.9$ J/(kg·K);空气的气体常数为 $R_{g,a} = 287$ J/(kg·K),带入式(6-29),可得

$$d = 0.622 \frac{p_v}{p_a} = 0.622 \frac{p_v}{p - p_v} \tag{6-30}$$

在 p 一定时,式(6-30)表示,含湿量仅是水蒸气分压力的函数 $d = f(p_v)$,因此 d 与 p_v 不能作为两个独立参数来确定湿空气的状态。将式(6-27)代入式(6-30)可得

$$d = 0.622 \frac{\varphi p_s}{p - \varphi p_s} \tag{6-31}$$

式中,p_s 是在湿空气温度 t 时水蒸气的饱和压力,上式给出了含湿量与相对湿度之间的关系。一般情况下,湿空气的压力 p 一定时,含湿量 d 与 p_v 成单值关系,随着 p_v 增加,d 增加;而 φ 和 t 的增大都会使 d 增大。在 p_v 或者 φ 和 t 一定的情况下,p 增大会使 d 减小,说明随着压力增大湿空气对水蒸气的容量减小,因此当压缩空气时,有时有水分析出。

3. 湿空气的比焓及比体积

考虑湿空气的各种过程时主要是考虑湿空气中水蒸气含量变化时的有关问题,因此湿空气过程分析总是按单位质量干空气所对应的湿空气进行计算。

按照湿空气的组成,湿空气的比焓、比体积是指含有 1 kg 干空气的湿空气(包含 d kg 水蒸气)的焓和体积,即对于 $(1+d)$ kg 湿空气的焓和体积为

$$v = v_a + dv_v \tag{6-32}$$

$$h = h_a + dh_v \quad (\text{单位:kJ/kg(干空气)}) \tag{6-33}$$

式中,h_a,h_v 分别为干空气及水蒸气的比焓,湿空气的焓值是以 0 ℃时的干空气和 0 ℃时的饱和水为基准点,单位是 kJ/kg(干空气)。

对定值比热容的干空气有:

$$\{h_a\}_{\text{kJ/kg(干空气)}} = c_{p,a} t = 1.005 \{t\}_{\text{℃}}$$

水蒸气的比焓可用下列半经验公式

$$\{h_v\}_{\text{kJ/kg(水蒸气)}} = 2\,501 + 1.86 \{t\}_{\text{℃}}$$

式中,2 501 是 0 ℃时饱和水蒸气焓值,1.86 为常温低压下的水蒸气的平均定压比热。将上述两式代入式(6-33)后,可得湿空气焓的计算式为

$$h = 1.005 \{t\}_{\text{℃}} + d \cdot (2\,501 + 1.86 \{t\}_{\text{℃}}) \quad (\text{单位:kJ/kg(干空气)}) \quad (6-34)$$

6.4.2 湿空气的干球温度、湿球温度及绝热饱和温度

虽然可用上述露点法测量湿空气的相对湿度,但这种方法不容易准确确定开始凝露的温度,所以一般采用干、湿球温度计来测定 φ 值。它的构造如图 6.7(a)所示,由两支杆状玻璃温度计组成,其中一支为干球温度计(普通温度计),测出的是湿空气的真实温度 t,也称干球温度。另一支为湿球温度计,温度计的测温泡上裹有浸在水里的湿纱布,测出的温度为湿球温度。干、湿球温度计测量湿空气相对湿度的原理可借助于图 6.8 所示的湿空气绝热饱和的装置加以分析,从而建立干球温度、湿球温度与相对湿度之间的关系。

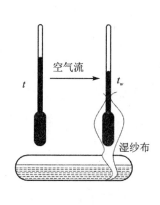

(a) 干、湿球温度计

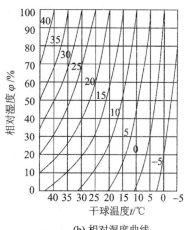

(b) 相对湿度曲线

图 6.7 干、湿球温度计示意图

湿空气绝热饱和过程如图 6.8 所示,在一较长的、下层为水的绝热管道内,未饱和湿空气(t_1,d_1,φ_1)由截面 1 进入管内,当它吹过水面时,水要蒸发,湿空气的湿度增加(假设温度为 t_2 的液态水由下端连续不断地补充进入管道);由于管道绝热,水蒸发使水温下降,这时空气与水之间有了温差,空气又向水传入热量以补偿,空气本身温度也要下降;随着流程进行,空气逐渐趋向饱和,空气与水之间的温差也逐步减小,最后在出口 2 处变为饱和湿空气(t_2,d_2,φ_2 = 100%)。水温与空气温度达到一个平衡值,这个平衡温度称为绝热饱和温度,或理论湿球温度,用 t_w 表示,则 $t_2 = t_w$(假设水温是均匀一致的),显然绝热饱和温度低于进口湿空气温度。

根据理想气体混合物的性质,忽略做功及势能的变化,根据质量守恒及能量守恒关系可有:

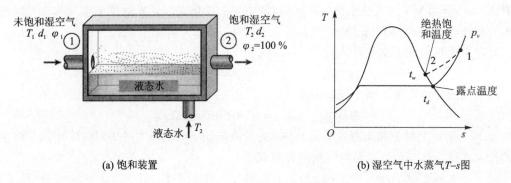

(a) 饱和装置 (b) 湿空气中水蒸气 $T\text{-}s$ 图

图 6.8 绝热饱和过程

质量守恒（连续方程）：$\dot{m}_{a1}=\dot{m}_{a2}=\dot{m}_a$（干空气），$\dot{m}_{v1}+\dot{m}_w=\dot{m}_{v2}$（水蒸气）

其中，$\dot{m}_w$ 为绝热饱和过程蒸发的液态水的量。

能量守恒（能量方程）：$(\dot{m}_{a1}h_{a1}+\dot{m}_{v1}h_{v1})+(\dot{m}_w h_w)=(\dot{m}_{a2}h_{a2}+\dot{m}_{v2}h_{v2})$

进出的含湿量为
$$d_1=\frac{\dot{m}_{v1}}{\dot{m}_{a1}},\quad d_2=\frac{\dot{m}_{v2}}{\dot{m}_{a2}}$$

则
$$d_2-d_1=\frac{\dot{m}_w}{\dot{m}_{a1}}$$

将上述各关系式代入能量守恒关系式中整理后可有

$$d_1=\frac{(h_{a2}-h_{a1})+d_2(h_{v2}-h_w)}{h_{v1}-h_w} \tag{6-35}$$

饱和状态下水的汽化潜热 $\gamma(t_w)=h_{v2}-h_w$，将其和式(6-34)带入式(6-35)可得：

$$d_1=\frac{c_{p,a}(t_w-t_1)+d_2\gamma(t_w)}{c_{p,v}(t_1-t_w)+\gamma(t_w)} \tag{6-36}$$

式中，$c_{p,a}$ 和 $c_{p,v}$ 分别是干空气和水蒸气的比定压热容；γ 为对应温度下的汽化潜热。当湿空气总压 p 一定时，d_2 只跟 t_w 有关，因此 d_1 是 t_1 及 t_w 的函数。再由式(6-31)可得湿空气相对湿度公式为

$$\varphi_1=\frac{pd_1}{(0.622+d_1)p_{s1}}=f(t_1,t_w) \tag{6-37}$$

由上式可以看出，湿空气的相对湿度可由湿空气的温度 t_1 及其绝热饱和温度 t_w 来决定，相对湿度曲线如图 6.7(b) 所示。

工程上一般采用干、湿球温度计来测量湿空气的温度和绝热饱和温度。干、湿球温度计（见图 6.7(a)）中干球温度就是湿空气的温度 t，湿空气以 1（见图 6.8）的状态吹向湿球温度计，其物理过程可看成是绝热饱和过程，贴近湿纱布周围的一层空气以 2 的状态流过湿球温度计，这时湿球温度计显示出纱布上水的温度即湿球温度 t_w。由于辐射、传热以及传质速率等影响，严格地讲，湿球温度并不等于绝热饱和温度，只是一个近似值。

湿空气的相对湿度越小，即空气越干燥，湿纱布上的水分蒸发越快，湿空气的湿球温度比干球温度低得越多。如果湿空气处于饱和状态，湿纱布上的水分不能蒸发，此时湿球温度和干球温度相等。

露点温度是湿空气中水蒸气分压力 p_v 对应的饱和温度，湿球温度可看成纱布周围汽膜内水蒸气分压力 p_v 对应的饱和温度，因而

$$t \geqslant t_w \geqslant t_d \tag{6-38}$$

式中,对未饱和湿空气取大于号,对饱和湿空气取等号。

6.4.3 湿空气焓湿图

在一定的总压力下,湿空气的状态可用 t、t_d、t_w、φ、d、p_v 等不同参数表示,其中只有两个是独立变量。根据两个独立参数用解析法确定其他参数比较复杂,为了使计算简便,通常将用解析法获得的计算结果绘制成线图,即湿空气的焓湿图,这种线图虽然精度有限,但为研究和理解各种湿空气的过程提供了便利的工具。

图 6.9 是根据式(6-31)和式(6-34)绘制而成的湿空气压力为 0.1MPa 时的焓湿图,是目前工程上常用的线图之一。图 6.9 展示了焓湿图的结构,较详细的、标有各参数数值的 $h-d$ 图可查阅附录 10。

焓湿图的纵坐标是湿空气的比焓 h,单位为 kJ/kg(干空气),横坐标是含湿量 d,单位为 kg(水蒸气)/kg(干空气)。为使图线更为清晰便于读数,h 和 d 两坐标夹角为 135°。图 6.9 由 5 种线群组成,水平轴标出的是含湿量值。

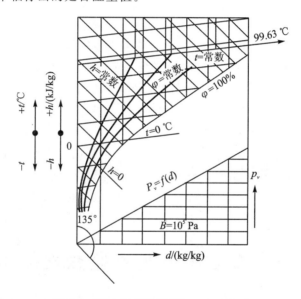

图 6.9 湿空气的焓湿图($p = 0.1\text{MPa}$)

(1) 等湿线(等 d 线)

等湿线是一组平行于纵坐标的直线群。总压一定时,根据 p 与 d 的函数关系,整理式(6-31)后可得

$$p_v = \frac{pd}{0.622 + d} \tag{6-39}$$

可见,定 d 线就是定 p_v 线,p_v 的数值可在 $h-d$ 图的上方用另一条横坐标表示(见附录10)。或者如图 6.9 所示,在 $\varphi=100\%$ 等相对湿度线下方的空白区中绘制 $p_v - d$ 的关系曲线,并在右下角的纵坐标上读取相对于 d 的 p_v 的数值。当 $d \ll 0.622$ 时,p_v 与 d 近似呈直线关系。所以 d 很小那段的 p_v 线为直线。

定 d 线代表定压饱和过程线,根据它与 $\varphi=100\%$ 的交点可读出相应的露点温度 t_d。因此,含湿量 d 相同、状态不同的湿空气具有相同的露点温度 t_d。

(2) 等焓线(等 h 线)

等焓线是一组与水平轴成 135°的平行直线。

由上述可知,湿空气的湿球温度 t_w 近似等于绝热饱和温度,由于能量方程 $h_1+(d_2-d_1)h_w=h_2$ 中水的焓值 $(d_2-d_1)h_w$ 相对于 h_1 很小,因此,绝热增湿过程近似为等焓过程,故焓值相同而状态不同的湿空气具有相同的湿球温度 t_w,数值等于该等焓线与 $\varphi=100\%$ 曲线相交点上的温度读数。

(3) 等温线(等 t 线)

由湿空气比焓表达式 $\{h\}_{kJ/kg(干空气)}=1.005\{t\}_℃+\{d\}_{kJ/kg(干空气)}(2\,501+1.86\{t\}_℃)$ 可见,当湿空气的干球温度 t 为定值时,h 和 d 呈直线变化关系。t 不同时斜率不同,因此等 t 线是一组互不平行的直线,t 越高,等 t 线斜率越大。

(4) 等相对湿度线(等 φ 线)

等 φ 线是一组上凸形的曲线。由式(6-31) $d=0.622\dfrac{\varphi p_s}{p-\varphi p_s}$ 可知,总压力 p 一定时,$\varphi=f(d,t)$。利用式(6-31)可在 $h-d$ 图上绘制出等 φ 线。

当 $\varphi=0$ 时,即干空气状态,此时 $d=0$,所以它和纵坐标线重合。

$\varphi=100\%$ 的相对湿度曲线称为饱和空气曲线。它将 $h-d$ 图分成了两个区域:$\varphi<1$ 区域为未饱和湿空气区;$\varphi=100\%$ 曲线上的各点代表不同温度下的饱和湿空气,在每个点上都满足 $t_w=t_d=t$;饱和曲线下方没有实际意义。因为 $\varphi=100\%$ 时湿空气已经饱和,再冷却则水蒸气凝结为水析出,湿空气本身仍保持 $\varphi=100\%$。

焓湿图是在一定的总压力 p 下绘制的,水蒸气的分压力最大不能超过 p。如 $p=0.101\,325$ MPa 时,对应的水蒸气饱和温度为 100℃,即当湿空气温度达到 100℃时,$p_v=p_s=p$ 是湿空气可以达到的最大水蒸气分压力,对应的含湿量 d 也达到了最大值;当湿空气温度高于 100℃时,p_v 与 d 不可能再增大,等 φ 线与 $t=100$ ℃的等温线相交后,向上则与等 d 线重合。

6.5 湿空气的热力过程及应用

干燥机、空调机等设备是工程中常见的应用湿空气热力过程达到各种不同目的的热工设备。在这些设备中,主要是通过传热和传质两种方法来改变湿空气的状态,以满足人们的需要。所谓传热,就是外界与湿空气之间进行热量交换,例如让湿空气通过换热器就可以达到加热或冷却的目的。这里包括三种情况:①加热湿空气,$Q>0$;②冷却湿空气,$Q<0$;③绝热,$Q=0$。所谓传质,就是混合空气吸入水分(加湿)或析出水分(去湿)。

根据能量方程,忽略动能、势能及微量水分的加入或去除,可有

$$Q=\Delta H \qquad (6-40)$$

于是上述热量交换的三种情况对应湿空气焓的增减,即

① 加热,$Q>0$,则 $\Delta H>0$,湿空气的焓增加;

② 冷却,$Q<0$,则 $\Delta H<0$,湿空气的焓下降;

③ 绝热,$Q=0$,则 $\Delta H=0$,湿空气的焓不变。

下面列举一些工程中常见的设备和过程。

1. 加热(或冷却)、绝湿

这种设备的工作示意图如图 6.10 所示,湿空气在绝湿条件下在管道中与换热器交换热量,因为是绝湿,所以过程中 d 总是不变的。如果是向湿空气加热(换热器中流过加热剂,如热气),则过程中焓应增加,在焓湿图上这个过程是从初态 1 出发,方向沿着等 d 线朝上($1 \to 2$),导致湿空气的温度上升($t\uparrow$),相对湿度减小($\varphi\downarrow$)。如果是湿空气被冷却(换热器中流过冷却剂,如冰水),则过程中焓应下降,在图上为向下的 $1\to 2$ 过程线;这时将导致湿空气温度下降($t\downarrow$),相对湿度增加($\varphi\uparrow$),在绝湿的条件限制下,最低冷却(或冷却)到饱和状态,$\varphi=100\%$,湿空气温度达到露点($t=t_d$),即图 6.10(b) 的点 3。在绝湿过程中交换的热量可用式(6-40)计算,加热、绝湿过程通常用来获得温度较高而相对湿度较低的湿空气,以作为干燥设备的工质。

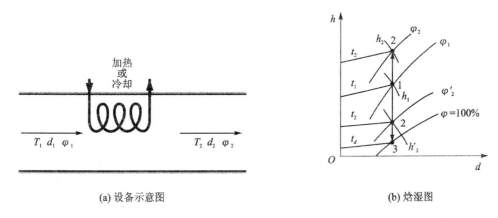

(a) 设备示意图 (b) 焓湿图

图 6.10 加热(或冷却)、绝湿设备示意图

2. 冷却、去湿

这种设备的工作示意图如图 6.11 所示,进入设备的温空气一般是不饱和的,冷却过程的前一阶段为等湿过程(d 不变),如图 $1\to 3$,当达到饱和状态点 3 之后,由于继续冷却,将由点 3 沿着饱和线继续降低焓值而达到点 4,这时要析出水分(去湿),从而使湿空气的含湿量 d 下降到 d'($d'<d$),析出的水量为

$$|\Delta d| = d - d'$$

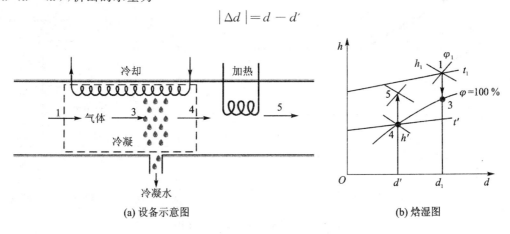

(a) 设备示意图 (b) 焓湿图

图 6.11 冷却、去湿设备示意图

在工程应用中,此过程常用于空调的工作原理中,如夏天高温高湿的天气,可使室外大气通过

上述过程冷却,从而达到去湿的效果,但点 4 仍处于 $\varphi=100\%$ 的饱和状态,使人的感觉不舒适,所以一般在去湿之后,再补充一个绝湿、加热过程,图上为 $4 \rightarrow 5$,使相对湿度减小到适合人的生理需要,再送入室内达到空气调节的目的。

3. 加热、加湿

这种设备的工作示意图如图 6.12 所示,进入的湿空气状态为点 1,先在绝湿的情况下加热,在焓湿图上为 d 不变的 $1 \rightarrow 2$ 过程,然后绝热加湿(喷水),湿空气沿焓不变的过程增加含湿量 d,即 $2 \rightarrow 3$。这种设备常作为冬天取暖的空调用,因为将室外空气加热之后,温度虽升高了,但相对湿度较低,使人感到干燥,所以仍需加入适量水分以增加相对湿度,最后再送入室内。

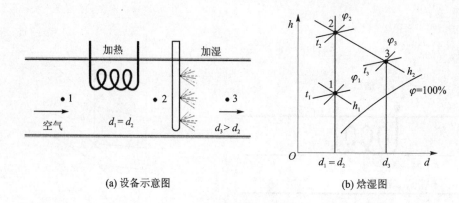

(a) 设备示意图　　　　　　　(b) 焓湿图

图 6.12　加热、加湿设备示意图

4. 湿空气绝热合流混合

利用两股或多股状态不同的湿空气进行绝热合流混合,以便得到所要求的温度和相对湿度的混合空气,这是空气调节装置中经常采用的方法。设有 1、2 两股湿空气(见图 6.13),其各自状态分别为 m_1、t_1、d_1、h_1 和 m_2、t_2、d_2、h_2。混合后状态用 3 表示,则应用质量守恒关系可有

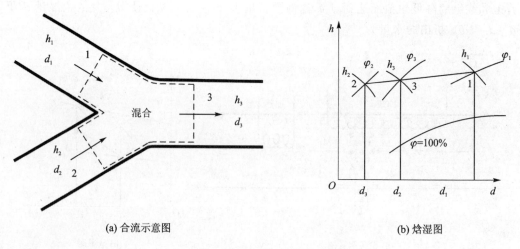

(a) 合流示意图　　　　　　　(b) 焓湿图

图 6.13　湿空气绝热合流示意图

干空气:
$$\dot{m}_{a1} + \dot{m}_{a2} = \dot{m}_{a3} \tag{1}$$

水蒸气:
$$\dot{m}_{v1} + \dot{m}_{v2} = \dot{m}_{v3}$$

或
$$\dot{m}_{a1} d_1 + \dot{m}_{a2} d_2 = \dot{m}_{a3} d_3 \tag{2}$$

基于能量守恒(忽略动能、势能变化)可知:
$$\dot{m}_{a1} h_1 + \dot{m}_{a2} h_2 = \dot{m}_{a3} h_3 \tag{3}$$

将式(1)代入式(2)消去 $\dot{m}_{a3}$,可得
$$d_3 = \left(\frac{\dot{m}_{a1}}{\dot{m}_{a2}} d_1 + d_2\right) \bigg/ \left(\frac{\dot{m}_{a1}}{\dot{m}_{a2}} + 1\right) \tag{6-41}$$

将式(1)代入式(3)消去 $\dot{m}_{a3}$,可得
$$h_3 = \left(\frac{\dot{m}_{a1}}{\dot{m}_{a2}} h_1 + h_2\right) \bigg/ \left(\frac{\dot{m}_{a1}}{\dot{m}_{a2}} + 1\right) \tag{6-42}$$

根据式(6-41)及(6-42),代入原来两股湿空气的参量,即能求得混合后的湿空气的参量 d_3 及 h_3,由这两个参量可以确定混合后湿空气的状态,并得出其他参量。

对于这种合流混合,除了用上述解析法计算以外,还可以直接利用湿空气的焓湿图,用图解法解得(当合流前、后压力不变,且为 $p=1.013$ bar 时)。

由式(6-41)解出
$$\frac{\dot{m}_{a1}}{\dot{m}_{a2}} = \frac{d_3 - d_2}{d_1 - d_3} \tag{4}$$

由式(6-42)解出
$$\frac{\dot{m}_{a1}}{\dot{m}_{a2}} = \frac{h_3 - h_2}{h_1 - h_3} \tag{5}$$

联合式(4)及(5)可得
$$\frac{\dot{m}_{a1}}{\dot{m}_{a2}} = \frac{d_3 - d_2}{d_1 - d_3} = \frac{h_3 - h_2}{h_1 - h_3} \tag{6}$$

将式(6)右边两项等式以 d_3, h_3 为变量整理后有
$$d_3 = \frac{d_1 - d_2}{h_1 - h_2} h_3 + \frac{d_2 h_1 - d_1 h_2}{h_1 - h_2} \tag{6-43}$$

上式表明变量 d_3 与 h_3 在 $h-d$ 图上构成直线关系,并且这条直线是通过原来两股气流的状态点1及点2(理由:在特殊条件下,当无第2股气流时,点3状态应与点1状态重合;当无第1股气流时,点3状态应与点2状态重合,可见点3所在的直线应包括点1及点2),即混合后湿空气状态点3应在点1、点2的连线上。利用式(6-43),再由图6.13看出
$$\frac{\overline{23}}{\overline{13}} = \frac{h_3 - h_1}{h_1 - h_3} = \frac{d_3 - d_2}{d_1 - d_3} = \frac{\dot{m}_{a1}}{\dot{m}_{a2}} \tag{6-44}$$

由此可见,点3是将线段 $\overline{12}$ 分成为 $\overline{23}:\overline{13}=\dot{m}_{a1}:\dot{m}_{a2}$ 的分点,因此,根据已知的流量 $\dot{m}_{a1}$ 及 $\dot{m}_{a2}$,就能在点1与点2的连线上把点3的位置确定下来(具体应用时可近似取 $\dot{m}_{a1}/\dot{m}_{a2} \approx \dot{m}_1/\dot{m}_2$)。

例 6-5 在标准大气压下,温度 $t_1=25$ ℃ 及 $\varphi_1=60\%$ 的湿空气加热到 $t_2=50$ ℃ 后进入干燥箱,吸湿后排出的湿空气温度为 $t_3=40$ ℃,求 d_3 及带走 1 kg 水分所需供入的湿空气量及加热量。

解:本题包括下列两个过程,如图 6.14 所示:
① 1→2,加热、绝湿过程,d 不变;
② 2→3,绝热、加湿过程,h 不变。

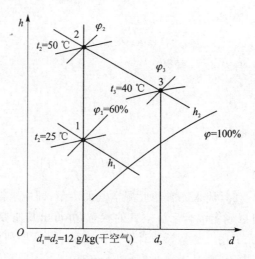

图 6.14 例 6-5 图

根据 t_1、φ_1,在焓湿图(见附录 3)上确定状态点 1,查出相应的参量为
$$d_1 = 12 \text{ g}_v/\text{kg}(\text{干空气}), \quad h_1 = 55 \text{ kJ/kg}(\text{干空气})$$

点 1 按定 d 线与 $t_2 = 50$ ℃的定温线交于点 2,查得相应的参量为
$$h_2 = 82 \text{ kJ/kg}(\text{干空气})$$

绝热去湿过程为焓不变的过程,$h = 82$ kJ/kg 的定焓线与 $t_3 = 40$ ℃的定温线交于点 3,查得参量为
$$d_3 = 16.2 \text{ g}_l/\text{kg}(\text{干空气})$$

于是
$$q = h_2 - h_1 = 82 - 55 = 27 \text{ kJ/kg}(\text{干空气})$$
$$\Delta d = d_3 - d_2 = d_3 - d_1 = 16.2 - 12 = 4.2 \text{ g}_v/\text{kg}(\text{干空气})$$

则带走 1 kg 水分所需的干空气量为
$$1000 \div 4.2 = 238 \text{ kg}(\text{干空气})$$

折合成流入的湿空气量为
$$238 \times (1 + d_1) = 238 \times (1 + 12 \times 10^{-3}) = 240.8 \text{ kg}$$

带走 1 kg 水分所需的加热量为
$$\frac{q}{\Delta d} = \frac{27}{4.2 \times 10^{-3}} = 6428.6 \text{ kJ/kg}_v$$

例 6-6 有两股湿空气绝热合流混合,第 1 股流量为 50 m³/min,$\varphi_1 = 100\%$,$t_1 = 10$ ℃,第 2 股流量为 40 m³/min,$\varphi_2 = 60\%$,$t_2 = 20$ ℃,两股气体的压力均为标准大气压力,求混合后参数。

解:根据 φ_1、t_1、t_2,在附录 3 焓湿图上查得有关参量为
$$d_1 = 7.5 \text{ g}_v/\text{kg}(\text{干空气}), \quad h_1 = 30 \text{ kJ/kg}(\text{干空气}), \quad v_1 = 0.823 \text{ m}^3/\text{kg}(\text{干空气})$$
$$d_2 = 8.9 \text{ g}_v/\text{kg}(\text{干空气}), \quad h_2 = 42 \text{ kJ/kg}(\text{干空气}), \quad v_2 = 0.852 \text{ m}^3/\text{kg}(\text{干空气})$$

则

$$\dot{m}_{a1} = \frac{\dot{V}_1}{v_1} = \frac{50}{0.823} = 60.75 \text{ kg(干空气)/min}$$

$$\dot{m}_{a2} = \frac{\dot{V}_2}{v_2} = \frac{40}{0.852} = 46.95 \text{ g(干空气)/min}$$

$$\frac{\dot{m}_{a1}}{\dot{m}_{a2}} = 1.295$$

代入式(6-41)及式(6-42)分别求得

$$d_3 = \frac{\dfrac{\dot{m}_{a1}}{\dot{m}_{a2}} d_1 + d_2}{\dfrac{\dot{m}_{a1}}{\dot{m}_{a2}} + 1} = \frac{1.294 \times 7.5 + 8.9}{1.294 + 1} = 8.11 \text{ g}_v/\text{kg(干空气)}$$

$$h_3 = \frac{\dfrac{\dot{m}_{a1}}{\dot{m}_{a2}} h_1 + h_2}{\dfrac{\dot{m}_{a1}}{\dot{m}_{a2}} + 1} = \frac{1.294 \times 30 + 42}{1.294 + 1} = 36.2 \text{ kJ/kg(干空气)}$$

思考题

6-1 混合气体与成分气体之间在 p, V, T 参数方面存在着哪些联系？

6-2 混合气体的分子量是怎样定出来的？

6-3 什么叫折合容积？能具体测量出来吗？

6-4 容积成分与摩尔成分为什么相等？当混气的温度或压力改变了，各成分的容积成分或摩尔成分是否也会改变？

6-5 在什么条件下混合气体的质量成分、容积成分及摩尔成分彼此相等？

6-6 如何证明混合过程是不可逆过程？

6-7 为什么在计算成分气体时要用分压力而不是总压力？

6-8 湿空气与湿蒸气是一样的东西吗？试分析比较。

6-9 由同一物质组成的液体和气体的混合物，液体和气体具有相同的温度和压力吗？由两种气体组成的混气，这两种气体的压力和温度也相同吗？

习 题

6-1 某种混合气体含有 5 kg O_2，3 kg N_2，2 kg CO_2，求混气的分子量及气体常数。

6-2 若煤气与空气按质量比例 1∶13.7 混合成混气，煤气成分为 $x_{H_2} = 0.48$，$x_{CH_4} = 0.35$，$x_{C_2H_4} = 0.04$，$x_{CO} = 0.08$，$x_{CO_2} = 0.02$，$x_{N_2} = 0.03$，求混气的气体常数及混气的容积成分。

6-3 混气的容积成分为 O_2∶20%；H_2∶80%。0.7 m³ 的气瓶装此混气，温度为 38 ℃，压力为 3.5 bar，求气瓶中 O_2 及 H_2 的质量。

6-4 集气瓶中收集的废气的质量比例：CO_2 为 18%；O_2 为 20%；H_2 为 70%。集气瓶的容积为 2 500 mL，瓶内的温度、压力与环境大气条件相同，试计算废气的质量及 CO_2 的分

压力。(大气条件 $B=1$ bar,$t_0=15$ ℃)

6-5 煤气发动机以 1 份煤气 8 份空气(按质量)组成的混气为工质,煤气的容积成分为 $x_{CO}=7\%$,$x_{H_2}=48\%$,$x_{CH_4}=40\%$,$x_{H_2}=5\%$,求混气的分子量及各成分气体的质量成分。并计算在 $p=1.2$ bar,$t=100$ ℃时,10 m³ 该混气的质量。

6-6 1 kg 水蒸气与 1 kg 干空气装在气罐中,若气罐容积为 1 m³,温度为 200 ℃,求混气压力。

6-7 混气由 1 kg 干空气和 0.34 kg 的水蒸气组成,混气的压力为 3 bar,温度为 120 ℃,将此混气定熵地压缩到 6 bar,求:①混气的绝热指数;②终温;③空气及水蒸气的熵变。

6-8 8 kg 混气定压下冷却放出热量 335 kJ,初温为 200 ℃,求终温。已知混气组成为 $\omega_{O_2}=0.25$,$\omega_{N_2}=0.25$,$\omega_{CO_2}=0.5$。

6-9 混气由 $x_{N_2}=21\%$,$x_{H_2}=50\%$,$x_{CO_2}=29\%$ 组成。计算:①混气的 R;②定熵过程指数 k。若一气缸装有该混气 0.085 m³,压力为 1 bar,温度为 10 ℃,当经历一可逆过程使其体积减小为原来的 1/5,假定过程按 $pv^{1.2}=$ 常数进行,计算过程的容积功、热量。

6-10 设有 1 kg 煤油蒸气与 99 kg 空气组成的混气,燃烧后发现在燃气中尚保存有 0.01%(容积成分)的煤油蒸汽。设煤油的分子式为 $C_{12}H_{24}$,并假定燃气的总摩尔数等于未燃烧前新鲜混气的总摩尔数。试计算燃气中煤油蒸汽的质量成分。

6-11 如何应用简易气体分析器(见图 6.2)来测定氮气及氧气的分压力?

6-12 将容积为 0.75 m³ 的箱子用一半透性隔板分成 A、B 两室,两室的容积比为 2:1,A 中装有氮气 1.5 kg,B 中装有氢气 0.5 kg,半透性隔板只允许氢气透过,而氮气不能透过,试计算 A、B 两室的压力 p_A、p_B,若抽去隔板,求混合后的压力 p。设原来两室及隔板抽去后箱中的气体温度均为 300 ℃。

6-13 空气与烟气绝热合流混合,已知空气流为 $\dot{m}_a=300$ kg/h,$t_a=200$ ℃;烟气流为 $\dot{m}_b=400$ kg/h,$t_b=600$ ℃,空气与烟气压力相同。已知烟气的 $R_{gb}=289$ J/(kg·K),$c_{pb}=c_{pa}$,求混气温度及容积成分 r_a、r_b。

6-14 有 3 股气流进行绝热合流混合。第 1 股为 O_2,$t_{O_2}=300$ ℃,$\dot{m}_{O_2}=115$ kg/h,第 2 股为 CO,$t_{CO}=700$ ℃,$\dot{m}_{CO}=200$ kg/h,第 3 股为空气,$t_a=400$ ℃,要求混合成 $t=275$ ℃ 的混气,若 3 股气流压力均相等,问空气流量为多少?

6-15 甲烷(CH_4)与空气这两股气流进行绝热合流混合,其流量比为 1:20。来流温度分别为 30 ℃及 15 ℃,混气压力为 1 bar,忽略动能及位能变化,计算混气温度及混气中两种气体的分压力。

6-16 试证:具有相同原子数,彼此不起化学作用的两种不同理想气体所组成的混合气,经历一可逆的绝热变化过程后,每一成分气体的分熵均不变。

6-17 一容器被隔成两部分,分别装有氮气(N_2)及氩气(Ar),其参量分别为 N_2:6 L,50 ℃,5 bar;Ar:4 L,30 ℃,8 bar。若抽去隔板进行混合,计算混气的温度、压力及混合过程的熵变。已知 $M_{Ar}=40$,$M_{N_2}=28$。

6-18 室温为 30 ℃,湿球温度计指示为 20 ℃,计算水蒸气分压力、含湿量、露点温度、相对湿度。已知 $B=1$ bar。

6-19 大气温度为 35 ℃,压力为 0.97 bar,相对湿度为 70%,计算含湿量、水蒸气压力及湿空气的焓。

6-20 已知干球温度为 15 ℃,湿球温度为 5 ℃,应用公式计算相对湿度及含湿量,并与焓湿图结果相比较。($B=0.98$ bar)

6-21 容积为 2 m^3 的密闭容器中装有 20 kg 的干空气和 1 kg 水蒸气,温度为 15 ℃,试计算容器内湿空气的压力及相对湿度。

6-22 若大气温度 $t=-10$ ℃,$\varphi=0.6$,$p_b=1.013$ bar,利用通风器调节室内的温度和湿度。要求室内保持 25 ℃,$\varphi=0.5$,问在通风器中要喷入多少水分(对每千克空气而言)才能满足要求?

6-23 湿空气 $t_1=30$ ℃,$\varphi_1=0.7$,若在 $p=1.013$ bar 不变的情况下,冷却至 $t_2=10$ ℃,求:①对于每千克干空气来说,析出多少水分?②从每千克干空气中抽出多少热量?

6-24 冬季室外温度为 0 ℃,$\varphi=0.8$,若室内保持 18 ℃,问:①室内空气的相对湿度是多少?②向每千克干空气中加入多少热量?($p_b=1.013$ bar)

6-25 夏天室外大气条件为 $t_1=35$ ℃,$\varphi_1=0.7$。要求室内供应 $t_2=20$ ℃,$\varphi=0.5$ 的湿空气,供应量为 10 m^3/min,试设计一种空调方案,并给出相应的数据(方案用框图表示)。

6-26 两股湿空气绝热合流,第 1 股参量 $t_1=35$ ℃,$\varphi_1=0.6$,第 2 股参量 $t_2=10$ ℃,$\varphi_2=80\%$,要求混合成 $t_3=20$ ℃ 的混气,试求混合前两股气流的流量比及 φ_3。

第7章 压气机及涡轮

压气机是用来压缩气体的耗功设备,涡轮则是利用气体膨胀做功的设备,它们在工业部门中已经得到了广泛应用。例如,在地面燃气轮机、航空发动机、废气涡轮增压发动机中,压气机及涡轮都是重要的组成部分,如图 7.1 所示。它们不仅联合使用,还在不同的场合下独立应用,例如,小型发电设备中的涡轮,燃烧设备中的鼓风机,空调设备中的通风机等。

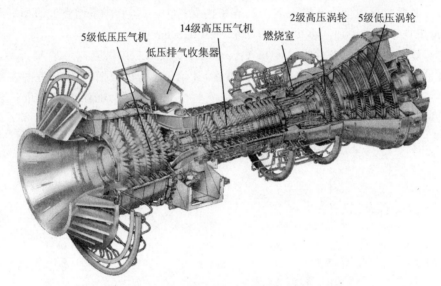

图 7.1　GE LM6000 型号发电用地面燃气轮机

压气机的用途很广,由于使用场合及工作压力范围的不同,压气机在结构形式及工作原理上也有很大差别。按其结构与工作原理可分为容积式和速度式两大类,具体如下:

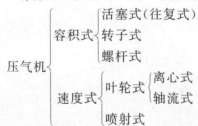

容积式压气机是靠压缩气体的体积来使压力上升,特点是增压比大,效率高,但通常生产量较小,适用于中、小流量及压力较高的情况。如其中的活塞式压气机(见图 7.3)是依靠活塞在气缸内做往复运动实现气体体积的周期性变化,从而达到增压和输送的目的,故也称为往复式压气机。

速度式压气机是利用速度和压力之间的关系将速度转换为压力,如其中的利用叶轮的旋转将机械能转为流体动能的叶轮式压气机,根据工质在叶轮内的流动方向,叶轮式压气机主要分为轴流式压气机(见图 7.2(a))和离心式压气机(见图 7.2(b))。

叶轮式压气机的特点是转速高,排量大,可连续输气,具有运行稳定、结构紧凑、尺寸小等优点,且容易与高速旋转的燃气涡轮配合,在现代燃气轮机系统和航空发动机中得到了普遍应用。这种压气机的主要问题是单级增压比小,因此为了达到大的增压比需要多级组合,这就增加了压气机的体积和重量。轴流式压气机中气流速度很大,存在较大的摩擦损耗,因此效率较低,在设计和制造方面要求很高。

涡轮的结构形式都是叶轮式的,如图 7.1 所示,无论是径向的还是轴向的,都是利用高速气流推动叶轮转动做功。

本章主要针对活塞式压气机以及叶轮式压气机和涡轮展开讨论,关于压气机及涡轮的热力过程、特性以及具体结构等的讨论,可参考相关专业课程。

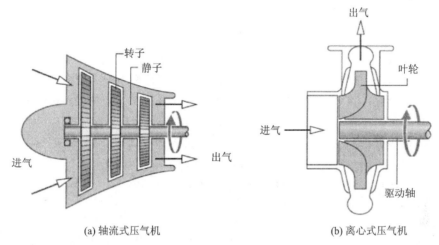

(a) 轴流式压气机　　　　　(b) 离心式压气机

图 7.2　叶轮式压气机

7.1　活塞式压气机

7.1.1　活塞式压气机工作原理

活塞式压气机主要靠外部动力驱动活塞对气体做功,直接压缩气体以提高压力。活塞在外部动力的驱动下往复运动,经历吸气、压缩及排气三个阶段来完成对气体的一次压缩。

活塞式压气机工作简图如图 7.3 所示。A 是气缸向内开的进气阀,B 是气缸向外开的排

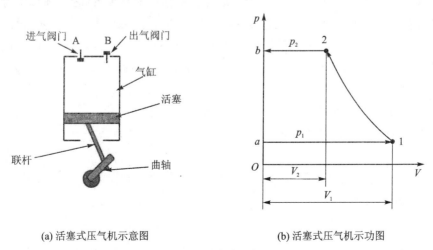

(a) 活塞式压气机示意图　　　　　(b) 活塞式压气机示功图

图 7.3　活塞式压气机

气阀,两个阀门的开启和关闭受气缸内压力变化所支配。活塞向下运动时,进气阀开启,大气中的空气被吸入气缸;当活塞向上运动时,进气阀关闭,进入气缸的空气被压缩;当缸内空气压力提高到设计压力时,排气阀门打开,压缩空气被输出到储气瓶或直接被利用,直到活塞达到气缸顶端。然后,又开始重复上述工作过程。

活塞式压气机的实际工作过程比较复杂,在进行热力分析时,采用以下假定:满足稳定流动的条件,压缩过程为可逆过程,工质为定比热容的理想气体,忽略进出口动能、位能的变化。

7.1.2 理想过程的热力分析

图 7.3(b)为缸内气体压力与容积变化的 $p-V$ 图:$a \to 1$ 是进气,$1 \to 2$ 是压缩,$2 \to b$ 是排气。这里要特别指出,$a \to 1$ 及 $2 \to b$ 都不是热力过程,尽管进气功 p_1V_1 和排气功 p_2V_2 分别等于进气线 $a \to 1$ 及排气线 $2 \to b$ 下的矩形面积,但由于在这两条线上工质的热力状态都没有变化,如 $a \to 1$ 线上任一点,它的状态(p、v、T)都是与点 1 的状态相同,$2 \to b$ 线上任一点状态也与点 2 的状态相同,故它们是气体的迁移过程而不是热力过程。热力过程是指定量气体状态发生变化的过程,所以只有 $1 \to 2$ 才是唯一的热力过程。

分析单级压气机理想过程的主要任务是计算压缩定量气体所需的功。根据上述工作情况,结合图 7.3(b)可得压气机压缩定量气体所耗之功为

$$W_C = W_{12} + W_{2b} + W_{a1} \quad (7-1a)$$

式中,W_{12} 为压缩过程 $1 \to 2$ 所需之功 $W_{12} = -\int_1^2 p\,\mathrm{d}V$,$W_{a1}$、$W_{2b}$ 分别为进气和排气所需的推动功 $W_{a1} = -p_1V_1$,$W_{2b} = p_2V_2$,代入上式得

$$\begin{aligned} W_C &= -\int_1^2 p\,\mathrm{d}V + p_2V_2 - p_1V_1 \\ &= -\int_1^2 p\,\mathrm{d}V + \int_1^2 \mathrm{d}(pV) \\ &= \int_1^2 V\,\mathrm{d}p \\ &= -W_t \end{aligned} \quad (7-1b)$$

可见,压气机的耗功应以技术功计。W_C 的计算根据压缩过程不同而不同,作为可逆过程分析时,通常有以下三种情况:在压缩进行速度很快的情况下,系统与外界来不及传递热量,压缩过程接近绝热过程($1 \to 2_s$);如果采用某些特殊装置(如水冷套),冷却充分,压缩过程接近定温压缩过程($1 \to 2_T$);一般过程可认为是 $1 < n < k$ 的多变过程($1 \to 2_n$)。三种过程的 $p-v$ 图和 $T-s$ 图如图 7.4 所示。

针对上述三种情况的理论耗功,对理想气体定比热容有:

① 可逆绝热压缩过程(定熵过程)

$$W_{C,s} = \frac{k}{k-1}(p_2V_2 - p_1V_1) = \frac{k}{k-1}mR_gT_1\left(\left(\frac{p_2}{p_1}\right)^{\frac{k-1}{k}} - 1\right) \quad (7-2)$$

② 可逆定温过程

$$W_{C,T} = p_1V_1 \ln \frac{p_2}{p_1} = mR_gT_1 \ln \frac{p_2}{p_1} \quad (7-3)$$

③ 可逆多变过程

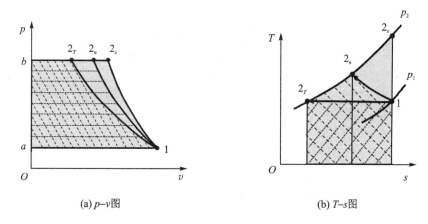

(a) $p-v$图 (b) $T-s$图

图 7.4 压缩过程的 $p-v$ 图和 $T-s$ 图

$$W_{C,n} = \frac{n}{n-1}(p_2 V_2 - p_1 V_1) = \frac{n}{n-1} m R_g T_1 \left[\left(\frac{p_2}{p_1}\right)^{\frac{n-1}{n}} - 1\right] \tag{7-4}$$

上述各式中，p_2/p_1 为压缩过程气体的终压和初压之比，称为增压比，用 π 表示。由上式可见，压气机所耗之功数值上等于压缩过程的技术功，其大小如图 7.4(a)中阴影面积所示，$W_{C,n}$、$W_{C,s}$ 和 $W_{C,T}$ 分别为面积 A_{a12_nba}、A_{a12_sba} 及 A_{a12_Tba}。

由图 7.4 可见，$W_{C,s} > W_{C,n} > W_{C,T}$，$T_{2s} > T_{2n} > T_{2T}$ 以及 $v_{2s} > v_{2n} > v_{2T}$。从压气机的耗功角度看，相同增压比时，定温过程耗功最小，定熵过程耗功最大，多变过程介于两者之间，随多变指数 n 减小，压缩耗功逐渐减小。因此，设计压气机时，应尽量减小 n，使其尽量接近于 1。采取的措施通常是在压气机气缸周围设置水冷套，通过流过的冷水带走热量，使其压缩过程尽量接近定温过程。

7.1.3 余隙容积的影响

图 7.5 所示为单级活塞式压气机的示功图，它表示了压缩过程中气体压力随容积的变化关系。在实际的活塞式压气机中，因为结构、制造和安装上的需要，当活塞运动到气缸顶端时，活塞顶面与气缸盖间留有一定的空隙，该空隙的容积称为余隙容积。

图 7.5 中 V_c 表示余隙容积，$V_h = V_1 - V_3$，是活塞两个极端位置之间的气缸容积，称为工作容积或排量。图上 1→2 为压缩过程，2→3 为排气过程，3→4 为余隙容积中剩余气体的膨胀过程，4→1 表示有效进气。余隙容积的影响可从生产量和理论做功两个方面分析。

由于存在余隙容积 V_c，活塞开始右行时，因余隙容积内剩余的气体压力高于压气机进气压力，所以不能进气（见图 7.5），直到气缸内气体体积从 V_3 膨胀到 V_4，缸内气体压力低于进气压力，才开始进气。气缸实际进气容积 $V = V_1 - V_4$，称为有效吸气容积。

由图 7.5 可见，由于余隙容积内气体的膨胀，不起进气作用的气缸容积大于余隙容积 V_c 本身，因此，有效吸气容积 V 小于气缸排量 V_h，两者之比称为容积效率，以 η_V 表示，有

$$\eta_V = \frac{V}{V_h} \tag{7-5}$$

容积效率与增压比 π 的关系为

$$\eta_V = \frac{V}{V_h} = \frac{V_1 - V_4}{V_1 - V_3} = \frac{(V_1 - V_3) - (V_4 - V_3)}{V_1 - V_3} = 1 - \frac{V_4 - V_3}{V_1 - V_3} = 1 - \frac{V_3}{V_1 - V_3}\left(\frac{V_4}{V_3} - 1\right)$$

$$= 1 - \frac{V_c}{V_h}\left(\frac{V_4}{V_3} - 1\right)$$

假设压缩过程 $1 \to 2$ 和余隙容积中剩余气体的膨胀过程 $3 \to 4$ 都是多变过程,且多变指数相等,均为 n,则

$$\frac{V_4}{V_3} = \left(\frac{p_3}{p_4}\right)^{\frac{1}{n}} = \left(\frac{p_2}{p_1}\right)^{\frac{1}{n}}$$

故

$$\eta_V = 1 - \frac{V_c}{V_h}\left[\left(\frac{p_2}{p_1}\right)^{\frac{1}{n}} - 1\right] = 1 - \sigma\left[\pi^{\frac{1}{n}} - 1\right] \tag{7-6}$$

由此可见,当余隙容积百分比 $\sigma = \frac{V_c}{V_h}$ 和多变指数 n 一定时,如图 7.6 所示,增压比 π 越大,有效吸气容积减少,η_V 越低,当 π 增加到某一值时 η_V 为零,不能进气;当增压比 π 一定时,余隙容积百分比 σ 越大,容积效率 η_V 越低;当 σ 和 π 一定时,η_V 随多变指数 n 的下降而有所下降。

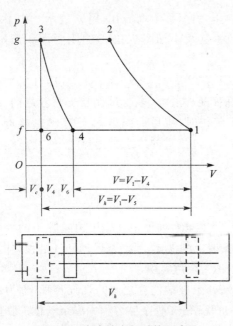

图 7.5 有余隙容积时的示功图

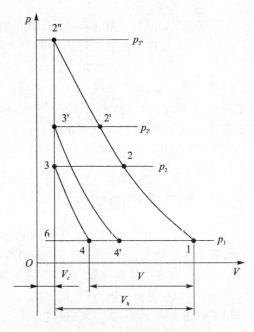

图 7.6 余隙容积对生产量的影响

由于余隙容积中剩余气体的膨胀功可利用,故此时压气机耗功 W_c 可用图 7.5 中面积 A_{12gf1} 和面积 A_{43gf4} 的差来表示,即

$$W_C = \frac{n}{n-1}p_1V_1\left[\left(\frac{p_2}{p_1}\right)^{\frac{n-1}{n}} - 1\right] - \frac{n}{n-1}p_4V_4\left[\left(\frac{p_3}{p_4}\right)^{\frac{n-1}{n}} - 1\right]$$

由于 $p_1 = p_4, p_3 = p_2$,故

$$W_C = \frac{n}{n-1}p_1(V_1 - V_4)\left[\left(\frac{p_2}{p_1}\right)^{\frac{n-1}{n}} - 1\right] = \frac{n}{n-1}p_1V\left[\left(\frac{p_2}{p_1}\right)^{\frac{n-1}{n}} - 1\right]$$

$$= \frac{n}{n-1}mR_gT_1\left(\pi^{\frac{n-1}{n}} - 1\right) \tag{7-7}$$

式中,V 为有效吸气容积;π 为增压比;m 为压气机生产的压缩气体质量。

生产 1 kg 压缩气体的耗功为

$$w_C = \frac{n}{n-1} R_g T_1 (\pi^{\frac{n-1}{n}} - 1) \tag{7-8}$$

由式(7-4)和式(7-8)可见,存在余隙容积后,生产相同增压比、相同质量的同种压缩气体,可逆压缩所消耗的功与无余隙容积时相同。这是因为 V_c 这部分气体在 3→4 膨胀过程中所做的功与 1→2 压缩过程 V_c 气体的耗功相抵消。但实际过程中,由于摩擦等影响因素,压缩余隙容积内的气体消耗的外功要比这部分气体膨胀做的功更多,因此,在实际中余隙容积的存在不仅降低了容积效率,也增加了耗功。

7.1.4 多级压缩及中间冷却

根据上述可知,随着压气机增压比的增高,容积效率下降,气体终温升高。过高的终温对气体润滑和安全运行不利,此外等温压缩相对于绝热压缩和多变过程的压缩,消耗外功最少。因此,为了得到压力较高的压缩气体,工程上常采用多(分)级压缩中间冷却的方法。

多级压缩实际上是若干个单级活塞式压气机的组合,通常在级与级之间进行中间冷却,图 7.7 所示为多级压气机(无余隙)工作的示意图。气体在第一级气缸中被压缩后,排入中间冷却器内,进行冷却之后再进入第二级气缸,再经过压缩、中间冷却,进入下一气缸。$p-v$ 图(见图 7.8(a))上 $a1 2 b$ 是气体在第一气缸中的工作情况。这里所有中间冷却均可认为在压力不变的情况下进行,这个冷却的热力过程相当于图上的 2→2′过程线。

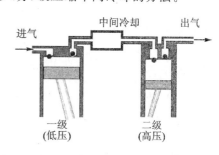

图 7.7 分级压缩

而 $b 2′ 3 c$ 是第二气缸工作情况,3→3′是第二次中间冷却的热力过程,其余可类推。假设各级压缩过程均为多变指数 n 相同的多变过程,并且各级冷却后的温度均为进入第一气缸的外界大气温度 T_1,即

$$T_1 = T_{2'} = T_{3'} = \cdots$$

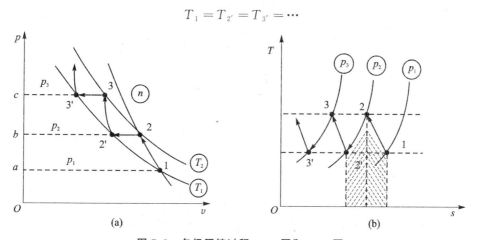

图 7.8 多级压缩过程 $p-v$ 图和 $T-s$ 图

以两级压缩为例,则各级压气机所耗之功分别为(绝对值)

Ⅰ 级:

$$W_{C,\mathrm{I}} = \frac{n}{n-1}(p_2V_2 - p_1V_1)$$

$$= \frac{n}{n-1}mR_g(T_2 - T_1)$$

$$= \frac{n}{n-1}mR_gT_1\left(\frac{T_2}{T_1} - 1\right) \tag{1}$$

$$= \frac{n}{n-1}mR_gT_1\left[\left(\frac{p_2}{p_1}\right)^{\frac{n-1}{n}} - 1\right]$$

II 级:

$$W_{C,\mathrm{II}} = \frac{n}{n-1}(p_3V_3 - p_{2'}V_{2'})$$

$$= \frac{n}{n-1}mR_g(T_3 - T_{2'}) \tag{2}$$

$$= \frac{n}{n-1}mR_gT_1\left[\left(\frac{p_3}{p_2}\right)^{\frac{n-1}{n}} - 1\right]$$

则总的耗费功为

$$W_{\mathrm{total}} = W_{C,\mathrm{I}} + W_{C,\mathrm{II}} = \frac{n}{n-1}mR_gT_1\left[\left(\frac{p_2}{p_1}\right)^{\frac{n-1}{n}} + \left(\frac{p_3}{p_2}\right)^{\frac{n-1}{n}} - 2\right] \tag{3}$$

对式(3)中 p_2 进行求导并使之等于零,可得到耗功最小的中间压力为

$$p_2 = \sqrt{p_1 p_3} \quad \text{或} \quad \frac{p_2}{p_1} = \frac{p_3}{p_2}$$

当采用 N 级压缩时,每级增压比满足以下的关系时:

$$\frac{p_2}{p_1} = \frac{p_3}{p_2} = \frac{p_4}{p_3} = \cdots = \frac{p_N}{p_{N+1}} = \sqrt[N]{\frac{p_{N+1}}{p_1}} = \pi \tag{4}$$

多级压气机的总功 W_{total} 为最小值。下面分析在满足(4)条件下所得到的各种关系:

$$\frac{p_2}{p_1} = \pi = \left(\frac{T_2}{T_1}\right)^{\frac{n}{n-1}}$$

$$\frac{p_3}{p_2} = \pi = \left(\frac{T_3}{T_2}\right)^{\frac{n}{n-1}}$$

$$\frac{p_4}{p_3} = \pi = \left(\frac{T_4}{T_3}\right)^{\frac{n}{n-1}}$$

应用(4)的关系可得:

$$\frac{T_2}{T_1} = \frac{T_3}{T_{2'}} = \frac{T_4}{T_{3'}} = \cdots \tag{5}$$

或

$$T_2 = T_3 = T_4 = \cdots \tag{6}$$

即每级排出气体的温度均相同,将(6)代入(2)可得:

$$W_{C,\mathrm{I}} = W_{C,\mathrm{II}} = \cdots \tag{7}$$

即每级压气机的耗功也彼此相同。因而

$$W_{\mathrm{total}} = NW_{C,\mathrm{I}} \tag{7-9}$$

其中，N 为压气机级数。

采用分级压缩、中间冷却时，随着级数的增加，总的压缩过程向定温压缩过程靠近（见图 7.8），压气机耗功也更小。

例 7-1 $p_1=1\times 10^5$ Pa，$t_1=50$ ℃，$V_1=0.032$ m^3 的空气进入压气机按多变过程压缩至 $p_2=32\times 10^5$ Pa，$V_2=0.0021$ m^3。试求：①多变指数 n；②压气机的耗功；③压缩终了空气温度；④压缩过程中传出的热量。

解：①多变指数

$$\frac{p_2}{p_1}=\left(\frac{V_1}{V_2}\right)^n$$

$$n=\frac{\ln\dfrac{p_2}{p_1}}{\ln\dfrac{V_1}{V_2}}=\frac{\ln\dfrac{32\times 10^5\text{ Pa}}{1\times 10^5\text{ Pa}}}{\ln\dfrac{0.032\text{ m}^3}{0.0021\text{ m}^3}}=1.2724$$

② 压气机的耗功

$$W_t=\frac{n}{n-1}(p_1V_1-p_2V_2)$$

$$=\frac{1.2724}{1.2724-1}\times(1\times 10^5\text{ Pa}\times 0.032\text{ m}^3-32\times 10^5\text{ Pa}\times 0.0021\text{ m}^3)$$

$$=-16.44\times 10^3\text{ J}$$

$$=-16.44\text{ kJ}$$

③ 压缩终温

$$T_2=T_1\left(\frac{p_2}{p_1}\right)^{\frac{n-1}{n}}=(50+273)\text{ K}\times\left(\frac{32\times 10^5\text{ Pa}}{1\times 10^5\text{ Pa}}\right)^{0.2724/1.2724}=677.6\text{ K}$$

④ 压缩过程传热量

$$Q=\Delta H+W_t=mc_p(T_2-T_1)+W_t$$

$$m=\frac{p_1V_1}{R_gT_1}=\frac{1\times 10^5\text{ Pa}\times 0.032\text{ m}^3}{287\text{ J/(kg}\cdot\text{K)}\times 323\text{ K}}=3.552\times 10^{-2}\text{ kg}$$

于是

$$Q=3.552\times 10^{-2}\text{ kg}\times 1004\text{ J/(kg}\cdot\text{K)}\times(677.6-323)\text{ K}-16.44\times 10^3\text{ J}$$

$$=3.80\times 10^3\text{ J}$$

$$=3.80\text{ kJ}$$

例 7-2 空气初态为 $p_1=0.1$ MPa、$t_1=20$ ℃，经三级压缩压力达到 12.5 MPa。设空气进入各级气缸时温度相同，各级多变指数均为 1.3，各级中间压力按压气机耗功最小原则确定。若压气机每小时产出压缩空气 120 kg，求：①各级排气温度及压气机的最小功率；②倘若改为单级压缩，多变指数 n 仍为 1.3，压气机耗功及排气温度是多少？

解：① 压气机耗功最小时各级压力比相等，且为

$$\pi_i=\sqrt[3]{\frac{p_4}{p_1}}=\sqrt[3]{\frac{12.5\text{ MPa}}{0.1\text{ MPa}}}=5$$

各级排气温度相等，即

$$T_2=T_3=T_4=T_1\left(\frac{p_2}{p_1}\right)^{\frac{n-1}{n}}=T_1(\pi_i)^{\frac{n-1}{n}}=(273+20)\text{ K}\times 5^{\frac{1.3-1}{1.3}}=424.8\text{ K}$$

各级耗功相同,故压气机耗功率 P_C 为各级功率 $P_{C,i}$ 之和,即

$$P_C = NP_{C,i} = Nm\dot{}W_{C,i} = zq_m \frac{n}{n-1} R_g T_1 \left[\pi_1^{\frac{n-1}{n}} - 1\right]$$

$$= \frac{3 \times 1.3}{1.3-1} \times \frac{120}{3\,600}\ \mathrm{kg/s} \times 0.287\ \mathrm{kJ/(kg \cdot K)} \times 293\ \mathrm{K} \times \left[5^{(1.3-1)/1.3} - 1\right]$$

$$= 16.39\ \mathrm{kW}$$

② 单级压缩排气温度

$$\pi = \frac{12.5\ \mathrm{MPa}}{0.1\ \mathrm{MPa}} = 125$$

$$T_2 = T_1 \left(\frac{p_2}{p_1}\right)^{\frac{n-1}{n}} = T_1 \pi^{\frac{n-1}{n}} = 293\ \mathrm{K} \times 125^{\frac{1.3-1}{1.3}} = 892.8\ \mathrm{K}$$

功率为

$$P_C = \dot{m}w_C = \dot{m} \frac{n}{n-1} R_g T_1 \left[\pi_1^{\frac{n-1}{n}} - 1\right]$$

$$= \frac{1.3}{1.3-1} \times \frac{120}{3\,600}\ \mathrm{kg/s} \times 0.287\ \mathrm{kJ/(kg \cdot K)} \times 293\ \mathrm{K} \times \left[125^{(1.3-1)/1.3} - 1\right]$$

$$= 24.87\ \mathrm{kW}$$

上述计算表明,单级压气机不仅比多级压气机消耗更多的功,而且排气温度大大提高,这将会造成润滑油变质,甚至引起自燃爆炸。此外,对制造压气机的材质也要求更高。

7.2 叶轮式压气机和涡轮

从热力学分析的角度来看,叶轮式压气机及涡轮在整体的热力特性上有许多相似之处,根据它们的实际工作情况,可采用以下假设条件把它们近似看作可逆的理想过程:①除了短暂的启动、停车及改变负荷等,都在稳定连续地工作,满足稳态流动的条件;②流经叶轮机械的工质可视为定比热容的理想气体;③假定过程是绝热的和可逆的;④叶轮式压气机和涡轮进出口截面上的动能、位能变化可忽略不计。

7.2.1 叶轮式压气机

与活塞式压气机相比,从叶轮式压气机的具体结构来看,叶轮式压气机在气体压缩过程中几乎无法向外界散热,或者说其散热量与其得到的功相比较小,可以忽略。而且受于重量的限制,航空发动机中的离心式和轴流式压气机也几乎无法进行中间冷却。因此,一般将叶轮式压气机的压缩过程看作是绝热过程。

1. 理想工作过程热力分析

叶轮式压气机的理想工作过程可当作是理想气体稳定流动的可逆绝热过程,即定熵过程,可根据开口系统稳定流动能量守恒方程和等熵过程的过程方程分析。

图7.9(a)所示为叶轮式压气机的热力学模型图,1 和 2 表示工质通过压气机进/出口截面时的状态,气体在压气机中压缩体积减小,因此压气机模型图示意的流通面积是从大到小的。w_c 为压气机压缩单位工质的耗功,为负,与活塞式压气机定熵过程所耗功相同。图7.9(b)和(c)为压气机可逆定熵压缩过程的 p-v 图和 T-s 图。

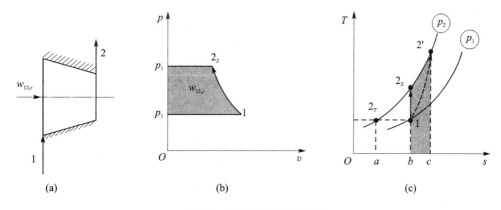

图 7.9 压气机热力过程图

根据气体稳定流动的能量守恒方程,气体的宏观动能、位能变化相比耗功小很多,因此可忽略,故在绝热条件下压缩单位工质的耗功为

$$w_c = w_s = h_2 - h_1$$

对于定比热容理想气体,定熵压缩过程的压气机耗功为

$$w_{c,s} = h_2 - h_1 = c_p(T_2 - T_1) = \frac{k}{k-1} R_g T_1 \left[\left(\frac{p_2}{p_1}\right)^{\frac{k-1}{k}} - 1 \right]$$

$$= \frac{k}{k-1} R_g T_1 ((\pi_c)^{\frac{k-1}{k}} - 1) \tag{7-10}$$

其数值与活塞式压气机定熵压缩耗功相同,数值上等于定熵过程的技术功,如图 7.9(b)所示。其中,π_c 为增压比。

压气机各流通截面上的热力学参数可按定熵方程 $pv^k = C$ 得出,即

$$\frac{T_2}{T_1} = \left(\frac{p_2}{p_1}\right)^{\frac{k-1}{k}} = (\pi_c)^{\frac{k-1}{k}}, \quad \frac{T_2}{T_1} = \left(\frac{v_1}{v_2}\right)^{k-1} \tag{7-11}$$

气体在压气机中 $h_1 < h_2$,$T_1 < T_2$,$p_1 < p_2$,焓、温度及压力均上升,体积减小。

2. 压气机实际工作过程及绝热效率

叶轮式压气机由于其气流与叶片的摩擦大,故其在压缩过程中的不可逆损失比活塞式压气机大,在实际工作中要考虑这一不可逆损失的影响。通常看作有摩擦的绝热过程,即不可逆绝热过程,其熵要增加,如图 7.9(c)上的虚线 $1 \to 2'$ 所示,$1 \to 2_s$ 为理想的定熵过程。

定熵压缩耗功及不可逆绝热压缩的实际功可以在 $T-s$ 图上用相应的等效面积来表示其绝对值大小。假设理想工作过程和实际工作过程的耗功分别为 $w_{c,s}$ 及 w_c',通过点 1 做定温线与 p_2 的定压线交于点 2_T,$T_1 = T_{2T}$,则

$$|w_{c,s}| = h_{2s} - h_1 = h_{2s} - h_{2T}$$
$$|w_c'| = h_2' - h_1 = h_2' - h_{2T}$$

由于 2_T、2_s 及 $2'$ 均在同一定压线上,按照理想气体定压过程的热力学第一定律解析式的具体关系,可用定压线下所包围的面积来表示焓差,则 $A_{a2_T 2_s ba}$ 为定熵压缩耗功,$A_{a2_T 2'ca}$ 为不可逆绝热压缩耗功,即

$$|w_{c,s}| = h_{2s} - h_{2T} = A_{a2_T 2_s ba}$$
$$|w_c'| = h_2' - h_{2T} = A_{a2_T 2'ca} \tag{7-12}$$

则实际过程多耗的功为

$$\Delta w = |w_c'| - |w_{c,s}| = A_{2'cb2_s2'}$$

因为定熵压缩功总是比实际压缩功小,所以通常以定熵压缩功作为理想的比较标准。衡量叶轮式压气机经济性指标之一的是压气机绝热效率,它的定义为

$$\eta_c = \frac{\text{定熵压缩功 } w_{c,s}}{\text{实际压缩功 } w_c'} \tag{7-13}$$

由上式看出,η_c 总是小于1的,η_c 值越大,表明压气机所耗的功越接近理想的定熵压缩功。航空发动机的压气机绝热效率 η_c 约在 0.88～0.91 的范围内。将相应的焓差代入式(7-13)可有

$$\eta_c = \frac{h_{2_s} - h_1}{h_2' - h_1} \tag{7-14}$$

对于定值比热容理想气体,可有

$$\eta_c = \frac{T_{2_s} - T_1}{T_2' - T_1} \tag{7-15}$$

在已知压气机绝热效率时,可利用上式求取不可逆绝热压缩过程的终态温度。

7.2.2 涡轮

涡轮是与压气机功能相反的另一种机械,以消耗工质携带能量为代价对外做功,也称为透平。涡轮与叶轮式压气机不仅功能相反,其所利用的工作原理也正好相反。涡轮是以叶轮旋转方式工作,利用气体膨胀的反冲作用推动叶片,进而带动转子旋转,对外输出轴功。

与叶轮式压气机一样,气体在涡轮中流动时其对外散热与所做功相比很小,可以看作绝热过程,其进出口截面动能、位能的变化相对做功也较小,可忽略不计。

1. 理想工作过程热力分析

图 7.10(a)所示为涡轮的热力学模型图,1 和 2 表示工质通过涡轮进出口截面时的状态,气体在涡轮中膨胀,体积增大,因此涡轮模型图示意的流通面积是从小到大的。w_T 为单位工质涡轮输出的轴功,为正。图 7.10(b)和(c)所示为涡轮可逆定熵膨胀过程的 $p-v$ 图和 $T-s$ 图。

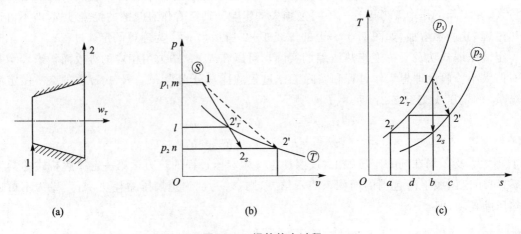

图 7.10 涡轮热力过程

根据开口系统稳定流动能量方程,绝热条件下涡轮功为

$$w_{T,s}=h_1-h_2 \tag{7-16}$$

对于定比热容理想气体,涡轮各流通截面上热力学参数按定熵方程 $pv^k=C$ 可得出,即

$$\frac{T_1}{T_2}=\left(\frac{p_1}{p_2}\right)^{\frac{k-1}{k}}=(\pi_T)^{\frac{k-1}{k}}, \quad \frac{T_1}{T_2}=\left(\frac{v_2}{v_1}\right)^{k-1} \tag{7-17}$$

式中,π_T 为涡轮进出口的压力比值,称为涡轮的降压比或落压比。在涡轮中 $h_2<h_1$,$T_2<T_1$,$p_2<p_1$,焓、温度及压力均下降,体积膨胀。如果涡轮气体流动动能与所做功相比很小,则可忽略,有

$$\begin{aligned} w_{T,s} &= h_1-h_2 = c_p(T_1-T_2) = \frac{kR_g}{k-1}(T_1-T_2) = \frac{k}{k-1}R_g T_1\left(1-\frac{T_2}{T_1}\right) \\ &= \frac{k}{k-1}R_g T_1\left(1-\frac{1}{\pi_T^{\frac{k-1}{k}}}\right) \end{aligned} \tag{7-18}$$

式(7-18)表明,理想涡轮功随着进口温度 T_1 和涡轮降压比 π_T 的增大而增大。涡轮就是通过气体膨胀把气体的焓转变成技术功。

2. 涡轮实际工作过程及内效率

涡轮由于其气流速度大、摩擦大,膨胀过程中也存在较大的不可逆损失,造成熵产。图 7.10 所示为涡轮中气体的膨胀过程,图中 $1\rightarrow 2_s$ 为理想定熵膨胀过程,$1\rightarrow 2'$ 为实际中的不可逆绝热膨胀过程。因为过程中熵增加,所以 $2'$ 位于定熵膨胀终态 2_s 的右侧。

分析比较时,定熵膨胀过程可作为理想工作过程,它输出的功为 $w_{T,s}$,并可在 $p-v$ 图上用相应的面积表示,即

$$w_{s,T}=h_1-h_{2s}=A_{m12_snm}$$

而实际不可逆绝热膨胀的涡轮功为

$$w'_T=h_1-h'_2=h_1-h_{2'_T}=-\int_1^{2'_T}v\mathrm{d}p=A_{m12'_Tlm}$$

这里 $2'$ 与 $2'_T$ 在同一条定温线(T)上,由图可看出 $w_{T,s}>w'_T$,则

$$\Delta w = w_{T,s}-w'_T = A_{l2'_T 2_s nl}$$

由于摩擦耗散等不可逆因素的存在,故实际涡轮功比定熵涡轮功少一块相当于面积 $l2'_T 2_s nl$ 的功。

在 $T-s$ 图上也可用面积表示定熵涡轮功及实际不可逆绝热涡轮功,它们是

$$\begin{aligned} w_{T,s} &= h_1-h_{2s}=h_1-h_{2_T}=A_{1ba2_T1} \\ w'_T &= h_1-h'_2=h_1-h_{2'_T1}=A_{1bd2'_T1} \end{aligned} \tag{7-19}$$

这里 $2'$ 及 $2'_T$ 在同一定温线上,2_T 及 2_s 同在另一定温线上。又

$$\Delta w = w_{T,s}-w'_T = A_{ad2'_T 2_T a} = A_{m12'_T lm}$$

不可逆损失用涡轮内效率来衡量,定义如下:

$$\eta_T = \frac{\text{实际涡轮功 } w'_T}{\text{定熵涡轮功 } w_{T,s}} = \frac{h_1-h'_2}{h_1-h_{2s}} = \frac{T_1-T'_2}{T_1-T_{2s}} \tag{7-20}$$

η_T 反映了实际膨胀过程的不可逆性,与涡轮的设计和制造精度有关。由于气体在膨胀过程中的不可逆性比压缩过程小,故一般 η_T 比 η_c 大一些,现代涡轮的 η_T 可达 0.90~0.95。

例 7-3 某型涡轮喷气发动机的进口参数为 $p_1=7.848$ bar, $T_1=1\,073$ K,燃气在涡轮

内膨胀至出口压力 $p_2' = 3.629$ bar,现在考虑由于气流在涡轮中有损失,使能量在膨胀过程中损失 17.658 kJ/kg。涡轮进出口动能、位能变化可忽略不计,试结合 $T-s$ 图分析计算:

① 如果按定熵膨胀(无损失),涡轮出口温度是多少?定熵功是多少?设 $c_p = 1.1639$ kJ/(kg·K)。

② 由于有损失,涡轮实际出口温度是多少?

③ 涡轮的绝热效率。

解: ① 定熵出口温度:

$$T_2 = T_1 \cdot \left(\frac{p_2'}{p_1}\right)^{(k-1)/k} = 1073 \times \left(\frac{3.629}{7.848}\right)^{(1.33-1)/1.33} = 885 \text{ K}$$

定熵涡轮功由式(7-19)可得

$$w_{s,T} = c_p(T_1 - T_2) = 1.1639 \times 10^3 \times (1073 - 885) = 218.8 \text{ kJ/kg}$$

② 实际出口温度 T_2' 可借助于图 7.11 中能量损失求得:

因为 $$q_1 = c_p(T_2' - T_2)$$

所以 $$T_2' = \frac{q_1}{c_p} + T_2 = \frac{17.658}{1.1639} + 885 = 900.2 \text{ K}$$

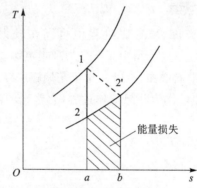

图 7.11 涡轮热力图

③ 由式(7-20)可得

$$\eta_T = \frac{T_1 - T_2'}{T_1 - T_2} = \frac{1073 - 900.2}{1073 - 885} = 0.919$$

例 7-4 某型发动机的轴流式压气机第一级进、出口空气参数为 $p_1 = 0.877$ bar,$T_1 = 276$ K,$p_2' = 1.037$ bar,已知压气机的热效率 $\eta_c = 0.88$,忽略进出口动能位能、变化,试计算压缩单位流量工质时 ($c_p = 1.019$ kJ·kg^{-1}·K^{-1}):

① 该级出口温度 T_2';
② 该级所消耗的压气机功 w_c';
③ 若按定熵压缩,所消耗的压气机功 $w_{c,s}$;
④ 若环境温度 $t_0 = 20$ ℃,求实际压缩的做功能力损失 I。

解: ① 先求出定熵压缩终态温度 T_2:

$$T_2 = T_1\left(\frac{p_2'}{p_1}\right)^{(k-1)/k} = 276 \times \left(\frac{1.037}{0.877}\right)^{(1.4-1)/1.4} = 290 \text{ K}$$

实际出口的温度 T_2':

$$\eta_c = \frac{T_2 - T_1}{T_2' - T_1}$$

$$T_2' = T_1 + \frac{T_2 - T_1}{\eta_c} = 276 + \frac{290 - 276}{0.88} = 292 \text{ K}$$

② 由式(7-12)可得实际压缩过程的耗功为

$$|w_c'| = c_p(T_2' - T_1) = 1.019 \times (292 - 276) = 16.3 \text{ kJ/kg}$$

③ 理想等熵压缩过程的耗功为

$$|w_{c,s}| = c_p(T_2 - T_1) = 1.019 \times (290 - 276) = 14.266 \text{ kJ/kg}$$

④ 参照图 7.12 可知，实际过程的熵增为

$$\Delta s = c_p \ln \frac{T_2'}{T_2} - R_g \ln \frac{p_2'}{p_2}$$

$$= c_p \ln \frac{T_2'}{T_2}$$

$$= 1.019 \times \ln \frac{292}{290}$$

$$= 0.007 \text{ kJ/(kg·K)}$$

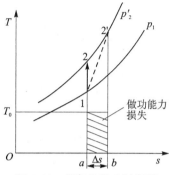

图 7.12 压气机热力过程图

做功能力损失为

$$\dot{I} = T_0 \Delta S_{\text{iso}} = T_0 \Delta s = 293 \times 0.007 = 2.05 \text{ kJ/kg}$$

思 考 题

7-1 定熵流动与非定熵流动是怎样一种流动？非定熵流动就一定是不可逆绝热流动吗？

7-2 考虑活塞式压气机的余隙容积的影响，压气机的耗功和产气量如何变化？

7-3 利用人力打气筒为车胎打气时用湿布包裹气筒的下部，会发现打气时轻松了一点，工程上压气机气缸常以水冷却或气缸上有肋片，为什么？

7-4 活塞式压气机生产高压气体为什么要采用多级压缩及级间冷却的工艺？如果由于应用气缸冷却水套或其他冷却方法，气体在压气机气缸中已经能够按定温过程进行压缩，这时是否还需要采用分级压缩？为什么？

7-5 说从热力学观点来看，为什么活塞式压气机与叶轮式压气机的工作过程原则上是相同的？

7-6 在不可逆绝热过程中，不可逆因素分别对压缩过程和膨胀过程有何影响？试结合 p-v 图及 T-s 图分析。

习 题

7-1 某单级活塞式压气机吸入的空气参数为 $p_1 = 0.1$ MPa，$t_1 = 50$ ℃，$V_1 = 0.032$ m³，经多变压缩 $p_2 = 0.32$ MPa，$V_2 = 0.012$ m³。求：①压缩过程的多变指数；②压缩终了空气温度；③所需压缩功；④压缩过程中传出的热量。

7-2 压气机中气体压缩后的温度不宜过高，若取极限值为 150 ℃，某单缸压气机吸入空气的压力和温度为 $p_1 = 0.1$ MPa，$t_1 = 20$ ℃，吸气量为 250 m³/h，若压气机中缸套流过冷却水 465 kg/h，温升为 14 ℃。求：①空气可能达到的最高压力；②压气机必需的功率。

7-3 空气初态为 $p_1=0.1$ MPa,$t_1=20$ ℃,经过三级活塞式压气机后,压力提高到 12.5 MPa,假定各级压力比相同,各级压缩过程的多变指数 $n=1.3$。试求:①生产 1 kg 压缩空气理论上应消耗的功;②各级气缸出口的温度;③如果不用中间冷却器,压气机消耗的功及各级气缸出口温度;④若采用单级压缩,压气机消耗的功及气缸出口温度。

7-4 一台两级压气机的示功图如图 7.8 所示,若此压气机吸入空气的温度是 $t_1=17$ ℃,$p_1=0.1$ MPa,压气机将空气压缩到 $p_3=2.5$ MPa,压气机的生产量为 500 m³/h(标准状态下),两个气缸中的压缩过程均按多变指数 $n=1.25$ 进行。以压气机所需要的功量最小作为条件,试求:①空气在低压气缸中被压缩后所达到的压力 p_2;②压气机中气体被压缩后的最高温度 t_2 和 t_3;③设压气机转速为 250 r/min,每个气缸在每个进气冲程中吸入的空气体积 V_1 和 V_2;④每级压气机中每小时所消耗的功 W_1 和 W_2,以及压气机所消耗的总功 W;⑤空气在中间冷却器及两级气缸中每小时放出的热量。

7-5 某活塞式空气压缩机容积效率为 $\eta_V=0.95$,每分钟吸进 $p_1=0.1$ MPa,$t=21$ ℃的空气 14 m³,压缩到 0.52 MPa 输出,设压缩过程可视为等熵压缩,求:①余隙容积比;②所需输出入功率。

7-6 轴流式压气机每分钟吸入 $p_1=0.1$ MPa,$t_1=20$ ℃的空气 1 200 kg,经绝热压缩到 $p_2=0.6$ MPa,该压气机的绝热效率为 0.85,求:①出口处气体的温度及压气机所消耗的功率;②过程的熵产率及㶲损失($T_0=293.15$ K)。

7-7 发动机流量为 13.28 kg/s,压气机前空气参数为 $p_1=0.894$ bar,$T_1=288$ K,压气机后截面参数为 $p_2=6.3$ bar,$T_2=534$ K;压气机增压比 $\pi_c=p_2/p_1=6.45$,试计算:①压气机消耗的功率;②压气机的绝热效率;③压缩过程的多变指数。

7-8 某发动机涡轮前燃气参量为 675 ℃,5.06 bar,95 m/s,经涡轮膨胀后参量为 480 ℃,1.09 bar,263 m/s,若流量为 4.5 kg/s,求涡轮的输出功率及绝热效率。设 $c_p=1.09$ kJ/(kg·K)。

7-9 某发动机试车时测得涡轮进口参数:$t_1=20$ ℃,$p_1=1$ bar,$c_{f1}=10$ m/s;出口:$p_2=3$ bar,$t_2=150$ ℃,$c_{f2}=50$ m/s。求:①每千克空气所消耗的功;②绝热效率;③熵的变化。

7-10 某型发动机的燃气量为 4.5 kg/s,涡轮前燃气总参数为 950 K,5.08 bar;涡轮出口总压降到 1.05 bar,若已知涡轮绝热效率为 0.91,试计算涡轮的功率及涡轮后气流的温度。

7-11 燃气进入汽轮机时 $T_1=1\,000$ K;出口为 $p_2=1$ bar,$T_2=670$ K,$c_{f2}=150$ m/s,忽略进口速度,出口截面积为 0.1 m²,若散热损失约为轴功的 5%,试计算轴功率。燃气:$c_p=1.15$ kJ/(kg·K),$R=0.29$ kJ/(kg·K)。

7-12 1 kg 空气自 $p_1=6$ bar,$T_1=1\,200$ K 进入涡轮绝热膨胀到 $p_2=1$ bar。若已知涡轮功 $W_T=404$ kJ/kg,忽略动能变化,试计算该过程的熵产,并将此过程表示在 $T-s$ 图上。设 $c_p=1.01$ kJ/(kg·K),$R=0.286$ kJ/(kg·K)。

7-13 某发动机试车时测得涡轮进口参数:$T_3=1\,058$ K,$p_3=6.16$ bar;涡轮出口参数:$p_4=2.03$ bar,$T_4^*=838$ K,$T_4=838$ K,燃气流量为 13.28 kg/s。计算:①涡轮发出的功率;②多变指数;③绝热效率。设 $c_p=1.09$ kJ/(kg·K)。

第 8 章 管道内的气体流动

在一般工业设备中,经常遇到气体在管道中流动的装置,如喷管、扩压管等。在热力工程中,气体在设备或管道中流动,如果没有明显的热量交换,通常将其理想化为可逆绝热过程来处理,即定熵流动。本章首先从气体流动的基本方程入手,介绍气体流动常用的物理量,然后着重分析定熵流动,接着介绍气体在喷管中的流动,最后简要地分析有摩擦的绝热流动和绝热节流。

8.1 一维稳定流动的基本方程

8.1.1 假定条件

为建立普遍意义上的基本方程,分析管道内流动问题时采用以下假设:

① 本章讨论的流动假定为稳定连续的流动,流道中任何位置上气体的状态及流速、质量流量等都不随时间变化,所有参数始终保持稳定。只有在沿着流动的方向上才有工质流速及状态参数的变化,且在垂直于流动方向的同一截面上流速及状态参数的分布是均匀一致的。

② 除特殊说明,流动工质都假定是定值比热容理想气体。

③ 流动过程是绝热的。

④ 不考虑由高度差引起的势能变化,以及摩擦、湍流耗散等不可逆因素,流动过程是可逆的。

为便于研究,以上假设大大降低了流动问题的复杂性。基于以上假设,许多工程设备在正常运行情况下,可以近似按一维稳定流动的假设来分析。图 8.1 所示为一维管道流动简图,进口和出口截面分别为截面 1-1 和截面 2-2,对应的截面参数分别用下标 1 和 2 表示。

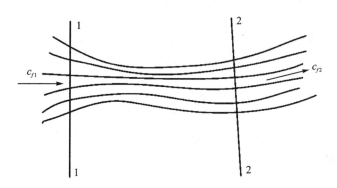

图 8.1 一维稳定流动

8.1.2 基本方程

分析气体稳定流动所依据的基本原理是质量守恒定理,能量守恒定理(热力学第一定律),

热力学第二定律及状态方程。

在上述假设条件下,相应的具体关系式有:

① 连续方程。

根据质量守恒定理,稳定流动中任一截面的质量流量均相等且为定值,不随时间变化。故

$$\dot{m}_1 = \dot{m}_2 = \dot{m} = \rho c_f A = \rho_1 c_{f,1} A_1 = \rho_2 c_{f,2} A_2 = 常数$$

或

$$\dot{m}_1 = \dot{m}_2 = \dot{m} = \frac{c_f A}{v} = \frac{c_{f,1} A_1}{v_1} = \frac{c_{f,2} A_2}{v_2} = 常数 \quad (8-1)$$

将上式微分得:

$$\frac{d\rho}{\rho} + \frac{dc_f}{c_f} + \frac{dA}{A} = 0 \quad 或 \quad -\frac{dv}{v} + \frac{dc_f}{c_f} + \frac{dA}{A} = 0 \quad (8-2)$$

② 能量方程。

在任一流道内做稳定流动的工质都服从稳定流动能量守恒方程,即

$$q = \Delta h + \frac{c_{f,2}^2 - c_{f,1}^2}{2} + g(z_2 - z_1) + \omega_s$$

正如前文所述,在喷管或扩压管的管道流动中,由于流道较短,工质流速较高,故工质与外界几乎无热交换,又不对外做轴功,势能差可忽略不计。故 $q=0, \omega_s=0$,对于这种理想化的绝热流动,上式可简化为

$$0 = h_2 - h_1 + \frac{c_{f,2}^2 - c_{f,1}^2}{2}$$

将上式微分得:

$$0 = dh + c_f dc_f \quad (8-3)$$

③ 定熵过程方程。

流动过程中绝热且不考虑摩擦和扰动,则过程为可逆绝热过程,所以任意两个截面上状态参数的关系满足定熵过程方程,对定比热容的理想气体有

$$pv^k = p_1 v_1^k = p_2 v_2^k = 常数$$

将上式微分得:

$$\frac{dp}{p} + k \frac{dv}{v} = 0 \quad (8-4)$$

④ 理想气体状态方程。

$$pv = R_g T$$

将上式微分得:

$$\frac{dp}{p} + \frac{dv}{v} = \frac{dT}{T} \quad (8-5)$$

连续方程、稳定流动能量方程、可逆绝热过程方程和理想气体状态方程是分析理想气体一维、稳定、不做功的可逆绝热流动过程的基本方程组。

8.2 物理量概念

8.2.1 声 速

声音的发生是由于物体振动而产生的。物体振动在周围介质(气体、液体或固体)中产生

一种小的压力扰动(声波),它以取决于介质属性的传播速度通过介质。由于振动对介质(气体、液体或固体)的扰动所引起的状态参数变化很小,所以声音的发生是一种微弱的扰动,而声速就是弱扰动波在介质中传播的速度。

为了清晰展示声速公式的推导,以一个绝热长直管中的气体为例。管的左端用一活塞轻轻地扰动气体 dc_f(见图 8.2(a)),这个扰动将以声速一层一层地向右推进,也就是扰动波的波头以声速 a 向前推进。所谓波头,实际上就是扰动与未被扰动区域的分界面。

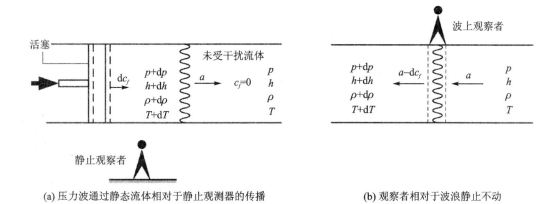

(a) 压力波通过静态流体相对于静止观测器的传播　　　(b) 观察者相对于波浪静止不动

图 8.2　微弱扰动波的传播

波头尚未到达的管中右边为未受干扰的气体,其状态参数为 p、ρ、h、T;而波头经过的左边扰动区内的气体由于受到微弱扰动而产生微元变化,即变为 $p+dp$、$\rho+d\rho$、$h+dh$、$T+dT$。如果在波头两侧划出一个微元控制体(见图 8.2(b)中虚线包围部分),让观察者站在运动的控制体上,假设观察者和控制体静止。这时他将看到右边气体(原来是静止的)以声速 a 向控制体冲过来,而左边气体则以 $a-dc_f$ 的速度向左离开控制体。

对于波头微元控制体,根据能量守恒方程有:

$$h + \frac{a^2}{2} = h + dh + \frac{(a-dc_f)^2}{2}$$

$$dh - a\,dc_f = 0 \tag{8-6a}$$

其中,$\omega_s = 0$,$q = 0$ 且忽略了高阶微元量 $(dc_f)^2$。

依据连续方程

$$\rho a A = (\rho + d\rho)(a - dc_f)A$$

其中,A 是管的截面积。若忽略高阶微元量,得

$$a\,d\rho - \rho\,dc_f = 0 \tag{8-6b}$$

根据热力学第一定律解析式(2-32),且认为弱扰动是可逆绝热的,则有

$$dh = v\,dp = \frac{dp}{\rho} \tag{8-6c}$$

由式(8-6a)、式(8-6b)及式(8-6c)可得

$$a^2 = \left(\frac{dp}{d\rho}\right)_s = \left(\frac{\partial p}{\partial \rho}\right)_s$$

所以声速方程为

$$a = \sqrt{\left(\frac{\partial p}{\partial \rho}\right)_s} = \sqrt{-v^2\left(\frac{\partial p}{\partial v}\right)_s} \tag{8-7}$$

对于理想气体定熵过程（$pv^k=$常数）可有

$$\left(\frac{\partial p}{\partial \rho}\right)_s = k\frac{p}{\rho} = kR_gT$$

代入式(8-7)得到理想气体声速公式为

$$a = \sqrt{kR_gT} \tag{8-8}$$

由式(8-8)可知，声速与气体的温度有关，因此理想气体的声速是状态参数，当流场中任意一点的状态不同时，其声速也不同，所以称某一点的声速为当地声速，以区别不同状态下的声速。如地面和高空大气的温度不同，它们的声速也不同；又如喷气式发动机主流气体通道内，各流通段上的气流温度不同（如压气机、燃烧室、涡轮等），因此相应流通段上的声速各异。

若工质为水蒸气，则其当地声速为

$$a = \sqrt{kpv} \neq \sqrt{kR_gT}, \quad k \neq \frac{c_p}{c_V}$$

声速概念在气体流动的分析和计算中非常重要，它不仅表示压力波（弱扰动）的传递速度，同时它还反映出介质的可压缩性。介质的可压缩性可理解为：假定介质原来的压力和密度分别是 p 和 ρ，由于某种原因（如扰动），其压力变为 $p+\mathrm{d}p$，由此介质密度变为 $\rho+\mathrm{d}\rho$，于是用增量比 $\mathrm{d}\rho/\mathrm{d}p$ 作为介质可压缩性的度量，它越大，表明这种介质受到压缩后密度变化越大。所以声速公式(8-7)可以用来表示介质可压缩性。声速越大，表明这种介质的压缩性越小；反之，声速越小，压缩性就越大。

8.2.2 马赫数

在研究气体流动问题时，有时还用气体速度与当地声速的比值来表示流体的可压缩性，这就是马赫数，为无量纲数，用 Ma 表示，它的定义是

$$Ma = \frac{c_f}{a} \tag{8-9}$$

式中，c_f 和 a 分别是气体流速及当地声速。

由上式可以看出，当 $c_f>a$ 时，$Ma>1$，称为超声速；当 $c_f<a$ 时，$Ma<1$，称为亚声速；当 $c_f=a$ 时，$Ma=1$，为声速。马赫数是研究气体流动特性的一个很重要的无量纲参数。

8.2.3 定熵滞止参数

在分析气体流动问题时，常选用定熵滞止状态（简称滞止状态）作为参考状态。滞止状态是假定气流在绝热、无功而且是可逆的流动过程中滞止（速度降为零）时的状态。该滞止过程为可逆绝热过程，即定熵过程，滞止状态时的参数称为滞止参数或总参数。

滞止状态参数/总参数的表示通常是在参数字母的右上角加"*"，如总温 T^*，总压 p^* 等。滞止状态以外的气体真实状态的热力学参数一般称为静参数，气流的总参数与静参数之间的关系如下：

① 总焓与静焓。

由于定熵滞止后速度为零，即 $c_{f2}=0$，此时图 8.1 中的 2 状态即为滞止状态，根据方程式(8-3)，相应的参数可表达为

$$h^* = h + \frac{c_f^2}{2} \tag{8-10}$$

上式表明，气流的总焓等于原来流动着的气体的静焓加上由动能转变来的动焓。由上式还可看出，总焓与静焓之差与气流的速度有关，如果气流速度很小，总、静焓相差也就无几。按上式关系，能量守恒方程可用总焓表示为

$$h_2^* = h_1^* \tag{8-11}$$

② 总温与静温。

对于理想气体，焓只是温度的函数，则由式(8-10)可导出总、静温的关系式为

$$T^* = T + \frac{c_f^2}{2c_p} \tag{8-12}$$

$$\frac{T^*}{T} = 1 + \frac{k-1}{2}Ma^2 \tag{8-13}$$

由上式可以看出，当气流速度 c_f 或 Ma 增大，总、静温之间差距也变大。例如高超声速飞行器以 $Ma=8$ 的速度在 2 km 高空飞行时，周围空气的静温约 $-56\ ℃$，飞行过程中周围气体以 $Ma=8$ 的相对速度在飞行器表面滞止，造成飞行器表面温度上升至 2 000 多摄氏度，所以高超声速飞行器和飞船表面通常采用耐高温材料和表面冷却保护措施。由此看出总、静温概念对高速气流是非常重要的，特别在 Ma 不是很小时，必须把两者区别开来。

③ 总压与静压。

根据式(8-13)很容易导出总、静压之间的关系。因为气流是按定熵过程滞止的，所以有

$$\frac{P^*}{P} = \left(\frac{T^*}{T}\right)^{\frac{k}{k-1}} \tag{8-14}$$

将式(8-13)代入式(8-14)可得

$$\frac{P^*}{P} = \left(1 + \frac{k-1}{2}Ma^2\right)^{\frac{k}{k-1}} \tag{8-15}$$

④ 总比容与静比容。

利用定熵过程关系

$$\frac{v^*}{v} = \left(\frac{p^*}{p}\right)^{\frac{-1}{k}} \tag{8-16}$$

将式(8-15)代入式(8-16)可得

$$\frac{v^*}{v} = \left(1 + \frac{k-1}{2}Ma^2\right)^{\frac{-1}{k-1}} \tag{8-17}$$

对于同一滞止状态，还满足状态方程

$$p^* v^* = R_g T^* \tag{8-18}$$

以上是一维流动中同一截面上总、静参数与 Ma 的关系。必须指出，两个截面之间的流动过程不一定是定熵流动，应根据相应的过程条件来确定两截面之间的具体参数关系。

对每一截面来说，实际可以测得的量通常是总温 T^*、总压 p^* 及静压 p，测静压和测总压不同之处在于前者将测量管轴垂直于气流方向，后者则将管口迎着气流方向。图 8.3 所示就是可以同时测总、静压的皮托管。

须要强调指出，气体在流动中任一点上都有总参数，虽然实际热力过程中可能并没有用某种物体把气流阻滞下来，但作为参考状态的滞止状态是存在于每一个流动状态中的。在分析计算有关气体流动问题时，引进总参数之后将大为简便。例如计算喷气发动机燃烧室中每千克工质的吸热量 q，按照能量守恒方程为

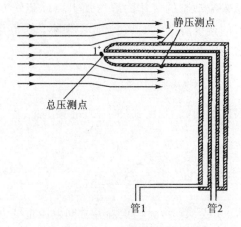

图 8.3 测总、静压的皮托管

$$q = c_p(T_2 - T_1) + \frac{c_{f,2}^2}{2} - \frac{c_{f,1}^2}{2}$$

在实际测量中确定进、出口截面的静温和速度这些量是比较麻烦的,但如果采用总参数按式(8-11)有

$$q = c_p(T_2^* - T_1^*)$$

这里总温 T_2^*、T_1^* 容易测量,采用总参数计算得到的吸热量相同,精度上没有影响,但计算简便。

管道内气流定熵滞止的总参数和静参数可以在 p-v、T-s 及 h-s 图上表示出来,如图 8.4 所示,点 1 表示气流的状态,它所具有的参数是静参数;点 1^* 表示它的定熵滞止状态,它所具有的参数是总参数。从点 1 到点 1^* 的过程为定熵滞止过程,$1 \to 1^*$ 过程线为定熵线。

下面将导出用总参数表示的两个截面状态间的熵变公式,该公式可用来判断总参数的变化。由公式(理想气体热力过程)

$$\Delta s = c_p \ln \frac{T_2}{T_1} - R_g \ln \frac{p_2}{p_1}$$

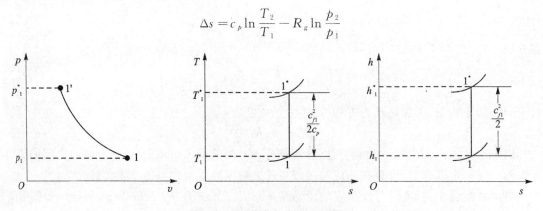

图 8.4 总、静参数在图上的表示

利用式(8-13)和式(8-15),将上式置换为总参数与 Ma 的关系,即

$$\Delta s = c_p \ln \frac{T_2^*}{T_1^*} + c_p \ln \frac{1 + \frac{k-1}{2} M_{a1}^2}{1 + \frac{k-1}{2} M_{a2}^2} - R_g \ln \frac{p_2^*}{p_1^*} -$$

$$\frac{kR_g}{k-1}\ln\frac{1+\dfrac{k-1}{2}M_{a1}^2}{1+\dfrac{k-1}{2}M_{a2}^2}$$

等号右边第二项和第四项相等,符号相反,消去后可得

$$\Delta s = c_p \ln \frac{T_2^*}{T_1^*} - R_g \ln \frac{p_2^*}{p_1^*} \tag{8-19}$$

式中,p_1^*、T_1^* 及 p_2^*、T_2^* 分别是两个截面上气流的总压和总温。

例 8-1 图 8.3 所示的皮托管又叫测风管,管 2 所接压力表读数为 740 mmHg,管 1 所接压力表上的读数为 530 mmHg,环境大气压力为 760 mmHg,求这种情况下的 Ma 数。

解:
$$p^* = 740 + 760 = 1\,500 \text{ mmHg}$$
$$p = 530 + 760 = 1\,290 \text{ mmHg}$$

空气 $k=1.4$,由式(8-15)可得

$$Ma = \sqrt{\frac{2}{k-1}\left[\left(\frac{p^*}{p}\right)^{\frac{k-1}{k}} - 1\right]} = \sqrt{\frac{2}{1.4-1}\left[\left(\frac{1\,500}{1\,290}\right)^{0.286} - 1\right]}$$

所以
$$Ma = 0.465$$

例 8-2 离心式压气机某一截面参数为 $p=4.36$ bar,$p^*=4.60$ bar,$T^*=483$ K,试计算这个截面上气流的静温 T 及流速 c_f。

解: 由式(8-14)可得

$$T = T^*\left(\frac{p}{p^*}\right)^{\frac{k-1}{k}} = 483 \times \left(\frac{4.36}{4.60}\right)^{\frac{1.4-1}{1.4}} = 476 \text{ K}$$

又由能量守恒方程,令 $q=0$

$$q = c_p(T^* - T) - \frac{c_f^2}{2} = 0$$

可得
$$c_f = \sqrt{2c_p(T^* - T)} = \sqrt{2 \times 1.03 \times 10^3 \times (483 - 476)} = 120 \text{ m/s}$$

8.3 气体在喷管、扩压管中的定熵流动

8.3.1 流速改变的条件

使气流加速降压的管道装置称为喷管,使气流减速增压的管道装置称为扩压管。从力学的角度来看,要使工质流速改变必须有压力差。但是,在相同压力差下,要使气流达到理想的定熵流动,很重要的一点就是流道截面积 A 的变化要与气流速 c_f、比容积 v 的变化相匹配。

喷管或扩压管应具有什么样的几何形状才能起到加速或减速的作用?或者说速度 c_f 的变化与截面的变化应遵循什么样的关系?下面将探讨这个问题。由连续方程

$$\frac{dc_f}{c_f} + \frac{dA}{A} - \frac{dv}{v} = 0 \tag{1}$$

由于 $q=0$,$w_s=0$,由公式(8-3)可知:

$$0 = dh + c_f dc_f$$

联合热力学第一定律解析式:

$$0 = \mathrm{d}h + \mathrm{d}w_t = \mathrm{d}h - v\mathrm{d}p$$

可得

$$-v\mathrm{d}p = -\frac{\mathrm{d}p}{\rho} = c_f \mathrm{d}c_f \tag{2}$$

式(2)揭示了绝热流动过程中促使流速改变的力学条件。$\mathrm{d}c_f$ 和 $\mathrm{d}p$ 的符号始终相反,说明气体在流动过程中若流速增加,则压力降低;若压力升高,则流速必降低。也可以理解为在绝热不做功的流动中,因压力降低技术功为正,故气流动能增加,流速增加;压力升高时技术功为负,动能减小,流速降低。故要使气流的速度增加,必须使气流在适当条件下膨胀以降低其压力。反之,若要获得高压气流,则必须使气流在适当条件下降低速度。

由定熵过程关系式 $pv^k =$ 常数或

$$\frac{\mathrm{d}p}{p} = -k\frac{\mathrm{d}v}{v} \tag{3}$$

联合式(1)、式(2)及式(3)可得

$$\frac{\mathrm{d}A}{A} = \frac{c_f^2 \mathrm{d}c_f}{kR_g T c_f} - \frac{\mathrm{d}c_f}{c_f}$$

即

$$\frac{\mathrm{d}A}{A} = (Ma^2 - 1)\frac{\mathrm{d}c_f}{c_f} \tag{8-20}$$

上式就是气体在管道中流动时,流速 c_f 的变化与截面积 A 的变化关系。

8.3.2 喷管和扩压管中的流动特征

(1) 喷 管

喷管在工程上主要应用于需要增速或者降压的场合,如航空涡喷式发动机的尾喷管、火箭发动机的喷管,两者利用管道的几何形状将进口的高温高压燃气降温降压,以获得出口高速气流,产生反推力。

气体在喷管中流动时增速减压,因此 $\mathrm{d}c_f > 0$,由式(8-20)可以看出,截面积 A 的变化趋势还与 Ma 有关。

① 当 $Ma < 1$,为亚声速流动,由式(8-20)可知,为使气流加速,喷管的截面积应逐渐减小 $\mathrm{d}A < 0$,即沿着气体的流动方向,喷管的几何形状应是一种收缩型(见图8.5(a)),这种喷管称为收缩(或收敛)喷管。

② 当 $Ma > 1$,为超声速流动,由式(8-20)可知,为使气流在超声速范围里不断地加速,喷管的截面积应逐渐增大 $\mathrm{d}A > 0$,即它的几何形状应是一种扩张型(见图8.5(b)),这种喷管称为扩张(或渐扩)喷管。

③ 若气流进入喷管时是亚声速($Ma < 1$),要使其在喷管里最后加速到超声速($Ma > 1$),按照式(8-20)可知,喷管截面积应先收缩($\mathrm{d}A < 0$)后扩张($\mathrm{d}A > 0$);在最小截面($\mathrm{d}A = 0$)处,气流速度达到声速 $Ma = 1$,在扩张段气流继续增大到超声速 $Ma > 1$,喷管的最小截面也称为喉部截面。喷管的形状如图8.5(c)所示,先收缩、后扩张为收缩-扩张组合喷管,称为缩放喷管或者拉伐尔(Laval)喷管。

缩放喷管的喉部截面是气流从 $Ma < 1$ 到 $Ma > 1$ 的转换面,在该截面上气流达到声速的状态,这个状态称为临界状态,因此喉部截面也称为临界截面。临界截面上各参数称为临界参

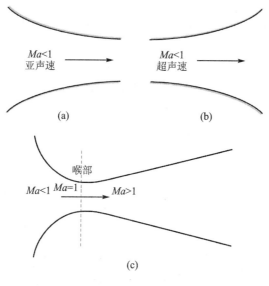

图 8.5 喷管示意图

数,临界参数用下标 cr 表示,如临界压力 p_{cr}、临界温度 T_{cr}、临界比容积 v_{cr} 和临界流速 $c_{f,cr}$ 等。临界截面处 $Ma=1$,即

$$c_{f,cr}=a=\sqrt{kR_g T_{cr}} \qquad (8-21)$$

气体在喷管内的绝热流动中,为使气体充分膨胀加速,压力不断下降,温度下降,声速也将不断下降,气体膨胀,比容积增加,各参数的变化如图 8.6 所示。

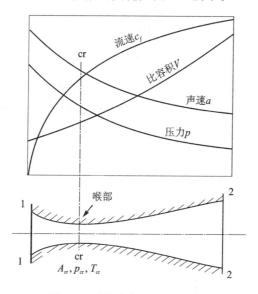

图 8.6 喷管内参数变化示意图

从以上分析可知,当喷管进出口截面的压力差恰当时,在渐缩喷管中气体流速的最大值只能达到当地声速,且不管压力差是否恰当,最大值都只可能出现在出口截面上;要使气体流速由亚声速转变到超声速,必须采用缩放喷管,缩放喷管在其喉部截面即临界截面上达到当地声速。

(2) 扩压管

当 $Ma<1$，为亚声速流动，为使气流增压降速，扩压管的截面积应逐渐增加，$dA>0$；

当 $Ma>1$，为超声速流动，为使气流增压降速，扩压管的截面积应逐渐减小，$dA<0$。

若要让气流从超声速减速增压到亚声速，必须通过先收缩后扩张的扩压管。但工程实际中，如果在扩压管的进口处 $Ma>1$，在进口处将会引起激波，这样定熵流动的假设不复存在，这种情况超出了式(8-21)的使用范围，该问题将在气体动力学中加以研究，本书暂不讨论。

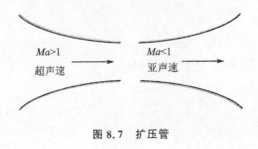

图 8.7 扩压管

8.4 喷管的计算

本节根据喷管进口气流参数和出口背压(喷管出口截面外的工作压力)，在给定的流量条件下进行喷管的设计计算，选择喷管的外形并确定其几何尺寸；在喷管外形和尺寸已定的情况下，计算不同条件下喷管的出口流速和流量，对喷管进行校核计算。

8.4.1 流 速

将开口系统稳定流动能量方程应用于喷管，根据式(8-10)可得

$$c_{f,2} = \sqrt{2(h^* - h_2)} = \sqrt{2(h_1 - h_2) + c_{f,1}^2} \tag{8-22}$$

下标 1、2 分别代表喷管的进口和出口截面，上式是通过热力学第一定律直接推导所得，它适用于任何工质的可逆与不可逆过程。但对于定比热容理想气体的可逆绝热流动过程，有

$$\begin{aligned}
c_{f,2} &= \sqrt{2(h^* - h_2)} = \sqrt{2c_p(T^* - T_2)} \\
&= \sqrt{2\frac{k}{k-1}R_g T^*\left(1 - \frac{T_2}{T^*}\right)} \\
&= \sqrt{2\frac{k}{k-1}R_g T^*\left[1 - \left(\frac{p_2}{p^*}\right)^{\frac{k-1}{k}}\right]} \\
&= \sqrt{2\frac{k}{k-1}p^* v^*\left[1 - \left(\frac{p_2}{p^*}\right)^{\frac{k-1}{k}}\right]}
\end{aligned} \tag{8-23}$$

式中，T^*、p^*、v^* 为滞止参数，取决于气流的初态，通过式(8-23)可以看到，出口截面流速 $c_{f,2}$ 取决于气流的初态及其在喷管出口截面上的压力 p_2 与滞止压力 p^* 之比，当初态一定时，$c_{f,2}$ 仅取决于 p_2/p^*，$c_{f,2}$ 随 p_2/p^* 的变化关系如图 8.8 所示。

从图中可以看出，当 $p_2/p^*=1$ 时，$c_2=0$，气体不会流动；当 p_2/p^* 从 1 逐渐减小时，$c_{f,2}$ 增大，且初期增加较快，以后则逐渐减缓。从式(8-23)可知，当 $p_2=0$ 时，$c_{f,2}$ 将达到最大值 $c_{f,2,\max}$。但是当流速达到最大值，出口截面压力 $p_2 \to 0$ 时，比容积 $v_2 \to \infty$，实际中出口截面不

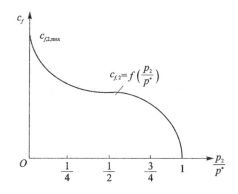

图 8.8 喷管出口截面流速随 p_2/p^* 的变化关系

可能无穷大,因而流速不可能达到这个最大值。

8.4.2 临界压力及临界流速

临界截面上的流速可根据式(8-23)计算,而此时流速与当地声速相等,可将

$$c_{f,\mathrm{cr}}=\sqrt{kp_{\mathrm{cr}}v_{\mathrm{cr}}}$$

代入式(8-23),得

$$2\frac{k}{k-1}p^*v^*\left[1-\left(\frac{p_{\mathrm{cr}}}{p^*}\right)^{\frac{k-1}{k}}\right]=kp_{\mathrm{cr}}v_{\mathrm{cr}}$$

将 $v_{\mathrm{cr}}=v^*\left(\dfrac{p^*}{p_{\mathrm{cr}}}\right)^{\frac{1}{k}}$ 代入上式,得

$$2\frac{k}{k-1}p^*v^*\left[1-\left(\frac{p_{\mathrm{cr}}}{p^*}\right)^{\frac{k-1}{k}}\right]=kp^*v^*\left(\frac{p_{\mathrm{cr}}}{p^*}\right)^{\frac{k-1}{k}} \qquad (8-24)$$

式中,p_{cr}/p^* 为临界参数与总参数之比,称为临界压力比,用 β_{cr} 表示。上式简化后,得

$$\beta_{\mathrm{cr}}=\frac{p_{\mathrm{cr}}}{p^*}=\left(\frac{2}{k+1}\right)^{\frac{k}{k-1}} \qquad (8-25)$$

临界压力比是分析管内流动时一个非常重要的参数。截面上工质的压力与滞止压力之比等于临界压力比时,是气流速度从亚声速到超声速的转折点。从式(8-25)可知,临界压力比仅与工质性质有关。对于理想气体,如果取定值比热容时,有

单原子气体 $k=1.67$, $\beta_{\mathrm{cr}}=0.487$

双原子气体 $k=1.4$, $\beta_{\mathrm{cr}}=0.528$

对于多原子气体可取 $k=1.3$, $\beta_{\mathrm{cr}}=0.546$

对于干饱和蒸汽可取 $k=1.135$, $\beta_{\mathrm{cr}}=0.577$

注意临界声速和当地声速的区别,每一个截面上都有相应的临界声速和当地声速,前者取决于气流总温,如果各截面上总温相等,则它们的临界声速是一样的;而后者取决于该截面的静温,通常气流的静温在流动中是变化的,所以各个截面上的当地声速并不相同。

8.4.3 流 量

由于定常流动时喷管各个截面上的流量都相等,原则上可取任意截面的参数进行计算,但通常采用喷管出口截面 A_2 或最小截面 $A_{\min}$ 的参数进行计算。由连续方程可得流量公式为

$$\dot{m} = \frac{A_2 c_{f,2}}{v_2} \text{(单位:kg/s)}$$

对定比热容的理想气体定熵流动,结合式(8-23),气体的质量流量可进一步表示为

$$\dot{m} = A_2 \sqrt{2\frac{k}{k-1}\frac{p^*}{v^*}\left[\left(\frac{p_2}{p^*}\right)^{\frac{2}{k}} - \left(\frac{p_2}{p^*}\right)^{\frac{k+1}{k}}\right]} \quad (8-26)$$

由上式可以看出,当进口气流状态一定时,喷管的流量与 p_2/p^* 有关,因而计算中也要注意区别出口截面压力 p_2 与出口工作背压 p_b,具体的分析将在8.5小节中阐述。正确代入 p_2/p^* 值,即可求出流量来。根据式(8-25)可得到如图8.9所示的 q_m 与 p_2/p^* 的变化曲线 acb。

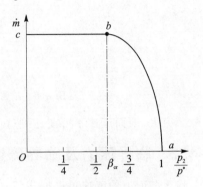

图8.9 流量变化图

由图8.9可知,当 $p_2/p^* = 1$ 时,质量流量为零,不流动,如图中点 a。当 p_2/p^* 下降时,质量流量增加,当压力比达到临界压力比时,$p_2/p^* = \beta_{cr}$,质量流量达到最大值。如图中点 b。

当 p_2/p^* 再下降时,从式(8-26)可算出流量减小,从力学条件上看,气流可达到超声速,但对于渐缩喷管而言,其几何形状限制了气流的膨胀,所以实际上式(8-26)在 $p_2/p^* < \beta_{cr}$ 时的计算毫无意义,出口截面上的压力仍为 $p_2 = p_{cr}$,流量为最大流量,实际按图中 bc 变化。

显然,当渐缩喷管出口截面达到声速或者缩放喷管的喉部截面达到声速时,气体的流量达到最大,即喷管的最小截面成为临界截面时气体的流量最大。该最大流量可按照该最小截面面积计算,有

$$\dot{m}_{\max} = \frac{A_{\min} c_{cr}}{v_{cr}} \text{(单位:kg/s)}$$

对于理想气体,由临界压力比及绝热过程方程可得

$$\dot{m} = \dot{m}_{\max} = A_{\min}\sqrt{k\left(\frac{2}{k+1}\right)^{\frac{k+1}{k-1}}\frac{p^*}{v^*}} \quad (8-27)$$

由于缩放喷管在喉部处已达到临界状态,质量流量始终保持最大流量不变。

当收缩喷管出口背压达到 p_{cr} 之后,不论出口背压再如何减小,喷管流量始终保持为最大并不改变,工程中常利用这一特性达到某种限流的目的。

缩放喷管的质量流量既可以利用出口截面积计算,也可以利用喉部截面积计算。联立式(8-26)和式(8-27),有

$$\frac{A_2}{A_{\min}} = \sqrt{\frac{(k-1)\left(\frac{2}{k+1}\right)^{\frac{k+1}{k-1}}}{2\left[\left(\frac{p_2}{p^*}\right)^{\frac{2}{k}} - \left(\frac{p_2}{p^*}\right)^{\frac{k+1}{k}}\right]}}$$

可见,当缩放喷管出口截面积 A_2 及最小截面积 $A_{\min}$、k 一定时,喷管的出口截面压力比 p_2/p^* 也是一个确定值。这说明气体流经缩放型喷管时完全膨胀的程度取决于喷管的出口面积与最小面积的比值。因此,只有当缩放型喷管出口背压比等于设计出口截面压力比时才能正常工作。

8.4.4 喷管的设计和校核计算

1. 喷管的设计

在给定条件下进行喷管的设计,其目的是保证气流能够充分膨胀,尽可能减少不可逆损失。给定条件包括:喷管进口截面的参数 p_1、t_1,以及工作背压 p_b(喷管出口截面处的环境压力)和流量等。喷管设计包括喷管的外形选择和截面尺寸的计算。

(1) 喷管选型

所选的喷管形状应能使气流在管中完全符合定熵膨胀,即气流能从进口处的压力 p_1 充分膨胀到给定的出口背压,即 $p_2 = p_b$,以达到使气流的技术功全部转换为动能的目的,否则将引起能量损失。

由 8.4.3 节讨论可知,若背压 $p_b \geqslant p_{cr}$,出口截面压力 $p_2 = p_b \geqslant p_{cr}$,气流速度在亚声速范围,应采用渐缩喷管;若 $p_b < p_{cr}$,气流充分膨胀至 $p_2 = p_b < p_{cr}$,其出口截面流速超过声速,管内气流速度包括亚声速和超声速两个范围,应采用缩放喷管。由此可见,喷管外形的选择取决于滞止压力 p^* 和出口背压 p_b,而 p^* 取决于进口截面参数,即喷管外形选择取决于进口截面参数和出口背压。

因此,选取喷管形状的原则为:当 $p_2 = p_b \geqslant p_{cr}$ 时,采用渐缩喷管;当 $p_2 = p_b < p_{cr}$ 时,采用缩放喷管。

(2) 截面尺寸的计算

为满足设计流量,在确定喷管形状后还须计算喷管的截面积。对于渐缩喷管,通常进口截面积可不计算(一般由上游部件的尺寸决定),所要计算的只是喷管的出口截面积。对于缩放喷管,需要计算的有喉部截面积(最小截面积 $A_{\min}$)、出口截面积 A_2 及喷管渐扩部分的长度 l。根据连续性方程,对于缩放喷管有

$$A_2 = \frac{q_m v_2}{c_2} \quad \text{或} \quad A_{\min} = \frac{q_m v_{cr}}{c_{cr}}$$

缩放喷管的渐扩部分因气流完全在超声速范围内工作,故必须考虑实际流动时气流与管壁间的摩擦损失。

根据经验,渐扩段长度为

$$l = \frac{d_2 - d_1}{2\tan\theta} \tag{8-28}$$

式中,θ 为圆台形缩放喷管渐扩部分的顶锥角(见图 8.10)。

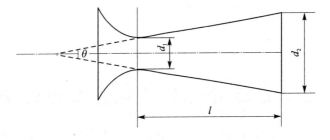

图 8.10 缩放喷管渐扩段参数

2. 喷管的校核计算

喷管的校核计算是根据已有喷管的进口截面压力 p_1、温度 t_1，以及出口背压 p_b 和已知的截面积等，对喷管出口截面的流速和流量进行计算，从而确定喷管是否可用。

(1) 确定喷管出口截面压力 p_2

不同类型的喷管的加速范围不同，为了充分利用喷管的压差，必须先确定喷管出口截面压力 p_2。

对于渐缩喷管：$p_b \geqslant p_{cr}$ 时，取 $p_2 = p_b$；$p_b < p_{cr}$ 时，取 $p_2 = p_{cr}$。对于缩放喷管：$p_b < p_{cr}$ 时，取 $p_2 = p_b$。

(2) 出口截面流速和流量的计算

根据已知条件和确定的出口截面压力可以计算喷管主要截面的热力学参数及喷管主要截面的流速；根据流量公式，可由最小截面处的流速、比容积和截面积求流量。

例 8-3 20 bar、40 ℃空气进入收缩喷管，入口速度忽略不计，出口截面为 $5 \times 10^{-4} \text{ m}^2$，设为定熵流动，试校核以下条件下喷管的流量及出口截面速度：

① 排气环境压力为 13.3 bar；

② 排气环境压力为 10 bar。

设空气的 $k = 1.4$。

解：首先计算临界压力 p_{cr}

$$p_{cr} = p_{in}\beta_{cr} = p_{in}\left(\frac{2}{k+1}\right)^{k/(k-1)} = 20 \times \left(\frac{2}{1.4+1}\right)^{1.4/1.4-1} = 10.7 \text{ bar}$$

① $p_a = 13.3 \text{ bar} > p_{cr} = 10.7 \text{ bar}$，则 $p_{out} = p_a = 13.3 \text{ bar}$，由式(8-23)可有

$$c_{fout} = \sqrt{\frac{2k}{k-1}RT_{in}\left[1-\left(\frac{p_{out}}{p_{in}}\right)^{(k-1)/k}\right]} = \sqrt{\frac{2 \times 1.4}{1.4-1} \times 287 \times 313 \left[1-\left(\frac{13.3}{20}\right)^{(1.4-1)/1.4}\right]} = 262 \text{ m/s}$$

又因为

$$\dot{m} = (\rho c_f A)_{out} = \frac{13.3 \times 10^5}{287 T_{out}} \times 262 \times 5 \times 10^{-4}$$

而

$$T_{out} = T_{in}\left(\frac{p_{out}}{p_{in}}\right)^{(k-1)/k} = 313 \times \left(\frac{13.3}{20}\right)^{(1.4-1)/1.4} = 278.5 \text{ K}$$

代入求得 $\dot{m} = 2.19 \text{ kg/s}$。

② $p_a = 10 \text{ bar} < p_{cr} = 10.7 \text{ bar}$，则 $p_{out} = p_{cr} = 10.7 \text{ bar}$，由式(8-23)可有

$$c_{fout} = c_{fcr} = \sqrt{\frac{2}{k+1}kRT_{in}} = \sqrt{\frac{2}{1.4+1} \times 1.4 \times 287 \times 313} = 324 \text{ m/s}$$

又由式(8-25) $T_{cr} = T^* / \left(\frac{k+1}{2}\right) = 313 / \left(\frac{1.4+1}{2}\right) = 260.8 \text{ K}$

可得 $\dot{m} = (\rho c_f A)_{cr} = (p_{cr}/RT_{cr})c_{f,cr} \cdot A_{cr} = \frac{10.7 \times 10^5}{287 \times 260.8} \times 324 \times 5 \times 10^{-4} = 2.3 \text{ kg/s}$

8.5 背压对喷管气流特性的影响

背压 p_b 是指喷管出口截面 A_2 外工作环境的压力，本节将针对渐缩喷管和缩放喷管（拉伐尔喷管），分别讨论背压对出口截面上的压力 p_2 及流经喷管的质量流量的影响。在讨论时，假设喷管进口处气流速度约为 $0(c_{f1} \approx 0)$，此时气流在进口处的温度和压力近似为滞止温

度和滞止压力（$T_1 = T^*$，$p_1 = p^*$）。

8.5.1 渐缩喷管

图 8.11 所示为渐缩喷管中气体的压力变化情况，假设该喷管的背压 p_b 可以连续调节，下面分析当气体的滞止参数给定时，随着背压不断降低，气体的出口截面压力 p_2 和流经喷管的质量流量 $\dot{m}$ 的变化。

① 当 $p_b = p^*$ 时（情况 a），没有气体流过喷管，此时 $p_2 = p^*$，$\dot{m} = 0$。这是因为，气体流动的驱动力为进、出口截面的压差，气体的入口压力和背压相等（均为 p^*），没有驱动力，自然就没有流动。

② 当 $p_{cr} < p_b < p^*$，降低背压后（情况 b），有气体流过喷管，气体在喷管中以亚声速流动，在出口截面处仍为亚声速。根据亚声速气流的一般性质（扰动可以向上游传播，因为扰动的传播速度是当地声速，而亚声速气流的速度小于当地声速），管道出口截面外环境条件的变化可以向上游传播。因此，背压每降低到一个新的数值，气体的出口截面压力 p_2 也会跟着背压降低到这个新的数值，喷管中气体的压力就会有一个新的分布，且背压越低，出口截面马赫数越大，流经喷管的质量流量也越大。

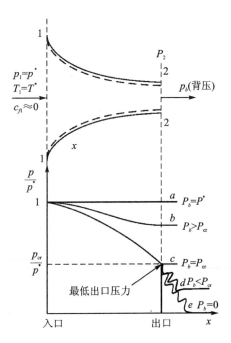

图 8.11 喷管中气体的压力变化情况

当 $p_b = p_{cr}$，背压降低到临界压力 p_{cr} 时，气体的出口截面压力等于 p_{cr}，出口截面马赫数等于 1（情况 c）。

③ 在情况 c 之后，无论再怎样降低背压（如情况 d 和 e），即 $p_b < p_{cr}$ 时，都不会对喷管内的流动产生任何影响：喷管内的压力分布和流过喷管的质量流量与情况 c 相同，出口截面马赫数仍为 1。从扰动传播的角度来解释，此时出口截面马赫数等于 1，出口截面流速等于当地声速，管道出口截面外环境条件的变化不能再向上游传播了。从式（8-20）可见，倘若能达到超声速，将 $Ma > 1$ 和 $dc_f > 0$ 代入该式得到 $dA > 0$，即若想使速度进一步增加，要求管道的截面积扩大，但目前喷管为渐缩管，无法满足截面积扩大的要求。由此可见，对于 $p_b < p_{cr}$ 的情况，喷管被堵塞（choked）了，即继续降低背压也不能增加流量，此时通过喷管的质量流量是给定滞止参数下的最大质量流量，也称为堵塞流量，其数值如式（8-27）所示。

在诸如情况 d 和 e 的条件下，气体流出喷管后，还要在管外继续膨胀，使其最终压力等于背压（见图 8.11）。这种情况称为膨胀不足。继续膨胀时的情况较为复杂，不能采用一维流动模型来分析，详细的计算方法可以参考气体动力学书籍。

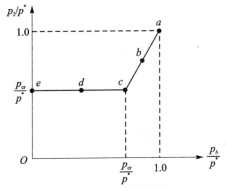

图 8.12 渐缩喷管出口截面压力 p_2 随背压的变化关系图

图 8.12 所示为背压对渐缩喷管出口截面压力 p_2 的影响示意图，可以看到

$$p_2 = \begin{cases} p_b, & p_b \geqslant p_{cr} \\ p_{cr}, & p_b < p_{cr} \end{cases} \tag{8-29}$$

显然，p_2 不一定等于 p_b，两者不可混淆。

8.5.2 缩放（拉伐尔）喷管

8.5.1 节中指出，渐缩喷管最多只能将气体加速至当地声速（$Ma=1$），此时气体在渐缩喷管的出口截面达到声速。如果想进一步提高气体速度至超声速（$Ma>1$），则需要选用缩放（拉伐尔）喷管，但是，缩放（拉伐尔）喷管并不能完全保证气体流过喷管后一定能够加速到超声速。在实际工程中，若背压处于正常工作范围以外，则气体在缩放喷管的扩张段不但不能加速，还有可能减速。

图 8.13 所示为缩放（拉伐尔）喷管，假设该喷管的背压 p_b 可以连续调节，很显然当 $p_b =$

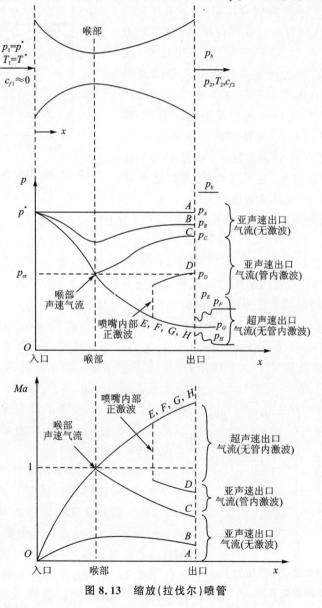

图 8.13 缩放（拉伐尔）喷管

p^* 时(情况 A),由于进出口截面没有压力差,故没有气体流过喷管。下面分析当气体进口参数一定时,随着背压不断降低,气体的出口截面压力 p_2 和流经喷管的质量流量 $\dot{m}$ 如何改变。分析的 8 种情况中 p_G(G 情况)为缩放喷管设计工况下稳定工作时的出口背压,在该情况下喷管完全膨胀,$p_2 = p_b = p_G$;$A \sim F$ 为出口背压 $p_b > p_G$ 的情况,H 为出口背压 $p_b < p_G$ 的情况。

注:激波又称冲击波,它是超声速气流在前进过程中遇到障碍物的阻滞或受到突然压缩时而出现的一种特殊的物理现象,激波是一种强压缩波。气流通过激波面时,速度突然减小,而压力、密度和温度突然增大。其中,正激波的激波面与气流的来流方向垂直,气流通过正激波后不改变来流的方向;而斜激波的激波面与气流的来流方向不垂直,气流通过斜激波后要改变流动方向。气流经过激波时,受到急剧的压缩,由于时间极短,黏性内摩擦作用所产生的热量来不及外传,故使气流的熵增加。所以,激波的突跃过程是一个不可逆的绝热过程。

① 当 $p_C < p_b < p^*$(情况 B)时,有气体流过喷管,但气体在喷管中始终以亚声速流动,流量小于堵塞流量。在渐缩段,气体的速度逐渐增大,压力减小,在喉部达到最大速度、最小压力(但喉部 $Ma < 1$);随后在渐扩段,气体速度开始减小,压力逐渐增加,因此渐扩段起到扩压管的作用。当 p_b 进一步降低时,喉部的速度、马赫数和流过喷管的质量流量进一步增加,但气体在喷管中仍然以亚声速流动,出口截面压力 p_2 等于背压。

② 若 p_b 继续减小,喉部的马赫数继续随之增加,当 $p_b = p_C$(情况 C)时,马赫数达到 1。此时,喉部为临界截面,喉部压力为临界压力且为最低压力,气体速度为声速;随后渐扩段仍起到扩压管的作用,压力升高,将气流速度从声速降为亚声速。

此时通过拉伐尔喷管的质量流量为一定滞止参数下的最大质量流量(式 8-27),即堵塞流量。在此之后,背压进一步降低不会使质量流量继续增加,但是会影响渐扩段的流动特征。

③ 当 $p_E < p_b < p_C$ 时,随着 p_b 的进一步降低,整个渐缩段和喉部位置的流动状况不受影响,流量也将始终保持不变,但渐扩段的流动情况将发生改变。如情况 D 时,气体通过喉部后压力继续降低,速度不断增加,因此气流在通过喉部截面后的一段距离内以超声速流动;但由于受出口背压的制约,气体在渐扩段中得不到充分膨胀,在喉部和出口截面之间的某一截面将会出现正激波,使得气流压力跃升、速度急剧降至亚声速;然后气体按照扩压管的规律减速升压,在出口截面处气体压力升至背压。

④ 随着 p_b 的进一步降低,正激波产生的截面位置向喷管出口截面处移动,当 $p_b = p_E$(情况 E)时,激波移至出口截面处(情况 E)。此时,整个喷管内的流动可看作定熵过程,气体在渐缩段为亚声速,在喉部 $Ma = 1$,在渐扩段为超声速。然而,就在气体流出喷管出口截面之前,超声速气流在经过出口截面上的激波后降至亚声速。

⑤ 继续降低背压 p_b,当 $0 < p_b < p_E$ 时,喷管内超声速气流充分膨胀降压,且无正激波产生,在出口截面处压力降至设计工作背压 p_G,整个缩放喷管内的流动可看作完全可逆的定熵流动。在这个压力范围内,变化的背压并不影响气体在喷管中的流动状况,只影响喷管外的情况,下面分 F,G,H 三种情况说明喷管外的流动特征。

当 $p_E > p_b > p_G$ 时(如情况 F),气体定熵流过喷管时压力连续下降,在出口截面处气体充分膨胀到设计压力 p_G,外部背压的继续降低已经对管内的状况没有影响。但由于 $p_E > p_F > p_G$,从喷管流出的超声速气流受背压 p_F 高压波的阻挠会产生一种不规则的斜激波(气流受压缩,在喷管外突然减速增压),所以气流在管外有不可逆损失。

当 $p_b = p_G$ 时,气体在喷管内完全定熵膨胀至设计工作背压 p_G(设计工况情况 G),在喷管内和喷管外均无激波产生,此种情况为喷管的设计运行工况。

当 $p_b < p_G$ 时(如情况 H,$p_b = p_H$),喷管内流动状况不受影响,但由于气体在出口截面处压力 $p_2 = p_G$ 高于背压 p_H,因此,气流从喷管流出后会发生自由膨胀,在喷管外造成不可逆损失。

再次指出,一旦喉部 Ma 等于 1,通过拉伐尔喷管的质量流量就是一定滞止参数下的最大质量流量,所以对于情况 $C\sim H$,流过喷管的质量流量是相同的。此外,喷管外产生激波的情况较为复杂,不能采用一维流动模型来分析。

由以上分析可知,对于一定几何尺寸的拉伐尔喷管,只要背压 p_b 不等于出口设计工作背压 p_G(图 8.13 中情况 G),即喷管在非设计工况下使用时,则可能:①无法实现拉伐尔喷管使气流从亚声速加速到超声速的功能(如情况 $A\sim D$);②在气体流动中产生正激波或斜激波,产生不可逆性损失(如情况 D、E 和 F);③气体在喷管出口处做自由膨胀而浪费压差(如情况 H),造成喷管外的不可逆损失。

例 8-4 空气由输气管送来,管端接一出口截面积 $A_2 = 10\ \text{cm}^2$ 的渐缩喷管,进入喷管前空气的压力 $p_1 = 2.5\ \text{MPa}$,温度 $T_1 = 353\ \text{K}$,速度 $c_{f1} = 35\ \text{m/s}$。已知喷管出口处背压 $p_b = 1.5\ \text{MPa}$。试确定空气经喷管射出的速度、流量以及出口截面上空气的比体积 v_2 和温度 T_2。(空气可看作理想气体,比热取定值,$c_p = 1.004\ \text{kJ/(kg·K)}$)

解:①求滞止参数。

$$T^* = T_1 + \frac{c_{f1}^2}{2c_p} = 353 + \frac{35^2}{2 \times 1\ 004} = 353.8\ \text{K}$$

$$p^* = p_1 \left(\frac{T^*}{T_1}\right)^{k/(k-1)} = 2.5 \times 10^6 \times \left(\frac{353.8}{353}\right)^{1.4/(1.4-1)}\ \text{Pa} = 2.515 \times 10^6\ \text{Pa}$$

$$v^* = \frac{R_g T^*}{p^*} = \frac{287 \times 353.8}{2.515 \times 10^6}\ \text{m}^3/\text{kg} = 0.040\ 4\ \text{m}^3/\text{kg}$$

② 求临界压力。

$$p_{cr} = v_{cr} p^* = 0.528 \times 2.515 \times 10^6\ \text{Pa} = 1.328 \times 10^6\ \text{Pa}$$

由于 $p_{cr} < p_b$,故空气在喷管内只能膨胀到 $p_2 = p_b$,即 $p_2 = 1.5\ \text{MPa}$。

③ 求出口截面参数。

$$v_2 = v^* \left(\frac{p^*}{p_2}\right)^{1/k} = 0.404 \times \left(\frac{2.515}{1.5}\right)^{1/1.4}\ \text{m}^3/\text{kg} = 0.058\ 4\ \text{m}^3/\text{kg}$$

$$T_2 = \frac{p_2 v_2}{R_g} = \frac{1.5 \times 10^6 \times 0.058\ 4}{287}\ \text{K} = 305.2\ \text{K}$$

④ 计算出口截面上的流速和喷管流量。

$$c_{f2} = \sqrt{2(h^* - h_2)} = \sqrt{2c_p(T^* - T_2)} = 312.2\ \text{m/s}$$

$$\dot{m} = \frac{A_2 c_{f2}}{v_2} = \frac{10 \times 10^{-4} \times 312.2}{0.058\ 4}\ \text{kg/s} = 5.35\ \text{kg/s}$$

8.6 有摩擦的绝热流动

前面分析的是没有摩擦和流动损失的绝热过程,即可逆绝热流动或定熵流动。实际工程中,摩擦总是存在的,流动损失主要由于气体微团间以及气体与管壁间的摩擦所引起。在有摩擦的绝热流动中,熵将不可能保持不变,根据热力学第二定律可知,熵一定要增加,而且熵增越大意味着流动损失越大,可用能的损失就越大。

这一节在有摩擦的绝热流动中,主要讨论流动阻力对喷管内流动的影响。

由于能量守恒方程式(8-3)也适用于不可逆绝热流动的情况,则有

$$h_2^* = h_1^* = h_1 + \frac{1}{2}c_{f1}^2 = h_2 + \frac{1}{2}c_{f2}^2 = h_2' + \frac{1}{2}c_{f2'}^2 \tag{8-30}$$

式中,下标 2′ 表示考虑摩擦影响后,喷管出口截面上气流的实际参数。对理想气体则有

$$T_2^* = T_1^* = T_1 + \frac{c_{f1}^2}{2c_p} = T_2 + \frac{c_{f2}^2}{2c_p} = T_2' + \frac{c_{f2'}^2}{2c_p} \tag{8-31}$$

可以看出在有摩擦的绝热流动中,总温、总焓均不变,可是总压要下降(定熵流动总压不变)。这是由于气体在流动中有一部分动能不可逆地转变为热能,从而引起熵增 $\Delta s > 0$,由公式(8-19)可知总压下降 $p_2^* < p_1^*$,所以通常把这种总压下降说成是总压损失 $\sigma = p_2^*/p_1^*$。涡轮喷气发动机的进气道和尾喷管中的气体流动就存在着这种总压损失,尾喷管的 σ 一般约为 0.96,而进气道由于摩擦阻力较小,设计较好的亚声速进气道的总压损失可以认为等于1,对于超声速进气道可能要在 0.8 左右。

图 8.14 所示为理想气体绝热流动的 $T-s$ 图,图中 1→2 为可逆绝热流动过程,1→2′ 为不可逆绝热流动过程。由图可见,在相同出口截面压力下,与可逆绝热流动相比,不可逆绝热流动的出口温度 T_2' 高于 T_2,即 h_2' 大于 h_2,这是由于摩擦产生的热又被气体吸收所致,故由式(8-31)得 $c_{f2'}$ 小于 c_{f2},即在相同进口参数、相同出口截面压力下,摩擦阻力会使喷管出口截面的流速降低。阻力越大,不可逆性越大,出口截面流速就越低。

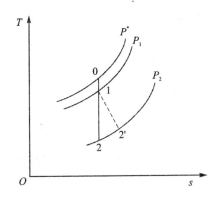

图 8.14 实际流动过程 $T-s$ 图

工程上也常用速度系数 φ 和动能损失系数 ζ 来表示不可逆过程引起的气流出口截面速度降低和动能减少。速度系数 φ 定义为实际出口截面流速 $c_{f2'}$ 与相同进口参数、相同出口截面压力下可逆过程的出口截面流速 c_{f2} 之比,即

$$\varphi = \frac{c_{f2'}}{c_{f2}} \tag{8-32}$$

动能损失系数 ζ 定义为损失的动能与可逆流动时出口截面的理想动能之比,即

$$\zeta = \frac{c_{f2}^2 - c_{f2'}^2}{c_{f2}^2} = 1 - \varphi^2 \tag{8-33}$$

速度系数与很多因素有关,如喷管的形式、材料、加工精度等,一般数值为 0.92~0.98。缩放喷管的速度系数相对较小,因为其长度相对较长,且超声速流动的摩擦损失较大。对于实际流动,一般先计算出理想情况的出口截面流速 c_{f2},然后根据速度系数 φ 求出实际出口的截面流速 $c_{f2'}$。

8.7 绝热节流

阀门、流量孔板等是工程中常用的部件,流体流经这些部件时,流体通过的截面突然缩小,

产生局部的流动阻力,流体的压力会因此而降低,这种现象称为节流。在节流过程中,工质与外界交换的热量可以忽略不计,故节流又称为绝热节流。

节流过程是典型的不可逆过程。节流中缩孔附近的工质由于摩擦和涡流耗散,流动不但不可逆,而且处于热力学不平衡状态,该区域各点的焓值也不能确定,故不能用平衡状态热力学方法分析节流孔口附近的状况。但在距孔口较远的地方,如图 8.15 中截面 1-1 和 2-2,流体仍处于平衡状态。若取管段 1-2 为控制容积,则根据绝热流动的能量方程式(8-3)有

$$h_1 = h_2 + \frac{1}{2}(c_{f2}^2 - c_{f1}^2)$$

在通常情况下,节流前后流速 c_{f1} 和 c_{f2} 的差别不大,使得流体动能差相比流体的焓值基本可忽略不计,故得

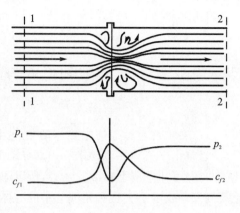

图 8.15 绝热节流

$$h_1 = h_2 \tag{8-34}$$

该式表明,经节流后流体焓值仍恢复到原值。需要注意的是,工质在缩口处速度变化很大,因而焓值在截面 1-1 和截面 2-2 之间并不处处相等,且工质内部扰动是不可逆过程,因此尽管进出口截面上 $h_1 = h_2$,但不能把节流过程看作一个定焓过程。

节流过程为不可逆绝热过程,节流后其熵增大,即

$$s_2 > s_1 \tag{8-35}$$

对于理想气体,$h = f(T)$,节流前后焓值不变,则温度也不变,即 $T_2 = T_1$。节流后的其他状态参数可依据 p_2 及 T_2 求得。

实际气体节流过程的温度变化比较复杂。根据焓的一般方程表达式

$$dh = c_p dT + \left[v - T\left(\frac{\partial v}{\partial T}\right)_p\right]dp$$

对于焓值不变的绝热节流过程 $dh = 0$,上式可改写为

$$\mu_J = \left(\frac{\partial T}{\partial p}\right)_h = \frac{T\left(\frac{\partial v}{\partial p}T\right)_p - v}{c_p} \tag{8-36}$$

系数 μ_J 为焦耳-汤姆逊系数,也称为节流的微分效应,实际气体节流后温度可以降低,可以升高,也可以不变,视节流时气体所处的状态及压降的大小而定,即可以由 μ_J 值确定气流在节流中温度随压力的变化。

若 $T(\partial v/\partial T)_p - v = 0$,$\mu_J = 0$,节流前后温度不变,为节流零效应。节流后温度不变的气流温度称为转回温度,用 T_i 表示。在 $T-p$ 图上把不同压力下的转回温度连接起来,就得到一条连续曲线,称为转回曲线,如图 8.16 所示。

由于节流过程压力下降($dp < 0$),所以若 T

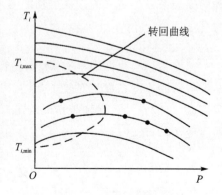

图 8.16 温度转回曲线

$(\partial v/\partial T)_p - v > 0$，$\mu_J$ 取正值，节流后温度降低，即节流冷效应，T-p 图上为转回曲线与温度轴所包围的内部区域(冷效应区)。

若 $T(\partial v/\partial T)_p - v < 0$，$\mu_J$ 取负值，节流后温度升高，为节流热效应，T-p 图上为曲线与温度轴所包围部分之外的区域(热效应区)。初始状态处于冷效应区域的气体，节流后温度总是下降；初始状态在热效应区域的气体，节流后当压力下降较小时，温度上升，当压力下降较大时，温度可能会下降。

思考题

8-1 五个基本方程各自描述流动过程中哪方面的特性？每个基本方程的表达形式有哪些(如微元形式、积分形式)？

8-2 五个基本方程各适用于什么场合？

8-3 声速是什么？为什么在流动过程中声速具有重要意义？

8-4 真空中能否传播声音？

8-5 刮大风时，顺风与逆风传播声音是否相同？为什么？

8-6 温度相同的空气与燃气其声速是否相同？哪个快些？

8-7 定熵流动与非定熵流动是怎样一种流动？非定熵流动就一定是不可逆绝热流动吗？

8-8 定熵流动参数变化有什么特点？

8-9 什么是滞止参数？在流动过程中用滞止参数有什么方便之处？在有摩擦损失的流动过程中它们能否被应用？为什么？

8-10 气体能从低压向高压流动吗？试说明之。

8-11 为什么在不可逆绝热流动中把总压下降看作是损失？

8-12 总温一定比静温大吗？总压一定比静压大吗？

8-13 静温能测量吗？用什么方法测？静压能测量吗？用什么方法测？

8-14 气流达到临界是什么含义？临界声速和一般的声速有什么区别？

8-15 管内绝能流动由 1 流向 2，设 $p_1 > p_2$，试分析静温、总温、速度、总压是升高、降低还是不变？

8-16 管内定熵流动，两截面间

$$\frac{p_2^*}{p_1^*} = \left(\frac{T_2^*}{T_1^*}\right)^{k/(k-1)}$$

能成立吗？若为多变流动，上式能成立吗？

8-17 收缩喷管能把气流加速到超声速吗？有一种斜切喷管(收缩喷管出口截面不垂直于轴线，而成一斜角)能使气流在出口截面处为超声速，试分析是什么道理？

8-18 气体在管内流动，用哪些方法可使其增压？减压？增速？减速？

8-19 收缩喷管中气流的流量可以改变吗？用什么方法来改变它？

8-20 试证在收缩喷管中，当质量流率 $\dot{m} \to \dot{m}_{max}$ 时的条件是：

$$\frac{p_2}{p_1} = \beta_{cr}$$

8-21 燃气通过外壳由冷却与无冷却的收缩喷管排出。设喷管进口状态相同，出口截面压力也相同，试分析比较有冷却和无冷却的喷管在出口截面温度、流速及流量方面有何不同，并将这两种过程绘到 $p-v$ 图及 $T-s$ 图上。

8-22 试在 $p-v$ 图及 $T-s$ 图上绘出加热流动及放热流动的过程曲线。

习 题

8-1 牛顿当年首次试图计算压力扰动波传播速度(声速)时，曾假定波的传播过程为定温的，试对理想气体分析其误差，并具体计算在室温 15 ℃时空气声速所造成的相对误差。

8-2 空气以 $c_f = 180$ m/s 沿着管道流动，现用水银温度计测其温度，求读数与实际温度之差。

8-3 炮弹出口截面 $c_f = 1\,500$ m/s，炮弹表面的滞止温度比环境大气温度高出多少度？飞机航速 $c_f = 900$ km/h，飞机蒙皮的滞止温度比大气高出多少度？

8-4 ΔS^* 与 ΔS 相等吗？试证明之。

8-5 飞机在高空飞行，座舱温度为 21 ℃，压力为 0.9 bar，座舱容积为 500 m³，飞行中飞机突然被一小陨石击穿座舱壁，穿孔直径为 2 cm，若高空环境压力为 0.191 bar，试估计要多长时间座舱内压力能降低到 0.5 bar。

8-6 管道某一截面出气流温度为 T，马赫数为 Ma；另一截面气流达临界。设流动是不可逆绝热过程，试证明两截面间有

$$\frac{T}{T_{cr}} = \frac{(k+1)/2}{1+\dfrac{k-1}{2}M^2}$$

8-7 进气道进口截面直径为 250 mm，进口压力为 1 bar，温度为 15 ℃，$Ma_{in} = 0.8$，若 $Ma_{out} = 0.2$，计算出口截面压力、温度、截面直径及空气流量。

8-8 空气在喷管中膨胀到 1 bar，进出口截面温度分别为 650 ℃及 500 ℃，流量为 30 kg/s，设流动是定熵的，忽略进出口截面速度，求出口截面面积。

8-9 渐扩型管道，进口 $t_1 = 0$ ℃，$p_1 = 1.4$ bar，$c_{f1} = 900$ m/s，出口时速度降为 300 m/s，试计算出口截面压力、温度及过程中熵的变化。设过程为定熵，工质为空气。

8-10 渐扩型管道，进口 $Ma_1 = 0.75$，出口 $Ma_2 = 0.1$，流动为定熵，试确定进出口截面面积比。

8-11 某型发动机尾喷管(收缩型)的进口压力为 1.49 bar，温度为 850 K，速度为 318 m/s。环境大气压力为 0.9 bar，计算尾喷管出口截面速度。

8-12 某型发动机在地面试车时，测得进气道出口截面压力为 0.803 bar，试计算该出口截面处的空气流速。试车环境大气压力为 1.013 bar，温度为 15 ℃。

8-13 管道 A、B 两截面的面积分别为 0.2 m² 及 0.1 m²，气流的压差 $p_A - p_B = 380$ mmHg，已知 $p_A = 760$ mmHg，$t_A = 15$ ℃，$c_{fA} = 100$ m/s，$\bar{V}_A = 100$ m/s，流动为定熵，试计算 t_B、c_{fB} 及空气流量。

8-14 压力为 1 bar，温度为 30 ℃的空气，流经扩压管希望在出口截面处达到 1.4 bar，问进口流速至少有多大？

8-15 燃气涡轮机的喷管进口温度、压力分别为 800 ℃、3 bar，膨胀后降为 2 bar，若流量为 1 kg/s，忽略燃气进口速度，求出口截面流速及出口截面积。

8-16 空气从容器内通过喷管向外绝热喷射,容器内压力及温度为 5 bar,1 000 K,喷口外界的压力为 3 bar,若由于摩擦影响,喷管出口速度为 470 m/s。计算:①出口截面气体状态;②过程熵的增值;③将过程绘在 T-s 图上,并用面积表示功的损失及摩擦热。(设比热为定值)

8-17 空气由输送管流入一小口收缩喷管,喷管入口压力、温度为 25 bar、80 ℃,若喷射环境压力为 18 bar,求放射速度。

8-18 一气球向大气放气,气球内维持空气压力为 12 bar,设喷嘴是直筒状,球内温度为 40 ℃,求放射速度。

8-19 某发动机进口参量:$t=-1$ ℃,$p_1=0.825$ bar,$c_{f1}=182$ m/s,出口截面参量:$p_2=5.03$ bar,$t_2=242$ ℃,$c_{f2}=64.9$ m/s。试计算:①T_1^*、T_2^*、p_1^* 及 p_2^*;②每千克空气所消耗的功;③绝热效率;④Ma_1 及 Ma_2。

8-20 空气无摩擦地流过等截面管道,试证:$\mathrm{d}p=c_f^2\mathrm{d}\rho$。

8-21 空气流入等截面管道,截面积为 0.1 m²。A 截面上气流参量为 1.5 bar,100 ℃,100 m/s;B 截面上压力为 1.4 bar。

① 假定为无摩擦流动,计算流量、流速 c_{fB}、换热量;

② 假定为有摩擦绝热流动,计算流量、T_B、流速 c_{fB}。

8-22 试证明喷管中空气在绝热定常流动时,在截面积 A 处气流参量为 p、h、v 及 c_f,有下列关系:

$$c_f^2=-v\frac{\mathrm{d}h}{\mathrm{d}v}\left[\frac{\mathrm{d}(\ln A)}{\mathrm{d}(\ln c_f)}+1\right]$$

若为可逆流动,则有

$$c_f^2=-v\left(\frac{\partial p}{\partial v}\right)_s\left[\frac{\mathrm{d}(\ln A)}{\mathrm{d}(\ln c_f)}+1\right]$$

8-23 空气进入 20 mm 直径的直管,压力为 1 bar,温度为 20 ℃,而在下游某截面上压力降到 0.9 bar,温度为 19 ℃,计算进口处与该截面上的流速及空气的流量。(忽略摩擦)

第 9 章 气体动力循环

提高热机实际工作的热功转换效率是充分利用能源的一个重要方面,也是工程热力学研究的重要内容之一。分析动力循环的主要目的是厘清能量转换的热力过程,掌握分析、计算循环热效率的方法,从而找到改进热机、提高热功转换效率的途径。

本章在介绍气体动力循环分析方法的基础上,主要围绕内燃机和燃气轮机,讲述其热力循环分析,以及提高循环热效率的几种典型方法。

9.1 分析动力循环的一般方法与步骤

很多动力装置都是以气体为工质进行能量转换的,大多数热机中遇到的实际循环是很难分析的,因为存在复杂的效应,如摩擦等不可逆过程,并且在循环过程中存在没有足够的时间来建立平衡条件的情况。为了使一个循环周期的分析研究可行,突出主要问题,必须对实际循环加以理想化,忽略所有的内部不可逆性和复杂性,得到一个与实际循环非常相似且完全由内部可逆过程组成的循环,这种循环称为理想循环。

9.1.1 分析循环的步骤

对实际循环加以理想化,将次要的或非主因的影响暂时忽略后,虽然一定程度上偏离了实际过程,但使主要因素突出出来,更便于通过分析找到提高循环效率的途径。此外,在理想循环的基础上,考虑这些假设对偏离理想的影响,引入相应的修正系数,也可以使分析获得的结果更接近实际循环。

在气体动力循环分析中常用的理想化的条件和假设可以概括为:
① 假定工作流体为理想气体;
② 不考虑所有过程中的不可逆损失,组成循环的每一个过程都是可逆的;
③ 假定实际的化学燃烧过程为工质从外界高温热源的吸热过程,实际的排气过程为工质向外界低温热源(环境)的放热过程,因而理想循环是闭合的;
④ 假设没有化学反应,认为工质的成分始终不变;
⑤ 循环工质假设为定值比热。

基于以上理想化条件和假设,气体动力循环分析主要包括以下步骤:
① 首先在充分掌握实际动力装置的原理及实际工作条件的基础上,在 p-v 图和 T-s 图上标识出其工作流程简图,利用理想化条件和假设将实际循环抽象为理想循环;
② 对理想循环的循环功和循环热效率进行数学建模和分析,找出影响循环热效率的主要因素及提高循环效率的途径,以指导实际工作循环的改善;
③ 与其他循环加以比较,进一步认识各类循环在不同条件下的优缺点,为不同热机的实际应用提供参考。

9.1.2 评价动力循环经济性方法

1. 理想可逆循环热效率

(1) 循环热效率法

循环热效率是指循环完成的净功与加入热量之比,即

$$\eta_t = \frac{w_{\text{net}}}{q_1} \tag{9-1}$$

如图 9.1 所示,任意可逆动力循环过程的净功量可以通过 T-s 图或者 p-v 图中循环曲线包围的面积表示。另外 T-s 图中的吸热过程线与 s 坐标轴围成的面积可以表示加热量 q_1。所以循环中有关量及热效率可表示如下:

$$w_{\text{net}} = \text{面积 } 12341 \tag{9-2}$$
$$q_1 = \text{面积 } 123ba1 \tag{9-3}$$

则热效率为

$$\eta_t = \frac{\text{面积 } 12341}{\text{面积 } 1234ba1} \tag{9-4}$$

(2) 平均温度法

不论是可逆加热过程还是可逆放热过程,其加热量或者放热量均可以用一个定温的加热量或者定温的放热量来代替。任意循环 1→2→3→4→1(见图 9.1)存在相应的平均吸热温度 T_{m1} 和平均放热温度 T_{m2},把该循环变为等效卡诺循环,有:

$$\eta_{t(12341)} = 1 - \frac{T_{m2}}{T_{m1}} \tag{9-5}$$

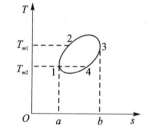

图 9.1 任意动力循环 T-s 图

通过上式可以看出,可以用平均温度评定可逆循环的经济性,加热的平均温度越高,放热的平均温度越低,循环的经济性越好。

2. 实际循环分析方法

实际循环总是不可逆的,这里主要介绍效率法、熵方法以及㶲分析方法。

(1) 循环效率法

用效率衡量实际循环经济性可以有以下两种方法,其一是:

$$\eta_{1\text{st}} = \frac{\text{热机输出的功}}{\text{向热机供入的能量}} \tag{9-6}$$

这个效率是热力学第一定律表示的效率,它表示可以利用的能量占供入能量的多少,从能量转换的数量关系来评价循环的经济性。

还有一种是以热力学第二定律为基础的效率,即

$$\eta_{2\text{nd}} = \frac{\text{热机输出的功}}{\text{理想条件下可能输出的最大理论功}} \tag{9-7}$$

这个效率不仅考虑了能量的数量还考虑了质量,它表征了热机在利用热能方面所达到的完善程度。

上述两个效率存在以下关系:

$$\eta_{2\text{nd}} = \frac{\eta_{1\text{st}}}{(\eta_{1\text{st}})_{\max}} \tag{9-8}$$

其中

$$(\eta_{1\text{st}})_{\max} = \frac{\text{理想条件下输出的最大功}}{\text{供入热量}} = 1 - \frac{T_0}{T} \tag{9-9}$$

式中，T_0 是环境温度；T 是供热的热源温度。

(2) 熵方法

前几章讲过，循环过程中由不可逆性引起的有用功的损失与熵产有关，表达式为

$$\delta w_g = T_0 \delta s_g \tag{9-10}$$

式中，δw_g 是不可逆性引起的功的损失；δs_g 是熵产；T_0 是环境温度。于是熵产可以用来度量循环过程中功的损失。

此外，还可以采用㶲分析来分析效率的经济性。通常先对循环中各实际过程作㶲损失分析，汇总起来就是整个循环的有用功损失。这种方法可以判断循环中哪些过程损失较大，从而发现能量利用的薄弱环节并加以改进。

以上三种方法就其实质来说，分别是热平衡、熵平衡及㶲平衡的应用，由于这些方法各自考虑的出发点不同，故分析得到的结果有时也会有很大的出入。例如就蒸汽动力循环而言，以热力学第一定律的效率来说，认为近代的循环效率是令人满意的，而用以做功能力为评判标准的熵方法和㶲方法来分析，则认为其很不完善，因为在蒸汽锅炉中传热温差太大，尽管能量的数量损失不多，但品质降低得很厉害，能量贬值较大。由于篇幅限制，后续的循环分析将主要从循环热效率入手。

3. 循环功

除了循环的经济性外，循环功也是衡量热机性能的重要指标。前面介绍过，闭口系完成一个循环，循环对外输出的净功量等于循环中与外界交换的净热量。当发动机的输出功率一定时，循环净功量越大，意味着流经发动机的工质质量越少，从而可以采用体积更小、质量更轻的发动机；反之，相同体积的发动机可以输出更大的循环功。探究影响循环功的重要因素，确定一定工作参数范围内是否存在极大值，以及极大值对应的最佳效率同样是循环定性分析的重要工作。

以下章节将针对典型热机的典型循环的工作过程、循环热效率、循环功等内容展开讨论和分析。

9.2 活塞式内燃机循环

虽然大多数燃气轮机的燃烧模式也是内燃，但是内燃机这个名称通常特指活塞式内燃机，也称为往复式内燃机，最常见的用途是汽车发动机。

活塞式内燃机是通过气体工质的热力过程实现的，内燃机将吸入的空气与燃料混合、燃烧，燃气膨胀做功后，内燃机排出废气。实际循环是很复杂的，而且存在很多不可逆过程，加以理想化后，可以把实际的循环抽象成以空气为工质的闭式理想循环。

按点火方式分，活塞式内燃机的两种主要类型是点燃式和压燃式。在点燃式发动机中，气缸吸入燃料和空气的混合物，并由火花塞点燃；在压燃式发动机中，燃油不是与空气同时进入

气缸的,而是在空气被压缩到足够高的压力和温度(超过燃油的燃点)时,燃油才通过喷嘴雾化后注入气缸,不需要点火装置,燃烧会自动发生。

汽油机和煤气机通常采用点燃式,柴油机通常采用压燃式。由于点燃式发动机相对较轻,成本较低,特别适合在汽车上使用。当需要考虑燃油的经济性和相对大功率时(重型卡车、公共汽车、机车、船舶和辅助动力装置等),通常首选压燃式发动机。图 9.2 所示为点燃式和压燃式发动机工作原理对比示意图。

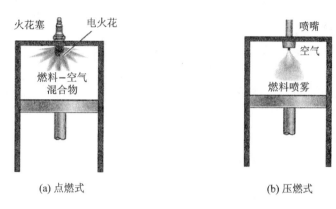

图 9.2 点燃式和压燃式发动机工作原理对比

工程热力学常按照内燃机的不同加热过程来分类,可归纳出三类典型的理想循环:奥托循环(定容加热循环)、狄塞尔循环(定压加热循环)、萨巴德循环(混合加热循环)。

9.2.1 奥托循环(Otto Cycle)

奥托循环又称定容加热理想循环,是活塞式四冲程汽油机的理想循环,其结构简图如图 9.3 所示。

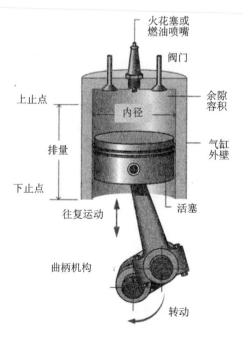

图 9.3 汽油机结构简图

汽油机实际工作过程共包括四个冲程(见图 9.4):吸气冲程、压缩冲程、膨胀冲程、排气冲程。图 9.5 所示为与之对应的四冲程汽油机实际工作过程的 p-v 图。

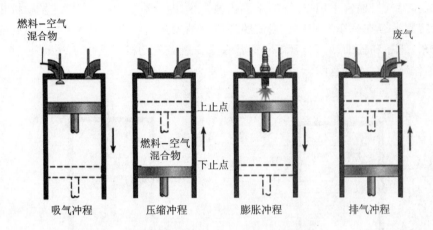

图 9.4 四冲程汽油机实际工作过程

① 吸气冲程:活塞从上止点 TDC(Top Dead Center)下行到达气缸的下止点 BDC (Bottom Dead Center),作用在于吸入新鲜混气(汽油蒸汽与空气混合物)。

需要注意的是,由于余隙容积的影响,只有当气缸内残留的余气压力下降到等于大气压力,新鲜混气才开始进入气缸,由于进气管和进气门对气体的流动有阻力,所以压力还会继续降低,略低于大气压。同时气缸中余气的温度高于新鲜混气温度,混合后的温度比外界空气温度高。

② 压缩冲程:活塞上行至气缸的上止点的

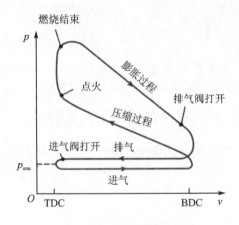

图 9.5 汽油机实际循环示功图

过程中,混气被压缩,压缩过程的作用在于提高发动机热利用的经济性和促进燃料与空气混合。

发动机在稳定工作情况下的进气终了时的空气温度低于气缸壁和活塞的温度,因此空气在被压缩的初期,吸热温度升高,随着空气继续被压缩,空气温度逐渐增高,到某一瞬时,空气温度正好等于缸壁温度。当空气再继续被压缩,温度进一步提高,这时气体温度高于缸壁温度,发生相反方向的传热。实验证明,压缩初期气体所获得的热量接近于压缩后期气体所放出的热量,因此压缩冲程常常被理想化为绝热过程。

当活塞达到上止点之前,火花塞点燃混气,气体压力迅速升高。这种燃烧过程通常理想化为在容积不变的情况下,压力陡增的定容加热过程。

③ 膨胀冲程:活塞在高压高温燃气的推动下,再次下行至下止点,利用经过压缩和燃烧后的高压高温气体对活塞做功。

在实际膨胀过程中,不仅存在气体温度高于周围环境而发生换热的情形,还存在燃料的余燃向气体加热的情形。因此理想化处理时,膨胀冲程也常常当作绝热过程处理。

④ 排气冲程:活塞再次上行至上止点,目的是排除燃烧后的燃气(废气)。

实际的排气过程包括两个阶段：①降压阶段，当活塞降到下止点之前，气体膨胀过程尚未结束，排气门提前开启，气缸中气体迅速流出，缸内气压迅速下降，直到活塞抵达下止点，这阶段排出的气体约占全部的 70%；②推排阶段（扫气阶段），活塞向上止点推进，继续排出气缸内废气，此时气缸内的压力仍较外界高出约 10%～12%。

可以看出活塞式四冲程汽油机的实际循环很复杂，需要加以理想化后再进行理论分析。

首先，考虑实际循环的进、排气两个冲程：一方面，这两个过程的功可以近似相互抵消（实际循环无法抵消，需要考虑进气和排气耗功损失）；另一方面，在进行热力分析时，通常把这两个行程看作是定量气体在不变的热力状态下，即气体的压力和温度均不变的迁移过程，而不作为热力过程分析。

其次，将汽油机实际循环的压缩和膨胀过程简化为可逆绝热过程，着火燃烧过程近似为可逆定容吸热过程，把排气过程简化为向低温热源可逆定容放热过程，得到如图 9.6 所示的汽油发动机的理想工作过程。

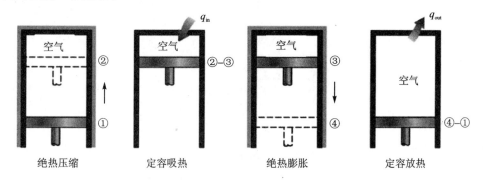

图 9.6 理想奥托循环工作过程

循环的 p-v 图和 T-s 图如图 9.7 所示，图中 1→2→3→4→1 称为奥托循环：1→2 为绝热压缩；2→3 为定容吸热；3→4 为绝热膨胀；4→1 为定容放热。

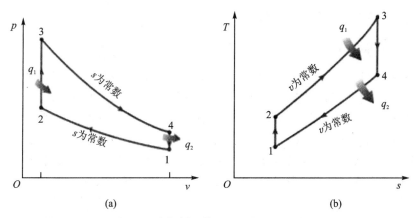

图 9.7 奥托循环的 p-v 图和 T-s 图

奥托循环中的吸热量和放热量分别为

$$q_1 = c_v(T_3 - T_2) \tag{9-11}$$

$$q_2 = c_v(T_4 - T_1) \tag{9-12}$$

定义循环参数：压缩比 $\varepsilon = \dfrac{v_1}{v_2}$，定容增压比 $\lambda = \dfrac{p_3}{p_2}$，温升比 $\tau = \dfrac{T_3}{T_1}$。其循环热效率为

$$\eta_{t,\text{otto}} = 1 - \frac{q_2}{q_1} = 1 - \frac{T_4 - T_1}{T_3 - T_2} \tag{9-13}$$

其中

$$T_2 = T_1 \varepsilon^{k-1} \tag{9-14}$$

$$T_3 = T_2 \lambda = T_1 \varepsilon^{k-1} \lambda \tag{9-15}$$

$$T_4 = T_3 \left(\frac{v_3}{v_4}\right)^{k-1} = T_1 \varepsilon^{k-1} \lambda \cdot \frac{1}{\varepsilon^{k-1}} \tag{9-16}$$

所以

$$\eta_{t,\text{otto}} = 1 - \frac{1}{\varepsilon^{k-1}} \tag{9-17}$$

上式表明,影响热效率的因素有两个,即 ε 和 k,并且 $\eta_{t,\text{otto}}$ 随着 ε 和 k 的增大而增大。一般而言,k 的数值由工质决定,因此通过增加压缩比 ε 来提高热效率是更为可行的。但是受到汽油机燃料与空气的混气自燃温度的限制,压缩比 ε 不能过大,否则混气会发生爆燃,使发动机不能正常工作。

循环净功为

$$\begin{aligned} w_{\text{net}} &= q_1 - q_2 \\ &= c_v(T_3 - T_2) - c_v(T_4 - T_1) \\ &= c_v T_1 \left[\frac{T_3}{T_1}\left(1 - \frac{T_4}{T_3}\right) - \left(\frac{T_2}{T_1} - 1\right)\right] \end{aligned} \tag{9-18}$$

结合过程关系式,不难得到循环参数表达的循环净功为

$$w_{\text{net}} = c_v T_1 \left[\tau\left(1 - \frac{1}{\varepsilon^{k-1}}\right) - (\varepsilon^{k-1} - 1)\right] \tag{9-19}$$

可以看出,奥托循环的循环功在进口状态一定的情况下,与工质的热力性质(c_v,k)、循环的压缩比(ε)以及温升比(τ)有关。

9.2.2 奥托循环的优化分析

(1) 循环功与最大循环功

先从奥托循环的 T-s 图定性分析入手,图 9.8 所示为在进气温度(T_1)和燃烧终了温度(T_3)一定时,具有不同压缩比的 3 个循环的 T-s 图。不难看出,当压缩比过小或过大时,代表循环功的面积 $12'3'4'1$ 和面积 $12''3''4''1$ 都很小,循环 12341 的压缩比适中,但显然循环功大于前两者。由前一节分析可知,3 个循环中的循环 $12''3''4''1$ 的压缩比最大,循环热效率最高。这表明,奥托循环的循环功和经济性指标是不一致的,当循环功为极大值时,热效率并未达到最高值,而当热效率达到最高值时,循环功接近于零。显然,没有循环功的输出在实际工程应用中是不切实际的。

将 $T_4 = T_1 \cdot T_3/T_2$ 代入式(9-18),再对 T_2 求导,并令导数等于 0,即

$$\frac{\mathrm{d}w_{\text{net}}}{\mathrm{d}T_2} = -c_v + c_v \frac{T_1 T_3}{T_2^2} = 0 \tag{9-20}$$

从而求得循环功为极大值时最佳压缩终了温度 T_2 为

$$T_{2,\text{opt}} = \sqrt{T_1 T_3} \tag{9-21}$$

进一步推导可得循环功为极大值时最佳压缩比为

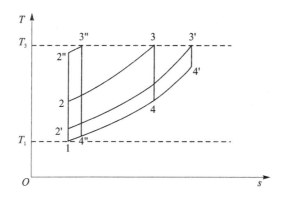

图 9.8　T_1 和 T_3 一定时不同压缩比定容加热循环的 T-s 图

$$\varepsilon_{\text{opt}} = \left(\frac{T_3}{T_1}\right)^{\frac{1}{2(k-1)}} \tag{9-22}$$

最大循环功为

$$\begin{aligned}(w_{\text{net}})_{\max} &= c_v(T_3 - \sqrt{T_1 T_3} - \sqrt{T_1 T_3} + T_1) \\ &= c_v(\sqrt{T_3} - \sqrt{T_1})^2 \\ &= c_v T_1(\sqrt{T_3/T_1} - 1)^2 \\ &= c_v T_1(\sqrt{\tau} - 1)^2\end{aligned} \tag{9-23}$$

由式 9-23 可知,当环境温度和材料的耐温(循环最高温度 T_3)一定时,奥托循环的循环功最大值是确定的,且对应的最佳压缩比也是确定的。此外,由式(9-21)和循环的过程方程不难得到,当压缩比等于最佳压缩比时,工质压缩终了的温度 T_2 正好等于膨胀终了的温度 T_4。

图 9.9 所示为不同循环温比下,循环功随压缩比 ε 的变化曲线。可见,随着温比 T_3/T_1 的增大, $w_{\text{net,max}}$ 也增大,同时 $w_{\text{net,max}}$ 所对应的最佳压缩比 ε 也是呈增大趋势。

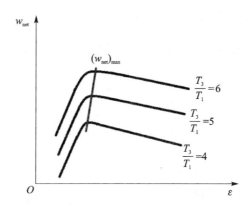

图 9.9　定容加热循环的 w_{net} 与 T_3/T_1 及 ε 的关系($k=1.4$)

(2) 热效率与最佳热效率

由上节推导的热效率公式可知,奥托循环的热效率仅是压缩比和绝热指数的函数,而绝热指数取决于工质的种类及其压力和温度。因此,工程上提高热效率几乎都是通过增大压缩比来实现的。图 9.10 所示为不同 k 值下,循环热效率随压缩比的变化曲线,可见 k 值一定时,热效率随压缩比增大,一开始热效率迅速提高,随后热效率提升的速率逐渐变缓。

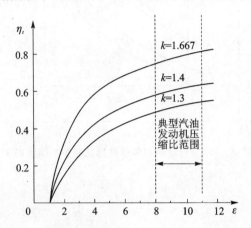

图 9.10 奥托循环热效率 η_t 随压缩比 ε 的变化曲线

所谓最佳热效率,通常指循环功为极大值时的热效率。将循环功为极大值时所对应的最佳压缩终了温度 $T_{2,\mathrm{opt}}$ 和最佳膨胀终点温度 $T_{4,\mathrm{opt}}$ 代入热效率式(9-13),即可得到最佳热效率表达式:

$$\eta_{t,\mathrm{opt}} = 1 - \frac{T_4 - T_1}{T_3 - T_2} = 1 - \frac{\sqrt{T_3 T_1} - T_1}{T_3 - \sqrt{T_3 T_1}} = 1 - \frac{\sqrt{T_1}(\sqrt{T_3} - \sqrt{T_1})}{\sqrt{T_3}(\sqrt{T_3} - \sqrt{T_1})} = 1 - \frac{\sqrt{T_1}}{\sqrt{T_3}} = 1 - \frac{1}{\sqrt{T_3/T_1}}$$

(9-24)

循环的最高温度 T_3 主要受到材料耐温、加工工艺以及燃烧组织方式等因素的限制,难以在短期内有大的提高,因此奥托循环的理论最佳热效率以及最佳压缩比在一定时期是相对固定的。目前实际的汽油机工作压缩比通常在 8~11 的范围内,热效率在 25% 与 30% 之间。

9.2.3 狄塞尔循环(Diesel Cycle)

早期的低速柴油机在压缩终了时用高压空气将柴油喷入气缸,燃油随喷随燃,此时的活塞已在下行移动进入膨胀冲程,因此气缸内的压力变化不大,燃烧过程可近似在定压条件下发生,故将燃烧过程理想化为定压加热过程来分析循环特性。

实际的定压燃烧柴油机的示功图如图 9.11 所示,燃烧过程 2→3→4 近似为定压过程,其他工作过程与汽油机类似。图 9.12 所示是理想化后得到的定压加热循环 $p-v$ 图和 $T-s$ 图,也称狄塞尔循环,由 4 个过程组成:1→2 绝热压缩,2→3 定压加热,3→4 绝热膨胀,4→1 定容放热。

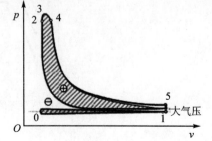

图 9.11 定压燃烧柴油机的示功图

狄塞尔循环中,工质吸热:

$$q_1 = c_p(T_3 - T_2) \quad (9-25)$$

工质放热:

$$q_2 = c_v(T_4 - T_1) \quad (9-26)$$

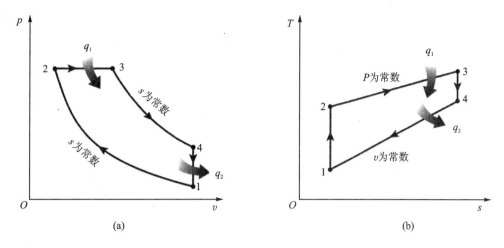

图 9.12 狄塞尔循环的 $p-v$ 图和 $T-s$ 图

故其循环热效率为

$$\eta_{t,\text{Diesel}} = 1 - \frac{q_2}{q_1} = 1 - \frac{T_4 - T_1}{k(T_3 - T_2)} = 1 - \frac{T_1(T_4/T_1 - 1)}{kT_2(T_3/T_2 - 1)} \quad (9-27)$$

定义定压加热循环的循环参数：压缩比 $\varepsilon = \dfrac{v_1}{v_2}$，定压预胀比 $\rho = \dfrac{v_3}{v_2}$。则推导可得循环热效率如下：

$$\eta_{t,\text{Diesel}} = 1 - \frac{\rho^k - 1}{k\varepsilon^{k-1}(\rho - 1)} \quad (9-28)$$

上式说明，定压加热理想循环热效率随压缩比 ε 的增大而提高，随定压预胀比 ρ 的增大而降低。图 9.13 展示了理想的狄塞尔循环热效率 η_t 与压缩比 ε 及预胀比 ρ 的关系曲线。

由于柴油机里被压缩的仅仅是空气，不存在提高压缩比引起爆燃的问题，故柴油机工作的压缩比可以很高，通常的工作压缩比范围为 12~23（见图 9.13），热效率也高于汽油机。大型柴油机的实际热效率一般可以达到 35%～40%，同时由于柴油机的运转速度比较低，燃料燃烧得也更加彻底。低燃料成本和高热效率的优点使得柴油机在重型机械动力装置中得到广泛应用，如重型卡车、大型船舶等。

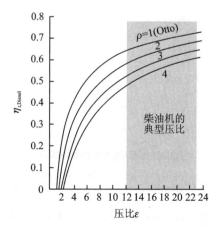

图 9.13 理想狄塞尔循环的热效率 η_t 与压缩比 ε 及预胀比 ρ 的关系 ($k=1.4$)

根据热力学第一定律,定压加热循环的循环净功为

$$w_{net} = c_p(T_3 - T_2) - c_v(T_4 - T_1) \tag{9-29}$$

将 $T_4/T_1 = (T_3/T_2)^k$ 和 $\varepsilon = v_1/v_2 = (T_2/T_1)^{1/k-1}$ 等过程关系式代入式(9-29),得到以 ε 为自变量的循环功公式,即

$$\begin{aligned} w_{net} &= c_v T_1 \left\{ k\left(\frac{T_3}{T_1} - \varepsilon^{k-1}\right) - \left[\left(\frac{T_3/T_1}{\varepsilon^{k-1}}\right)^k - 1\right] \right\} \\ &= c_p T_1 \left\{ \frac{T_3}{T_1}\left[1 - \frac{1}{k}\left(\frac{T_3}{T_1}\right)^{k-1}\frac{1}{\varepsilon^{k(k-1)}}\right] - (\varepsilon^{k-1} - \frac{1}{k}) \right\} \end{aligned} \tag{9-30}$$

再将关系式 $T_3/T_1 = \rho\varepsilon^{k-1}$ 代入式(9-30),也可以得到以预胀比 ρ 为自变量的循环功公式,即

$$w_{net} = c_p T_1 \left[\frac{T_3}{T_1}\left(1 - \frac{1}{\rho}\right) - \frac{1}{k}(\rho^k - 1)\right] \tag{9-31}$$

参考上一节的方法,读者可自行推导最佳压缩比、最佳预胀比,以及对应的对大循环功和最佳热效率。

9.2.4 萨巴德循环(Sabathe Cycle)

现在的高速压燃式内燃机比早期的柴油机更早注入燃料。如图 9.14 所示,当活塞行至气缸上止点(点 2)之前的点 2′时,柴油就被提前喷入气缸,这时被压缩的空气温度达到 600~800 ℃,柴油自燃温度约为 335 ℃;经过滞燃期,当活塞运动到接近上止点 2 时才燃烧起来,气缸内气体压力迅速上升,燃烧过程 2→3 可近似视为定容过程;活塞到达上止点 2 后开始下行,由于燃料的继续注入,燃烧仍在继续,故气缸内气体的压力变化很小,所以 3→4 过程接近于定压燃烧,到达点 4 时,缸内气体的温度可高达 1 700~1 800 ℃。因此,整个燃烧过程可以用一个定容过程和一个定压过程来模拟,排气放热过程(5→1′)与以上两类循环类似,可近似为定容放热过程。

结合前述的假设,实际混合循环理想化后得到萨巴德循环,又称为混合加热循环(Dual Cycle)。图 9.15 所示是萨巴德循环的 $p-v$ 图和 $T-s$ 图,其包括 5 个过程:1→2 绝热压缩,2→3 定容加热,3→4 定压加热,4→5 绝热膨胀,5→1 定容放热。

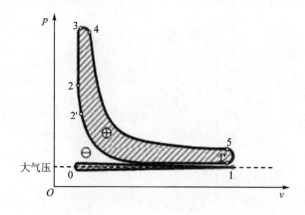

图 9.14 高速柴油机的实际循环示功图

循环中,工质吸热:

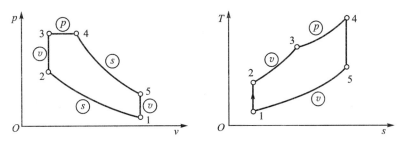

图 9.15 萨巴德循环的 $p-v$ 图和 $T-s$ 图

$$q_1 = q_{2-3} + q_{3-4} = c_v(T_3 - T_2) + c_p(T_4 - T_3) \tag{9-32}$$

工质放热:

$$q_2 = c_v(T_5 - T_1) \tag{9-33}$$

循环热效率:

$$\eta_{t,\text{Dual}} = 1 - \frac{q_2}{q_1} = 1 - \frac{c_v(T_5 - T_1)}{c_v(T_3 - T_2) + c_p(T_4 - T_3)} = 1 - \frac{T_5 - T_1}{(T_3 - T_2) + k(T_4 - T_3)} \tag{9-34}$$

定义循环参数:压缩比 $\varepsilon = \dfrac{v_1}{v_2}$,定容增压比 $\lambda = \dfrac{p_3}{p_2}$,定压预胀比 $\rho = \dfrac{v_4}{v_3}$。定容增压比 λ 和定压预胀比 ρ 在实际工程中反映的是发动机的供油规律。

因为 1→2 与 4→5 是可逆绝热过程,所以有

$$p_1 v_1^k = p_2 v_2^k, \quad p_4 v_4^k = p_5 v_5^k \tag{9-35}$$

其中,$p_4 = p_3$,$v_1 = v_5$,$v_2 = v_3$,将式(9-35)中的两式相除得到:

$$\frac{p_5}{p_1} = \frac{p_4}{p_2}\left(\frac{v_4}{v_2}\right)^k = \frac{p_3}{p_2}\left(\frac{v_4}{v_3}\right)^k = \lambda\rho^k \tag{9-36}$$

5→1 是定容过程,有

$$T_5 = T_1 \frac{p_5}{p_1} = T_1 \lambda \rho^k \tag{9-37}$$

1→2 是定熵过程,有

$$T_2 = T_1 \left(\frac{v_1}{v_2}\right)^{k-1} = T_1 \varepsilon^{k-1} \tag{9-38}$$

2→3 是定容过程,有

$$T_3 = T_2 \frac{p_3}{p_2} = \lambda T_2 = \lambda T_1 \varepsilon^{k-1} \tag{9-39}$$

3→4 是定压过程,有

$$T_4 = T_3 \frac{v_4}{v_3} = \rho T_3 = \rho \lambda T_1 \varepsilon^{k-1} \tag{9-40}$$

所以,混合加热循环的热效率为

$$\eta_{t,\text{Dual}} = 1 - \frac{\lambda \rho^k - 1}{\varepsilon^{k-1}[(\lambda - 1) + k\lambda(\rho - 1)]} \tag{9-41}$$

由上式可知,混合加热循环的热效率随着压缩比 ε 和定容增压比 λ 的增大而增大,随定压预胀比 ρ 增大而减小。这个结论一方面可以通过对上述公式的数学分析来获得,另一方面也

可以通过图 9.16 非常直观地定性分析得到。

图 9.16 中混合循环 12345 为参考循环,在定容增压比 λ 和定压预胀比 ρ 不变的条件下,增大压缩比 ε,循环变为 $12'3'4'5$,循环的平均吸热温度 T_{1m} 增大($T'_{1m} > T_{1m}$),而平均放热温度 T_{2m} 不变,根据温度平均法求热效率 $\eta_t = 1 - T_{2m}/T_{1m}$,可见循环热效率是增大的。在压缩比和定压预胀比不变的条件下,增大定容增压比,利用平均吸、放热温度法,可以得到同样的结论(对照循环为 $123''4''5$,$T''_{1m} > T_{1m}$)。定压预胀比 ρ 增大时,循环的平均吸热温度 T_{1m} 降低($T'''_{1m} < T_{1m}$),故造成热效率下降。

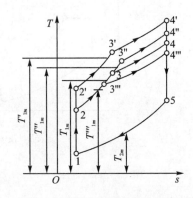

图 9.16 混合加热理想循环分析

下面分析混合加热循环的净功量,根据热力学第一定律可得:

$$w_{net} = c_v(T_3 - T_2) + c_p(T_4 - T_3) - c_v(T_5 - T_1) \tag{9-42}$$

将定容增压比 $\lambda = \dfrac{p_3}{p_2} = \dfrac{T_3}{T_2}$ 代入式(9-42),经整理后得:

$$w_{net} = c_p T_4 - [(c_p - c_v)\lambda + c_v]T_2 - c_v T_5 + c_v T_1 \tag{9-43}$$

利用循环过程的比容和温度之间的关系,可得到膨胀终点温度 T_5 与其他各点温度之间的关系式为

$$T_5 = \left(\dfrac{1}{\lambda}\right)^{k-1} \dfrac{T_1 T_4^k}{T_2^k} \tag{9-44}$$

将式(9-44),$T_2/T_1 = \varepsilon^{k-1}$ 和循环温度比 $\tau = \dfrac{T_4}{T_1}$ 等关系式代入式(9-43),可得混合加热理想循环的循环公式为

$$w_{net} = c_v T_1 \left\{ k\tau - [(k-1)\lambda + 1]\varepsilon^{k-1} - \left[\left(\dfrac{1}{\lambda}\right)^{\frac{k-1}{k}}\left(\dfrac{\tau}{\varepsilon^{k-1}}\right)\right]^k + 1 \right\} \tag{9-45}$$

可见,与奥托循环和狄塞尔循环一样,增大循环温度比 $\tau = \dfrac{T_4}{T_1}$,可有效增大循环功。

9.2.5 三种活塞式发动机理想循环性能比较

(1) 循环最高温度和最高压力相同的比较

循环最高温度和压力主要取决于发动机材料的耐热温度和机械强度,在相同最高温度和压力的条件下,比较三种活塞式发动机的循环性能是有现实工程意义的。

如图 9.17 所示,12341 为定容加热循环、$12'3'341$ 为混合加热循环、$12''341$ 为定压加热循环。由 T-s 图分析,三种循环的放热量相同,吸热量从大到小依次为:定压加热循环、混合加热循环、定容加热循环。所以,循环热效率:$\eta_{tp} > \eta_{tm} > \eta_{tV}$。采用平均温度法分析,定压加热循环的平均吸热温度最高,三种循环的平均放热温度相同,结论相同。

此外,上述限制条件下,定压加热循环的循环功也最大(面积 $12''341$),定容加热循环最小(面积 12341)。这也正是为什么实际工程中,柴油机在重型机械动力装置中得到广泛应用,并且柴油机的热效率通常高于汽油机的热效率。

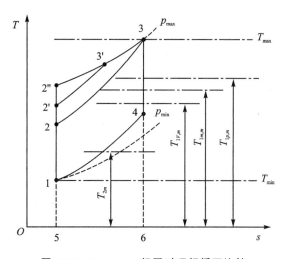

图 9.17 T_{max}、p_{max} 相同时理想循环比较

(2) 循环压缩比和吸热量相同的比较

循环压缩比是决定发动机的体积(或质量)的重要性能参数。本节将在气缸体积(压缩比)和耗油率(循环吸热量)相同的条件下,对比分析三种循环的工作性能。

图 9.18 所示是依照上述限制条件绘制的三种循环 $T-s$ 图,图中的 12341 为定容加热循环,122'3'4'1 为混合加热循环,123"4"1 为定压加热循环。三种循环的压缩比相同,则过程 1→2 的过程线相同;循环吸热量相同,则图中的面积 62356=面积 622'3'5'6=面积 623"5"6。

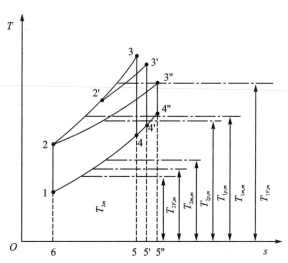

图 9.18 ε 与 q_1 相同时理想循环的比较

循环放热量:面积 14561<面积 14'5'61<面积 14"5"61,因此,$\eta_{tV} > \eta_{tm} > \eta_{tp}$,即定容加热循环的热效率最高(平均放热温度最低),而定压加热循环的热效率最低。

事实上,以上三种发动机的理想循环各有优劣:

① 从决定发动机体积的性能参数——最佳压缩比来看,汽油发动机的最小,其次为高速柴油机,而低速柴油机的最大;

② 从影响发动机经济性的角度来看,汽油机最好,其次为低速和高速柴油机(当 λ 的值较

大时,高速柴油机的经济性能优于低速柴油机);

③ 从循环功大小的角度来看,低速柴油机的最大,高速柴油机次之,汽油机最小;

④ 从发动机所承受的机械负荷(最高压力)的角度来看,汽油机的机械负荷最高,其次为低速和高速柴油机。

例 9-1 在压缩比及放热量相同的前提下,试通过 $T-s$ 图定性比较定容、定压及混合加热理想循环的热效率。

解:采用平均温度法进行比较,按照压缩比及放热量相同的条件在 $T-s$ 图上(见图 9.19)作出定容加热循环 12341、定压加热循环 123′41 以及混合加热循环 122′3″41,因放热量相同,所以它们的平均放热温度均为 T_{2m},而平均吸热温度各不相同,它们分别是 $T_{1v,m}$、$T_{1p,m}$ 及 $T_{1m,m}$。由图可以看出,因为它们吸热量不同则有下述关系($q_{1v}>q_{1m}>q_{1p}$):

$$T_{1v,m} > T_{1m,m} > T_{1p,m}$$

所以

$$\eta_{tv} > \eta_{tm} > \eta_{tp}$$

例 9-2 如图 9.20 所示,以空气为工质的理想奥托循环的压缩比为 8,状态 1 温度为 300 K,压力为 95 kPa。试确定加热过程结束后的空气温度和压力、循环净功和循环热效率。假设动能和势能的变化可忽略不计,空气可以看作具有定比热容的理想气体。

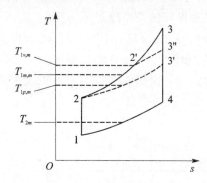

图 9.19 压缩比及放热量相同的三种循环比较

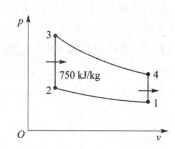

图 9.20 理想奥托循环

解:室温下的空气参数:$c_p=1.005$ kJ/(kg·K),$c_v=0.718$ kJ/(kg·K),$R_g=0.287$ kJ/(kg·K),$k=1.4$。

① 1→2 过程(绝热压缩)

$$T_2 = T_1\left(\frac{v_1}{v_2}\right)^{k-1} = 300 \times (8)^{1.4-1} = 689 \text{ K}$$

$$\frac{p_2 v_2}{T_2} = \frac{p_1 v_1}{T_1} \rightarrow p_2 = \frac{v_1}{v_2}\frac{T_2}{T_1}p_1 = 8 \times \frac{689}{300} \times 95 = 1\,745 \text{ kPa}$$

② 2→3 过程(定容吸热)

$$q_{23,\text{in}} = u_3 - u_2 = c_v(T_3 - T_2) \Rightarrow T_3 = \frac{q_{23,\text{in}}}{c_v} + T_2 = \frac{750}{0.718} + 689 = 1\,734 \text{ K}$$

$$\frac{p_3 v_3}{T_3} = \frac{p_2 v_2}{T_2} \rightarrow p_3 = \frac{T_3}{T_2}p_2 = \frac{1\,734}{689} \times 1\,745 = 4\,392 \text{ kPa}$$

③ 3→4 过程(绝热膨胀)

$$T_4 = T_3\left(\frac{v_3}{v_4}\right)^{k-1} = 1734 \times \left(\frac{1}{8}\right)^{1.4-1} = 755 \text{ K}$$

④ 4→1 过程(定容放热)

$$q_{out} = u_4 - u_1 = c_v(T_4 - T_1) = 0.718 \times (755 - 300) = 327 \text{ kJ/kg}$$

循环净功为

$$w_{net} = q_{in} - q_{out} = 750 - 327 = 423 \text{ kJ/kg}$$

⑤ 循环热效率为

$$\eta_{th} = \frac{w_{net}}{q_{in}} = \frac{423}{750} = 56.4\%$$

例 9-3 如图 9.21 所示，单缸活塞式内燃机按理想混合式加热循环工作，其循环压缩比为 15:1，该内燃机从大气条件为 0.981 bar、27 ℃ 的环境吸入空气，气缸的最高压力为 54 bar，若定容加热量是定压加热量的 2 倍，求：①定容加热过程的压力比 λ；②定压加热膨胀比 ρ；③循环热效率 η_t。

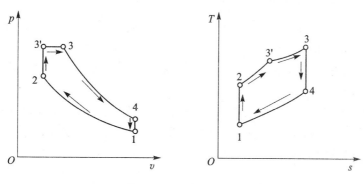

图 9.21 混合加热循环

解： ① 参照图 9.21 可得

$$T_1 = 300 \text{ K}, \quad \varepsilon = v_1/v_2 = 15$$

所以

$$T_2 = T_1 \left(\frac{v_1}{v_2}\right)^{k-1} = 300 \times (15)^{1.4-1} = 886 \text{ K}$$

又由

$$\frac{p_2 v_2}{T_2} = \frac{p_1 v_1}{T_1}, \quad p_1 = 0.981 \text{ bar}$$

所以

$$p_2 = p_1 \left(\frac{v_1}{v_2}\right)\left(\frac{T_2}{T_1}\right) = 0.981 \times (15) \times \frac{886}{300} = 43.5 \text{ bar}$$

$$\lambda = \frac{p'_3}{p_2} = \frac{54}{43.5} = 1.24$$

②

$$T'_3 = T_2 \frac{p'_3}{p_2} = 886 \times 1.24 = 1\,100 \text{ K}$$

$$q_v = c_v(T'_3 - T_2)$$

$$q_p = c_p(T_3 - T'_3)$$

则

$$\frac{q_v}{q_p} = \frac{c_v(T'_3 - T_2)}{c_p(T_3 - T'_3)} = 2$$

因为

$$T_3 = \frac{T'_3 - T_2}{2k} + T'_3 = \frac{1\,100 - 886}{2 \times 1.4} + 1\,100 = 1\,176 \text{ K}$$

$$\frac{v_3}{T_3} = \frac{v'_3}{T'_3} = \frac{v_2}{T'_3}$$

则
$$\frac{v_3}{v_2} = \frac{T_3}{T'_3} = \frac{1\,176}{1\,100} = 1.07$$

所以
$$\rho = \frac{v_3}{v'_3} = \frac{v_3}{v_2} = 1.07$$

③ 将 $\varepsilon = 15, \lambda = 1.24, \rho = 1.07, k = 1.4$ 代入混合加热循环热效率的计算公式，有

$$\eta_t = 1 - \frac{1.24 \times 1.07^{1.4} - 1}{15^{1.4-1} \times [(1.24-1) + 1.4 \times 1.24 \times (1.07-1)]} = 66\%$$

9.3 燃气轮机循环

9.3.1 布雷登循环(Brayton Cycle)

燃气轮机(Gas Turbine)是以连续流动的气体为工质带动叶轮高速旋转，将燃料燃烧产生的热能转变为有用功的内燃式动力机械，是一种旋转叶轮式热力发动机。与往复式内燃机相比，可连续做功且功率大、热效率高。布雷登循环是由乔治·布雷登于1870年首次提出的，是燃气轮机装置的理想循环。

燃气轮机的主要三大部件包括压气机、燃烧室和涡轮，实际采用的是开式循环，如图9.22所示，压气机从大气中源源不断地吸入空气并提高其压力，然后将其送入燃烧室，燃烧后形成的高温燃气进入涡轮做功，最后废气排入大气。涡轮所做的功一部分用于带动压气机旋转，剩余部分输出利用。

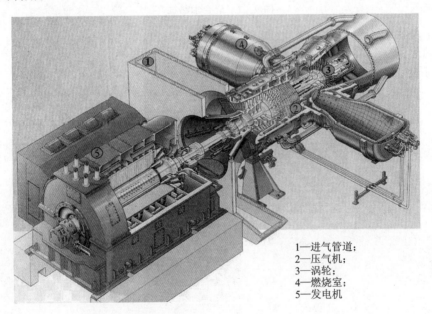

1—进气管道；
2—压气机；
3—涡轮；
4—燃烧室；
5—发电机

图 9.22 燃气轮机结构简图

上述开式燃气轮机的循环流程如图9.23(a)所示，假设吸入的空气为理想气体，燃烧过程简化为定压加热过程，排气过程简化为定压放热过程，开式循环可假想成图9.23(b)所示的闭式循环。这个理想的封闭式循环即为燃气轮机的理想定压加热循环，又名布雷登循环。

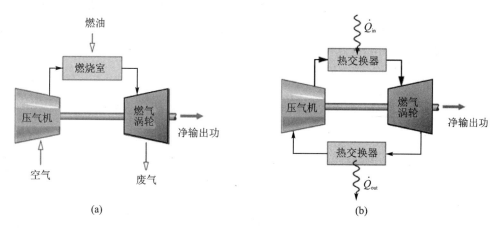

图 9.23 燃气轮机工作循环流程图

图 9.24 所示为布雷登循环的循环图,由 4 个可逆过程组成:1→2 为工质在压气机中可逆绝热(定熵)压缩;2→3 为工质在燃烧室中可逆定压加热;3→4 为工质在燃气涡轮中可逆绝热(定熵)膨胀;4→1 为工质可逆定压放热。

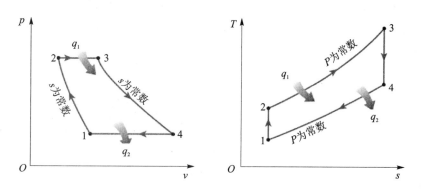

图 9.24 布雷登循环的循环图

显然,循环的吸、放热量分别为

$$q_1 = h_3 - h_2 = c_p(T_3 - T_2) \tag{9-46}$$

$$q_2 = h_4 - h_1 = c_p(T_4 - T_1) \tag{9-47}$$

首先分析理想布雷登循环的热效率:

$$\eta_{t,\text{Brayton}} = \frac{w_{\text{net}}}{q_1} = 1 - \frac{q_2}{q_1} = 1 - \frac{c_p(T_4 - T_1)}{c_p(T_3 - T_2)} = 1 - \frac{T_1(T_4/T_1 - 1)}{T_2(T_3/T_2 - 1)} \tag{9-48}$$

过程 1→2 与 3→4 为定熵过程,且 $p_2 = p_3, p_4 = p_1$,因此:

$$\frac{T_2}{T_1} = \left(\frac{p_2}{p_1}\right)^{(k-1)/k} = \left(\frac{p_3}{p_4}\right)^{(k-1)/k} = \frac{T_3}{T_4} \tag{9-49}$$

代入热效率的表达式并化简得:

$$\eta_{t,\text{Brayton}} = 1 - \frac{1}{\pi^{(k-1)/k}} \tag{9-50}$$

其中,$\pi = \dfrac{p_2}{p_1}$ 为循环增压比;k 为绝热指数。

由式(9-50)可知,循环热效率是由循环增压比 π 和工质的绝热指数 k 确定的,η 随着 k

和 π 的增大而增大。图 9.25 是 $k=1.4$ 时循环热效率与增压比的关系,起初随着增压比增加,热效率增长较快,而当增压比增加到一定的程度后,循环热效率的增长就不显著了。图中同时标注了燃气轮机典型循环增压比的范围,常见的燃气轮机增压比在 11~16 的范围内。

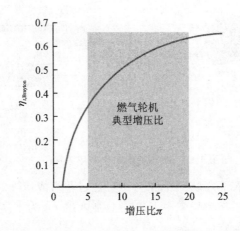

图 9.25 理想布雷登循环热效率 $\eta_{t,\text{Brayton}}$ 与增压比 π 的关系($k=1.4$)

下面讨论循环功及最大循环功对应的增压比 π:

$$\begin{aligned}
w_{\text{net}} &= q_1 - q_2 = c_p\left[(T_3-T_2)-(T_4-T_1)\right] \\
&= c_p\left[(T_3-T_4)-(T_2-T_1)\right] \\
&= c_p T_1\left[\frac{T_3}{T_1}\left(1-\frac{T_4}{T_3}\right)-\left(\frac{T_2}{T_1}-1\right)\right]
\end{aligned} \tag{9-51}$$

定义循环增温比(也称循环温度比,简称循环温比):$\tau=\dfrac{T_3}{T_1}$,同时 $\dfrac{T_2}{T_1}=\left(\dfrac{p_2}{p_1}\right)^{\frac{k-1}{k}}=\left(\dfrac{p_3}{p_4}\right)^{\frac{k-1}{k}}=\dfrac{T_3}{T_4}=\pi^{\frac{k-1}{k}}$,所以

$$w_{\text{net}}=c_p T_1\left[\tau\left(1-\frac{1}{\pi^{\frac{k-1}{k}}}\right)-(\pi^{\frac{k-1}{k}}-1)\right] \tag{9-52}$$

循环中的最高温度出现在燃烧室出口(状态 3),它受到涡轮叶片材料能承受最高温度的限制。由式(9-52)可见,在循环增温比 τ 一定的条件下,循环净功仅仅是增压比 π 的函数。

图 9.26 所示是在循环最高温度 T_3 一定的条件下,不同循环增压比 π 下的布雷登循环对比 T-s 图。从图中循环净功面积的变化可以看出,循环的净输出功随着增压比 π 的增加而增加,达到最大值,然后开始下降。

图 9.27 进一步展示了在不同温比条件下,循环功 w_{net} 与增压比 π 的变化关系,同样可见,在循环增温比 $\tau(T_3/T_1)$ 一定时,随着 π 增大,循环功 w_{net} 先增大再减小,存在最大值;另外,随着 τ 的增大,最大循环功对应的 π 值(最佳增压比,用 π_{opt} 表示)也在增加。

下面推导在最高温度 T_3 一定的条件下(循环增温比 τ 不变),最佳增压比 π_{opt} 及最大循环功 $(w_{\text{net}})_{\max}$ 的计算公式,由式(9-52)求 $\dfrac{\mathrm{d}w_{\text{net}}}{\mathrm{d}\pi}=0$,解得:

$$\pi_{\text{opt}}=\left(\frac{T_3}{T_1}\right)^{\frac{k}{2(k-1)}}=\tau^{\frac{k}{2(k-1)}} \tag{9-53}$$

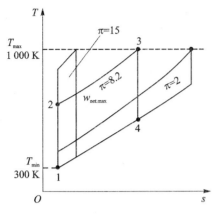
图 9.26 布雷登循环的 $T-s$ 图

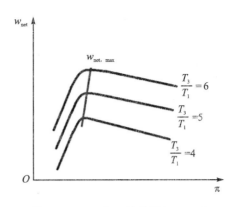
图 9.27 w_{net} 与 π 的关系 ($k=1.4$)

带入式(9-52)得最大循环功为

$$(w_{net})_{max} = c_p T_1 (\sqrt{\tau} - 1)^2 \tag{9-54}$$

结合定熵压缩过程方程和式(9-53),最佳增压比为

$$\frac{T_2}{T_1} = (\pi_{opt})^{\frac{k-1}{k}} = \sqrt{\frac{T_3}{T_1}} \tag{9-55}$$

因此,最佳增压比对应的压缩后工质的温度为

$$(T_2)_{opt} = \sqrt{T_1 \cdot T_3} \tag{9-56}$$

同理

$$\frac{T_3}{T_4} = (\pi_{opt})^{\frac{k-1}{k}} = \sqrt{\frac{T_3}{T_1}} \tag{9-57}$$

可得最佳增压比对应的膨胀终了温度为

$$(T_4)_{opt} = \sqrt{T_1 \cdot T_3} \tag{9-58}$$

可见当最佳增压比为 $(T_2)_{opt} = (T_4)_{opt}$ 时,即当工质膨胀结束的温度 T_4 与压缩结束的温度 T_2 相等时,能获得最大循环功。

此外,将式(9-53)带入式(9-50),可得最大循环功对应的热效率,即最佳热效率为

$$(\eta_{t,Brayton})_{opt} = 1 - \sqrt{\frac{T_1}{T_3}} = 1 - \frac{1}{\sqrt{\tau}} \tag{9-59}$$

上式表明,当 T_1 和 k 一定时,最大循环净功对应的最佳增压比和最佳循环热效率都随着燃烧室出口温度 T_3 的提高而增大。

9.3.2 燃气轮机的实际循环

在大部分情况下,燃气轮机的实际循环是不同于理想循环的,燃气轮机装置的各个过程都存在不可逆因素。

如图 9.28 所示,燃气轮机装置的理想定压加热循环为 $1 \rightarrow 2s \rightarrow 3 \rightarrow 4s \rightarrow 1$,$2s$ 和 $4s$ 分别表示的是理想定熵过程下压气机和涡轮的出口状态。考虑压缩过程和膨胀过程的不可逆性,循环过程为 $1 \rightarrow 2 \rightarrow 3 \rightarrow 4 \rightarrow 1$,其中 $1 \rightarrow 2$ 为压气机中的不可逆绝热压缩过程,$3 \rightarrow 4$ 为燃气涡轮中的不可逆绝热膨胀过程(忽略工质流经压气机和燃气涡轮时向外的散热)。可以看出,压气机

和燃气涡轮出口状态 2 和 4 都比理想状态 $2s$、$4s$ 有更大的熵,这是因为对于稳定流过绝热设备的单股流体,过程中的不可逆因素总要导致流体的熵值增加。

图 9.28 所示的燃气轮机定压加热循环仅考虑了压缩和膨胀过程的不可逆性,认为工质吸热和放热过程为定压过程。事实上,工质在吸热和放热时,工质的流动会产生压降,如果考虑压降,则燃气轮机装置循环如图 9.29 中的循环 $1 \to 2a \to 3 \to 4a \to 1$ 所示,此时不再是定压加热循环。

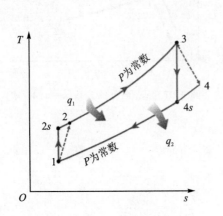

图 9.28 考虑了压缩和膨胀过程
不可逆性的燃气轮机装置循环图

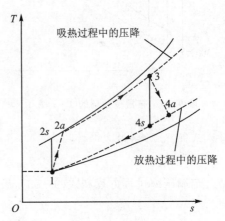

图 9.29 考虑了吸热和放热过程
压降损失的实际不可逆燃气轮机装置循环图

下面主要讨论考虑压缩过程和膨胀过程的不可逆性对燃气轮机效率的影响。

(1) 压气机的绝热效率和燃气涡轮的相对内效率

通常采用绝热效率来评价压气机的性能,气体在压缩前的状态相同,压缩后的压力也相同的情况下,对气体进行可逆绝热压缩时的耗功量 $w_{C,s}$ 与实际不可逆绝热压缩时的耗功量 w_C 的比值,称为压气机的绝热效率 $\eta_{C,s}$,即

$$\eta_{C,s} = \frac{w_{C,s}}{w_C} \simeq \frac{h_{2s} - h_1}{h_2 - h_1} \tag{9-60}$$

燃气涡轮的内部损耗通常以相对内效率 η_T 来衡量。燃气涡轮中,在膨胀前气体状态相同,膨胀后气体压力相同的情况下,气体在实际不可逆绝热膨胀过程所做的功 w_T 与可逆绝热膨胀过程中做出的功 $w_{T,s}$ 之比,称为燃气涡轮的相对内效率,即

$$\eta_T = \frac{w_T}{w_{T,s}} \simeq \frac{h_3 - h_4}{h_3 - h_{4s}} \tag{9-61}$$

显然,绝热效率和相对内效率分别反映了压气机内压缩过程和燃气涡轮内膨胀过程的理想程度。

(2) 燃气轮机装置定压加热实际循环的热效率

实际压气机出口空气的焓值为

$$h_2 = h_1 + \frac{h_{2s} - h_1}{\eta_{C,s}} \tag{9-62}$$

因此,循环中 1 kg 的工质吸热量 q_1 为

$$q_1 = h_3 - h_2 = h_3 - h_1 - \frac{h_{2s} - h_1}{\eta_{C,s}} \tag{9-63}$$

循环净功量 w_{net} 等于燃气轮机实际做功量 w_T 与压气机耗功量 w_C 之差,即

$$w_{net} = w_T - w_C = h_3 - h_4 - (h_2 - h_1) \tag{9-64}$$

将式(9-62)和式(9-61)代入式(9-64),可得

$$w_{net} = (h_3 - h_{4s})\eta_T - \frac{(h_{2s} - h_1)}{\eta_{C,s}} \tag{9-65}$$

因此,实际循环的热效率为(假设比热容为定值)

$$\eta = \frac{w_{net}}{q_1} = \frac{(h_3 - h_{4s})\eta_T - \dfrac{(h_{2s} - h_1)}{\eta_{C,s}}}{h_3 - h_1 - \dfrac{h_{2s} - h_1}{\eta_{C,s}}} = \frac{(T_3 - T_{4s})\eta_T - \dfrac{(T_{2s} - T_1)}{\eta_{C,s}}}{T_3 - T_1 - \dfrac{T_{2s} - T_1}{\eta_{C,s}}} \tag{9-66}$$

又因为

$$\frac{T_3}{T_{4s}} = \frac{T_{2s}}{T_1} = \pi^{\frac{k-1}{k}}, \quad \tau = \frac{T_3}{T_1} \tag{9-67}$$

所以式(9-66)可改写为

$$\eta = \frac{\dfrac{\tau}{\pi^{\frac{k-1}{k}}}\eta_T - \dfrac{1}{\eta_{C,s}}}{\dfrac{\tau - 1}{\pi^{\frac{k-1}{k}} - 1} - \dfrac{1}{\eta_{C,s}}} \tag{9-68}$$

由式(9-68)可以看到,燃气轮机装置定压加热实际循环的热效率取决于循环增压比 π、循环增温比 τ、压气机的绝热效率 $\eta_{C,s}$ 以及燃气涡轮的相对内效率 η_T。进一步的分析表明:

① 在 π、$\eta_{C,s}$、η_T 一定的条件下,循环增温比 $\tau = \dfrac{T_3}{T_1}$ 越大,实际循环的热效率越高。因为温度 T_1 取决于环境大气温度,所以只能借助于提高循环最高温度 T_3 来增大循环增温比。但是 T_3 受到金属材料耐热性能的限制,因此提高材料的耐温性和寻求更高效的冷却技术是提高燃气轮机热效率的主要途径之一。

② 保持循环增温比 τ 及 $\eta_{C,s}$、η_T 一定,随循环增压比的提高,循环热效率也会有一定程度的提高,并且存在一个最高值,如图 9.30 所示。当增温比增大时,和热效率的极大值相对应的增压比也提高,热效率也进一步提升。再次说明,提高 T_3 是提高循环热效率的一个主要途径。

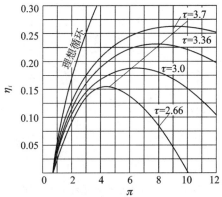

图 9.30 燃气轮机装置实际循环内部热效率
($\eta_{c,s} = \eta_T = 0.85, T_1 = 290 \text{ K}, k = 1.4$)

③ 提高压气机的绝热效率和燃气涡轮的相对内效率，减小压气机中压缩过程和燃气涡轮中膨胀过程的不可逆性，同样可以提高实际循环的热效率。目前实际工程中，压气机的绝热效率在 0.8~0.9 的范围内，燃气涡轮的相对内效率在 0.85~0.92 的范围内。

9.3.3 布雷登循环的改进措施

1. 回 热

在实际的燃气轮机发动机中，涡轮出口的温度 T_4 通常要远远高于压气机的出口温度 T_2，放热损失大是循环热效率低的主要原因。因此，可以通过增设一个回热器，使用涡轮的高温尾气对压气机排出的高压气体进行再加热，回收尾气余热，提高进入燃烧室的空气温度，减小发动机耗油率，提高循环热效率，这个过程称为回热。图 9.31 所示为带有回热装置的燃气轮机工作流程图。

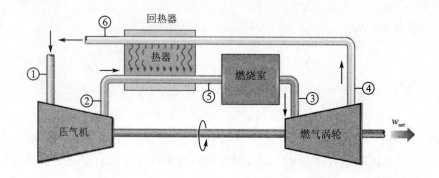

图 9.31 带有回热装置的布雷登循环流程图

图 9.32 所示为带有回热器的燃气轮机理想循环示意图。图中 2→5 为经压气机压缩后的空气在回热器中定压吸热过程，4→6 为涡轮中膨胀做功后的工质在回热器中定压放热过程。因此循环从外界的实际吸热过程为 5→3，实际的向环境放热过程为 6→1。

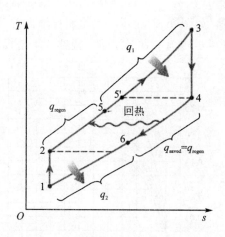

图 9.32 理想布雷登循环的循环图

显然，排气温度 t_4 要高于压缩过程终了温度 T_2 才能实现回热。极限的情况下，回热器将压缩后的空气加热到 $T_5' = T_4$,同时燃气轮机的排气冷却到 $T_6 = T_2$,此种情况称为极限回热。实际回热情况不可能将压缩后的气体加热到与 T_4 相同的温度,一般 $T_5 < T_5'$。

于是引入回热度的概念:

$$\sigma = \frac{\text{实际回热量}}{\text{理论回热量}} = \frac{h_5 - h_2}{h_4 - h_2} \quad (9-69)$$

若比热容近似为定值时,可将上式化简为

$$\sigma \cong \frac{T_5 - T_2}{T_4 - T_2} \quad (9-70)$$

带有回热的理想循环热效率,相应的循环吸热、放热及循环输出功分别为

$$\begin{aligned}
q_1 &= h_3 - h_5 = (h_3 - h_2) - (h_5 - h_2) \\
q_2 &= h_6 - h_1 = (h_4 - h_1) - (h_5 - h_2) \\
w_{\text{net}} &= q_1 - q_2 = (h_3 - h_2) - (h_4 - h_1)
\end{aligned} \quad (9-71)$$

同样,定义循环压比和循环温比为: $\pi = \dfrac{p_2}{p_1}, \tau = \dfrac{T_3}{T_1}$。则循环热效率为

$$\eta_{t,\text{regen}} = \frac{w_{\text{net}}}{q_1} = \frac{(h_3 - h_2) - (h_4 - h_1)}{(h_3 - h_2) - (h_5 - h_2)} = \frac{\tau\left(1 - \dfrac{1}{\pi^{\frac{k-1}{k}}}\right) - (\pi^{\frac{k-1}{k}} - 1)}{\tau\left(1 - \dfrac{\sigma}{\pi^{\frac{k-1}{k}}}\right) - (1-\sigma)\pi^{\frac{k-1}{k}}} \quad (9-72)$$

可见,带有回热的循环热效率不仅与 k、π 及 τ 有关,且与回热度 σ 有关。当回热度 $\sigma = 0$ 时,式(9-72)即变为无回热的循环热效率式(9-68),比较二者的大小:

$$\eta_{t,\text{regen}} = \eta_{t,\text{Brayton}} \cdot \frac{q_{1,\text{Brayton}}}{q_{1,\text{regen}}}$$

由于 $q_{1,\text{Brayton}} > q_{1,\text{regen}}$,故 $\eta_{t,\text{regen}} > \eta_{t,\text{Brayton}}$,即带有回热的循环热效率总是大于相应的不带有回热的循环热效率。

考虑极限回热的情况,即回热度 $\sigma = 1$ 时,带有回热的理想布雷登循环热效率可以简化为

$$\eta_{t,\text{regen}} = 1 - \frac{1}{\tau}\pi^{(k-1)/k} \quad (9-73)$$

由式(9-73)可以看出,理想回热时的循环热效率由循环过程中的增温比 τ 以及增压比 π 决定。显然,仅从循环热效率的角度考虑,循环温比越大,增压比越小,即燃气涡轮出口与压气机出口的工质温差越大,回热的可利用空间越大,循环效率也越高。图 9.33 展示了两种循环的热效率随循环温比及增压比的变化,无回热时的效率总是随增压比的增大而增大,而带回热的循环,其最大热效率出现在 T_3/T_1 最大、增压比最小的情况下。

2. 多级压缩、中间冷却及多级膨胀、中间加热

采用回热技术,在循环功不变的条件下可以提高热效率,但回热的温度是受到一定限制的,

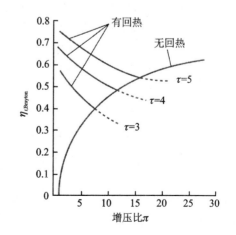

图 9.33 有、无回热的布雷登循环热效率对比

即它的下限是压缩过程结束的温度 T_2，上限是涡轮排出气体的温度 T_4。为了扩大回热的效果，需要尽可能降低 T_2 并提高 T_4，采用多级压缩、中间冷却可以降低压缩后的气体温度 T_2；采用多级膨胀、中间加热则可以提高排气温度 T_4。

图 9.34 所示是带有回热的多级压缩、中间冷却及多级膨胀、中间加热的方案流程图和理想热力循环图。其中，1→2→3→4 段为两级压缩和级间冷却过程，6→7→8→9 段为两级膨胀和级间再热过程，9→10 段与 4→5 段为极限情况下的回热过程。可以看到：

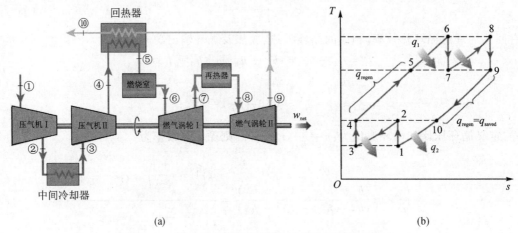

图 9.34 带有回热的多级压缩、中间冷却及多级膨胀、
中间加热的循环图和 T-s 图

① 相同压力范围内，多级压缩、级间冷却可以降低压气机的出口温度，而多级膨胀、级间再热可以提高燃气轮机的排气温度，这使得循环可以在较大的温度范围内进行回热，从而达到更好的回热效果。

② 从平均吸热温度和平均放热温度的角度分析热效率，可以看出这种循环中的加热过程主要在较高的温度范围内进行，提高了加热平均温度，而放热过程基本上在较低温度范围内进行，放热平均温度也相应降低，因此这种循环具有较高的热效率。

③ 若分级膨胀和分级压缩的级数无限增加，采用回热时，压缩过程和膨胀过程趋于定温过程，此循环就变成了概括性卡诺循环（见图 9.35）。

④ 虽然理论上级数越多，热效率越高（极限为双热源的卡诺循环热效率），但在实际应用中级数不宜过多，否则设备过于复杂，同时机械摩擦损失和流动阻力等不可逆因素也随之增加；此外，级数越多，每增加一级对热效率提高的作用越来越小，因此工程上一般为 2～4 级。

例 9-4 定压加热燃气轮机实际循环如图 9.36 所示，工质为空气，压气机从环境 $p_0=1.013$ bar，$T_0=273$ K 吸入空气，循环增压比 $\pi=4.5$，压气机实际消耗功为 180 kJ/kg，涡轮进口温度为 770 K，涡轮实际做功 230 kJ/kg，若加热的热源温度 $T=1\ 200$ K，排出气体在环境中散热，设空气的 $c_p=1.004$ kJ/(kg·K)，试求：①该实际循环的 w_{net}，η_t；②理想循环的 $w_{net,s}$，$\eta_{t,s}$；③压气机的绝热效率和涡轮的内效率。

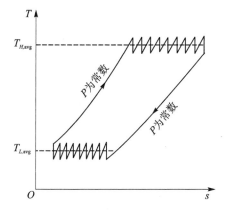
图 9.35 无限级数的分级膨胀和分级压缩循环 T-s 图

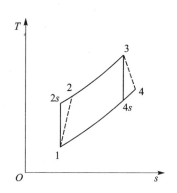
图 9.36 不可逆定压加热循环

解：① 实际循环，1→2 过程：
$$q_{12} = \Delta h_{12} + w_c = 0$$
$$h_2 - h_1 = c_p(T_2 - T_1) = |w_c| = 180$$
$$T_2 = \frac{180}{1.004} + 273 = 452 \text{ K}$$

2→3 过程：
$$q_{23} = c_p(T_3 - T_2) = 1.004 \times (770 - 452) = 319.272 \text{ kJ/kg}$$

循环净功为
$$w_{\text{net}} = |w_T| - |w_c| = 230 - 180 = 50 \text{ kJ/kg}$$

循环热效率为
$$\eta_t = \frac{w_{\text{net}}}{q_{23}} = \frac{50}{319.272} = 15.66\%$$

② 理想循环 1→2s 过程：
$$\frac{T_{2s}}{T_1} = \left(\frac{p_{2s}}{p_1}\right)^{\frac{k-1}{k}} = (\pi)^{\frac{k-1}{k}} = 4.5^{\frac{1.4-1}{1.4}} = 1.5369$$

$$T_{2s} = 1.5369 T_1 = 1.5369 T_0 = 1.5369 \times 273 = 419.57 \text{ K}$$

因为
$$q_{1,2s} = \Delta h_{1,2s} + w_{c,s} = 0$$

$$w_{c,s} = -(h_{2,s} - h_1) = -c_p(T_{2,s} - T_1) = -1.004 \times (419.57 - 273) = -147.16 \text{ kJ/kg}$$

$$p_3 = p_{2,s} = p_2, \quad p_1 = p_4 = p_{4,s}$$

所以
$$\frac{T_{4s}}{T_3} = \left(\frac{p_{4s}}{p_3}\right)^{\frac{k-1}{k}} = \left(\frac{p_1}{p_2}\right)^{\frac{k-1}{k}} = \frac{1}{\pi^{\frac{k-1}{k}}} = \frac{1}{4.5^{\frac{1.4-1}{1.4}}} = 0.6507$$

$$T_{4s} = 0.6507 T_3 = 0.6507 \times 770 = 501.04 \text{ K}$$

3→4s 过程：
$$q_{3,4s} = \Delta h_{3,4s} + w_{T,s}$$
$$w_{T,s} = -\Delta h_{3,4s} = -c_p(T_{4,s} - T_3) = -1.004 \times (501.04 - 770) = 270.04 \text{ kJ/kg}$$

理想循环的循环净功为
$$w_{\text{net},s} = |w_{T,s}| - |w_{c,s}| = 270.04 - 147.16 = 122.88 \text{ kJ/kg}$$

循环热效率为

$$\eta_{t,s} = 1 - \frac{1}{\pi^{\frac{k-1}{k}}} = 1 - \frac{1}{4.5^{\frac{0.4}{1.4}}} = 0.3493$$

③ 压气机的绝热效率为

$$\eta_{c,s} = \frac{w_{c,s}}{w_c} = \frac{147.16}{180} = 81.76\%$$

涡轮的内效率为

$$\eta_T = \frac{w_T}{w_{T,s}} = \frac{230}{270.04} = 85.17\%$$

例 9-5 采用回热的布雷登循环如图 9.37 中 1→2→3→4→5→6→1 所示。循环净功率为 115 kW，循环增压比 π 为 10，回热器将压缩后的空气最高加热到 (T_5-10) K。试求循环吸热率和放热率。假设动能和势能的变化可忽略不计，空气可看作具有恒定比热容的理想气体。

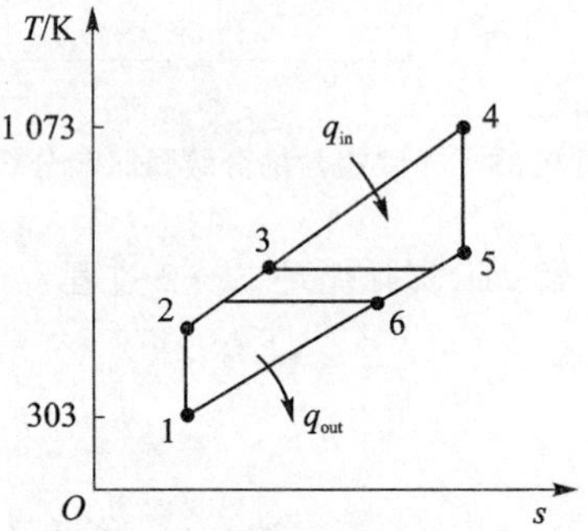

解： 室温下的空气参数：$c_p = 1.005$ kJ/(kg·K)，$R_g = 0.287$ kJ/(kg·K)，$k = 1.4$。

1→2 过程为绝热压缩过程，有：

$$T_2 = T_1 \pi^{\frac{k-1}{k}} = 303 \times 10^{\frac{1.4-1}{1.4}} = 585 \text{ K}$$

5-1 过程为绝热膨胀过程，有：

$$T_5 = T_4 \left(\frac{1}{\pi}\right)^{\frac{k-1}{k}} = 1073 \times \left(\frac{1}{10}\right)^{\frac{1.4-1}{1.4}} = 555.8 \text{ K}$$

在回热器中根据能量守恒有：

$$c_p(T_3 - T_2) = c_p(T_5 - T_6)$$

由于 c_p 为定值，上式即

$$T_3 - T_2 = T_5 - T_6$$

根据回热器的加热温度极限有：

$$T_3 = T_5 - 10 = 555.8 - 10 = 545.8 \text{ K}$$

$$T_6 = T_5 - (T_3 - T_2) = 555.8 - (545.8 - 585) = 595 \text{ K}$$

$$w_{net} = c_p(T_4 - T_5) - c_p(T_2 - T_1) = 1.005 \times (1073 - 555.8) - 1.005 \times (585 - 303) = 236.4 \text{ kJ/kg}$$

质量流量为

$$\dot{m} = \frac{\dot{W}_{net}}{w_{net}} = \frac{115}{236.4} = 0.4864 \text{ kg/s}$$

图 9.37 采用回热的布雷登循环

加热率为

$$\dot{Q}_{in} = \dot{m} c_p (T_4 - T_3) = 0.4864 \times 1.005 \times (1073 - 545.8) = 258 \text{ kW}$$

放热率为

$$\dot{Q}_{in} = \dot{m} c_p (T_6 - T_1) = 0.4864 \times 1.005 \times (595 - 303) = 143 \text{ kW}$$

9.4 航空发动机理想循环

燃气轮机因其重量轻、结构紧凑、功率（或推力）重量比（简称功重比或推重比）高而被广泛用于为飞机提供动力。飞机燃气轮机是开放式循环,也称为喷气推进循环。在喷气推进系统中,燃气通常不会在涡轮中膨胀到发动机工作的周围环境压力,而是膨胀到某个压力,使得涡轮产生的功率刚好足以驱动压气机和飞机辅助设备,飞机的推力来源于从尾喷管高速喷出的燃气。

显然,喷气推进循环不同于简单的理想布雷登循环,从之前介绍的燃气轮机循环角度看,喷气推进循环的净输出功为零。尽管存在工作原理和结构上的一些差异,但是其理想循环完全可归属于定压加热循环,即布雷登循环。因此如今大部分的航空发动机都可以归属于布雷登循环,本节将介绍几种主要的航空发动机理想循环。

9.4.1 涡轮喷气式发动机

人类历史上第一批制造的飞机都是螺旋桨驱动的,螺旋桨则由活塞式发动机驱动,基本结构与汽车发动机相同,功率较小。涡轮喷气发动机的出现克服了带螺旋桨的航空活塞式发动机的主要缺点,使战斗机顺利地突破了音障,而且为飞机高空高速飞行提供了条件。

涡轮喷气发动机(简称涡喷发动机)是出现最早的燃气涡轮发动机,其构造相对简单,主要由进气道、压气机、涡轮、燃烧室和尾喷管构成,图 9.38 所示为涡喷发动机的结构示意图。

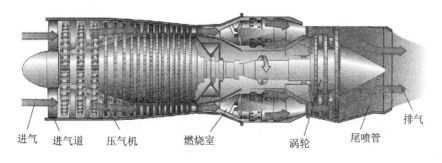

图 9.38 涡喷发动机的结构示意图

发动机工作时,从前端吸入大量的空气,空气经过进气道和压气机增压后进入燃烧室,与燃料混合燃烧形成高温高压的燃气,燃气在经过涡轮时,一部分能量带动涡轮叶片旋转,再经传动轴带动压气机做功,然后燃气经由喷管加速后向后喷出,利用高速燃气喷射产生的反作用力提供推力。

在理想情况下,假设涡轮输出功等于压气机耗功;进气道、压气机、涡轮和尾喷管中的过程均为定熵过程,发动机进、出口环境相同,工质数量不变。可将其循环理想化为图 9.39 所示的理想循环。当然,在分析实际循环时,应考虑这些部件的不可逆性,不可逆性会减少发动机可获得的推力。

涡喷发动机理想循环的具体过程如下:

1→2:在飞行状态下,气流在进气道内减速增压,可视为定熵过程;
2→3:气体在压气机中定熵压缩过程;
3→4:气体定压加热过程;
4→5:涡轮中气体定熵膨胀过程,涡轮发出的功主要用于带动压气机;
5→6:气体在尾喷管中定熵膨胀过程;
6→1:在大气中气体定压冷却过程。

以上循环显然属于之前所讨论的理想布雷登循环,相关计算公式都是依然成立的,下面主

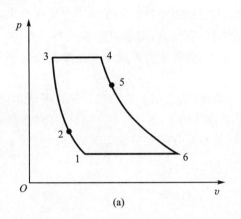 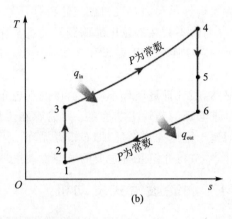

图 9.39 涡喷发动机的理想循环图

要介绍具体循环分析的不同之处。首先是循环增压比不再仅仅是工质在压气机内的增压比，计算公式如下：

$$\pi = \pi_d \cdot \pi_c \tag{9-74}$$

其中，$\pi = p_3/p_1$ 是整个循环的增压比；$\pi_d = p_2/p_1$ 是进气道内的速度增压比；$\pi_c = p_3/p_2$ 是压气机内的压缩增压比。

工质流经压气机时的耗功量为

$$W_c = \dot{m} \cdot w_c = \dot{m} \cdot (h_3 - h_2) \tag{9-75}$$

工质流经涡轮时的做功量为

$$W_T = \dot{m} \cdot w_T = \dot{m} \cdot (h_4 - h_5) \tag{9-76}$$

其中，$\dot{m}$ 为工质的流量。

根据涡喷发动机工作原理可知，4→5 过程中涡轮输出的功等于 2→3 过程中压气机消耗的功，即

$$W_c = W_T, \quad h_3 - h_2 = h_4 - h_5 \tag{9-77}$$

由此，涡轮喷气发动机的循环净功等于零。因此，继续采用固定式燃气轮机发动机的循环效率计算公式来定义涡轮喷气发动机的效率是不合适的。这时应该使用效率的一般定义，即发动机效率等于期望输出与所需输入的比值。

涡轮喷气发动机的期望输出是驱动飞机所产生的功率 W_P，而所需输入是燃烧燃料的热值，即循环吸热量 Q_{in}，这两个量之比称为推进效率，推进效率是衡量燃烧过程中释放的热能转化为推进能量的效率。推进效率的定义式如下：

$$\eta_{wp} = \frac{W_P}{Q_{in}} \tag{9-78}$$

循环吸热量：

$$Q_{in} = \dot{m}(h_3 - h_2) \tag{9-79}$$

驱动飞机产生的功率：

$$W_P = F \cdot V_{aircraft} \tag{9-80}$$

其中，F 是发动机产生的推力；$V_{aircraft}$ 是飞机飞行的速度。

发动机产生的推力：

$$F = \dot{m}(c_{f6} - c_{f1}) \tag{9-81}$$

其中,c_{f6}、c_{f1} 分别为尾喷管出口和进气道进口工质的速度,这两个速度均是相对于飞机的速度。

需要说明的是,涡喷发动机在获得推力的同时,高温、高速的气体从尾喷管排出,因此循环热效率不高、经济性较差,这也是制约涡喷发动机发展的主要原因。

例 9-6 一架喷气式飞机以 200 m/s 速度在某高度上飞行,该高度的空气压力为 50 kPa、温度为 -33 ℃。假定发动机进行理想循环,涡轮产生的功恰好用于带动压气机(见图 9.40)。压气机的增压比为 9,涡轮的进口温度是 $T_4=847$ ℃。空气在进气道中压力提高 30 kPa,在尾喷管内压力降低 200 kPa。若气体比热容 $c_p=1.005$ kJ/(kg·K),试求:①压气机出口温度 T_3;②空气离开发动机时,即喷管出口处的温度 T_e 及速度 c_{fe};③发动机产生的推力,假设发动机的空气流量为 40 kg/s;④发动机的推进效率。

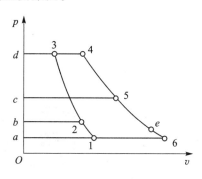

图 9.40 涡喷发动机的理想循环图

解:①压气机出口温度 T_3:
$$p_3/p_2=9 \Rightarrow p_3=(50+30)\times 9=720 \text{ kPa}$$
$$\frac{T_3}{T_1}=\left(\frac{p_3}{p_1}\right)^{\frac{k-1}{k}} \Rightarrow T_3=514.23 \text{ K}$$

② 进气道出口温度:
$$\frac{T_2}{T_1}=\left(\frac{p_2}{p_1}\right)^{\frac{k-1}{k}} \Rightarrow T_2=274.49 \text{ K}$$

涡轮出口温度:
$$|w_{23}|=|w_{45}| \Rightarrow c_p(T_3-T_2)=c_p(T_4-T_5) \Rightarrow T_5=880.26 \text{ K}$$

喷管出口压力:
$$\frac{T_5}{T_4}=\left(\frac{p_5}{p_4}\right)^{\frac{k-1}{k}} \Rightarrow P_5=309.88 \text{ kPa} \Rightarrow p_e=p_5-200=109.88 \text{ kPa}$$

喷管出口温度:
$$\frac{T_e}{T_5}=\left(\frac{p_e}{p_5}\right)^{\frac{k-1}{k}} \Rightarrow T_e=654.58 \text{ K}$$

利用能量方程,可得喷管出口速度:
$$q=\Delta h+\Delta c_f^2/2+g\Delta z+w_s \Rightarrow c_p(T_4-T_3)=c_p(T_e-T_1)+(c_{fe}^2-c_{f1}^2)/2$$
$$\Rightarrow c_{fe}=651.37 \text{ m/s}$$

③ 发动机产生的推力:
$$F=q_m(c_{f6}-c_{f1})=40\times(651.37-200)=18\,054.8 \text{ N}$$

④ 发动机的推进效率:
$$\eta_{wp}=\frac{W_P}{Q_{in}}=\frac{F\cdot V_{aircraft}}{q_m c_p(T_4-T_3)}=27\%$$

9.4.2 带加力的涡轮喷气式发动机

当飞机飞行中需要额外增加推力时,例如在短距离起飞或空中战斗条件下,需要在离开涡轮后的燃气中额外喷射燃料,通过燃烧放热,提高进入尾喷管燃气的温度和焓值。由于增加了能量,燃气以更高的速度排出,提供了更大的推力。带有这类功能的喷气式发动机也称为加力式涡轮喷气发动机。

如图9.41所示,加力式涡轮喷气发动机在涡轮和尾喷管之间增加了一个加力燃烧室,进行二次燃烧,这种加热方案称为再热,又叫作复燃加力。加力式涡轮喷气发动机的理想热力循环如图9.42所示。

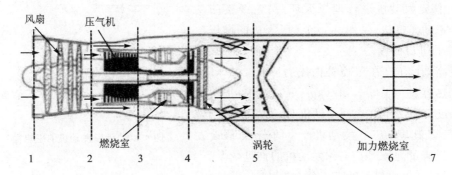

图9.41 加力式涡喷发动机的结构简图

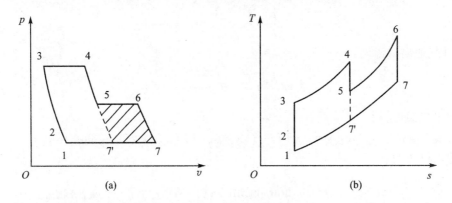

图9.42 加力式涡轮发动机的理想热力循环

当没有加力燃烧室时的循环是按 $1 \to 2 \to 3 \to 4 \to 7'$ 进行的,图中虚线 $5 \to 7'$ 是它在尾喷管中的膨胀过程。当有加力燃烧室后,气体从涡轮出来后(点5),又在加力燃烧室中被定压加热($5 \to 6$),然后再在尾喷管中膨胀提速($6 \to 7$)。从整个带加力的循环来看,比原来的无加力循环多出一块面积 $5 \to 6 \to 7 \to 7' \to 5$ 的循环功,从而增加了发动机的推力,但其热效率却比原来低。这是因为加力燃烧是在燃气经过涡轮膨胀后进行再热的,它的工作压力比主燃烧室压力低得多,对比平均吸、放热温度,不难看出热效率是降低的。

需要明确的是,在没有回热的条件下,仅仅采用涡轮进行再热,虽然可提高发动机推力,但循环热效率必然是降低的,这与之前的结论并不矛盾,读者可自行分析。

9.4.3 涡轮风扇式发动机

涡轮风扇发机(简称涡扇发动机)是在涡喷发动机的后方再增加若干低压(低速)涡轮,这些涡轮带动发动机最前端的风扇(低压压气机),继续消耗掉一部分涡喷发动机的燃气排气动能,从而可以进一步降低燃气排出速度。风扇吸入的气流一部分如涡喷发动机一样,被送进压气机(内涵道)增压燃烧,经尾喷管排气做功;另一部分则经风扇增压后,直接从涡喷发动机外围(外涵道)向外排出提供推力。

图 9.43 所示是涡扇发动机的结构简图,图 9.44 所示是美国普惠公司生产的 P&W4084 涡扇发动机剖面图,图 9.45 所示是带加力燃烧室的涡扇发动机简图(军用)。可见,风扇实际上就是直径较大、叶片较长的轴流压气机。在涡扇发动机中,内、外涵道的气流可分别排出发动机,也可在排气系统内混合后排出。高速燃气(内涵道)与低速空气(外涵道)的混合排气还能大大降低排气噪声。

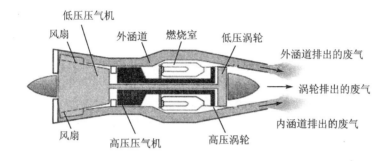

图 9.43　涡扇发动机的结构简图

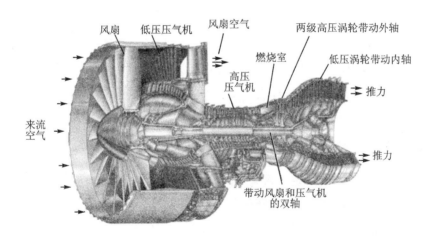

图 9.44　P&W4084 涡扇发动机剖面图(Pratt & Whitney 公司)

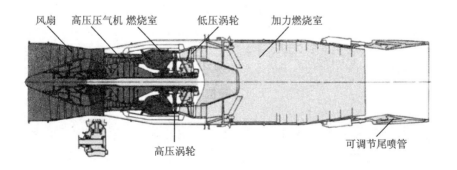

图 9.45　带加力燃烧室的涡扇发动机结构简图

由于低压(低速)涡轮消耗了一部分能量提供给风扇，内涵道的排气速度降低了，由内涵道流过的气体所产生的推力也比涡喷发动机低。但是，流经外涵道的空气，经风扇压缩后，在喷管中膨胀加速，也产生了一定的推力。内、外涵道气流产生的推力之和大于单纯涡喷发动机的推力。同时，由于尾喷管排出的气体温度和速度均低于涡喷发动机，尾喷管的排气能量损失小，循环热效率得以提高。显然，涡扇发动机的经济性优于涡喷发动机，其耗油率一般约为涡喷发动机的 2/3。

9.4.4 涡轮螺旋桨式发动机

涡轮螺旋桨发动机(简称涡桨发动机)在构造上与涡扇发动机相似，不同之处在于涡桨发动机在涡轮处安装有更多的叶片，从而通过燃气获得更多的能量来驱动螺旋桨，图 9.46 所示为涡桨发动机的结构示意图。由于螺旋桨转速较低，动力涡轮与螺旋桨之间设有减速器，受螺旋桨性能的影响，飞行速度一般不超过 800 km/h。

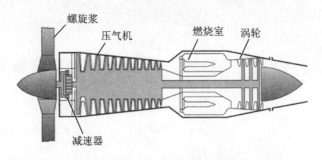

图 9.46 涡桨发动机的结构简图

涡轮螺旋桨发动机的出现晚于活塞式航空发动机和涡喷发动机，其既有涡轮喷气发动机功率大、体积小的优点，又有活塞式发动机经济性好的特点。它的理想循环与涡喷发动机理想循环基本相同，只是涡轮发出的功同时供给压气机和螺旋桨旋转，发动机主要靠螺旋桨旋转产生拉力，使飞机前进；涡轮出口的燃气温度和速度较低，喷管中气体的落压比很小，尾喷管产生的推力很小。因此，涡轮螺旋桨发动机的经济性好于涡轮喷气式发动机，其循环的循环功及热效率公式与布雷登循环的公式完全相同。

9.4.5 涡轮轴发动机

20 世纪 50 年代中期，涡轮轴发动机(简称涡轴发动机)开始取代活塞式发动机，成为直升机的动力设备。20 世纪 60 年代以后的直升机几乎全部采用涡轮轴发动机作为动力。其具有重量轻、体积小、功率大、振动小、易于启动、便于维修和操纵等一系列优点。

涡轴发动机是从涡桨发动机演变而来的，涡桨发动机带动的是螺旋桨，而涡轴发动机带动的则是直升机的旋翼(以及尾桨)。区别在于涡轴发动机有一个特殊的自由涡轮，自由涡轮只向外输出轴功率，不带动压气机。除了驱动直升机的旋翼外，涡轴发动机也可用作地面动力。图 9.47 所示是涡轴发动机的结构简图。

在涡轴发动机中，燃烧室产生的可用能基本上全部被动力涡轮传输给了旋翼，由尾喷管中喷射出的燃气温度和速度极低，基本上不产生推力。可见，涡轴发动机的理想循环过程是最接近布雷登循环的。

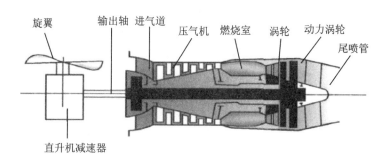

图 9.47 涡轴发动机的结构简图

9.4.6 冲压发动机与超燃冲压发动机

涡轮喷气发动机主要靠压气机压缩空气和利用进气道动力压缩(利用气流速度降低)来提高空气压力。随着飞行速度增大,动力压缩的作用越来越大,特别在超声速飞行时,动力压缩的增压比提高很大,如飞行马赫数大于 3 时,动力压缩带来的速度增压比可达 10 以上,因此这时就不再需要压气机,带动压气机的涡轮因失去作用也被取消掉。这种靠动力压缩来提高空气压力的发动机称为冲压式喷气发动机,主要用于导弹和靶机的动力装置。

因此,冲压喷气发动机是利用迎面气流进入发动机后减速,使空气静压提高的一种空气喷气发动机。冲压发动机通常由进气道、燃烧室和尾喷管组成(见图 9.48)。1 为进气道入口前端,2 为进气道出口(隔离段入口),3 为燃烧室入口,4 为燃烧室出口,5 为喷管喉道截面,6 为喷管出口。

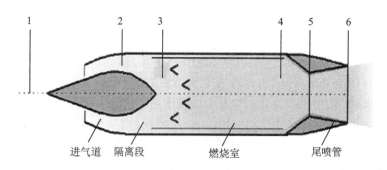

图 9.48 冲压发动机的结构简图

冲压发动机的热力循环图如图 9.49 所示,理想循环为 1→3→4→6→1。图中 1 代表自由来流状态,3 代表压缩后气流状态(隔离段出口,燃烧室入口),4 代表燃烧后气流状态(燃烧室出口,尾喷管入口),6 代表膨胀后气流状态(尾喷管出口)。1→3 是气流在进气道和隔离段的定熵压缩过程,3→4 为燃烧室里的定压加热过程,4→6 为气体在尾喷管中定熵膨胀过程,再加上在大气中的定压放热,构成一个定压加热循环,这种理想循环属于布雷登循环。

冲压发动机实际循环的压缩过程为熵增过程,燃烧过程的理想循环为定压燃烧,但实际燃烧过程压力会变化,在尾喷管中的膨胀过程也是熵增的。

超燃冲压发动机是指燃烧室进口速度为超声速的冲压发动机,它的燃烧室内空气与燃料混合燃烧是在超声速气流中进行的,它主要为飞行马赫数大于 5 的飞行器的动力装置。图 9.50 所示为超燃冲压发动机的结构示意图。首先高超声速气流通过进气道滞止为低超声

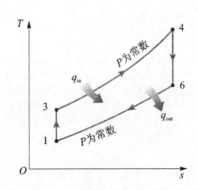

图 9.49 冲压发动机的理想循环示意图

速气流,然后进入燃烧室,在燃烧室内燃料通过壁面或者支板喷入,与超声速来流混合并稳定燃烧,产生高温高压的燃气,最后超声速燃气通过扩张喷管膨胀加速,从而产生推力。

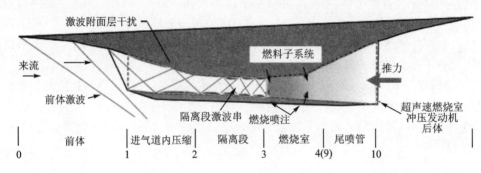

图 9.50 超燃冲压发动机的结构示意图

9.4.7 爆震发动机

爆震发动机(Detonation Engine,也称爆轰发动机)是一种基于爆震燃烧的新概念发动机,包括脉冲爆震发动机、旋转爆震发动机以及驻定爆震发动机等。根据燃烧波传播机理划分,燃烧可分为缓燃(Deflagration)与爆震(Detonation)两种模式,其中爆震波是强激波与缓燃波耦合在一起构成的,其传播速度比缓燃波高出 2~3 个数量级,可达到 1 000~3 000 m/s。传统发动机循环均采用缓燃燃烧方式完成循环加热过程,而爆震发动机则采用爆震燃烧方式完成循环加热过程,后者在理论上具有更高的循环热效率。

图 9.51 是单管脉冲爆震发动机的概念示意图。与传统发动机相比,脉冲爆震发动机省去了压气机、涡轮等部件,仅由进气道、燃烧室(也称爆震室)和尾喷管组成。来流气体经进气道压缩后进入爆震室,在爆震室内与燃料混合爆震燃烧,接着燃气进入尾喷管膨胀,最后排入大气放热。

图 9.52 为传统航空发动机的布雷登循环与新概念爆震发动机循环过程的 $T\text{-}s$ 图,假设两个循环具有相同的压缩过程($1\rightarrow2$),布雷登循环的加热过程为定压燃烧过程,爆震循环的加热过程为爆震燃烧过程(是个增压燃烧过程),其燃烧室出口压力与温度均高于定压燃烧过程。若膨胀终了的压力相同,即 $p_4=p_4'$,则爆震发动机循环膨胀过程可以做出更多的技术功。对于热力循环而言,意味着爆震发动机循环具有更高的热效率;对于发动机而言,则意味着爆震发动机比传统航空发动机可以具有更高的比推力。

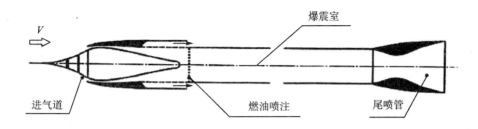

图 9.51 脉冲爆震发动机的概念示意图

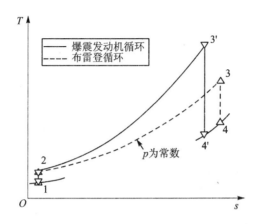

图 9.52 两种发动机循环过程对比图

图 9.53 是定压加热循环(1→2→3→4→1)、定容加热循环(1→2→3'→4'→1)以及爆震加热循环(1→2→3"→4"→1)三种热力循环对比的 $p-v$ 图。可以看出爆震循环的加热过程与定容加热过程相近,但爆震循环加热后工质容积(或比容)是减小的,燃烧室出口的压力与温度比定容加热过程更高。

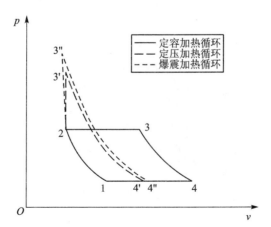

图 9.53 三种加热过程(定压、定容及爆震)的循环对比示意图

爆震循环参数推导超出本书的范围,这里直接给出循环热效率的推导结果。根据图 9.53 中标示的参数,定压加热循环、定容加热循环以及爆震加热循环的热效率公式可分别表示为:

定压加热循环:

$$\eta = 1 - \frac{1}{\left(\dfrac{p_2}{p_1}\right)^{\frac{k-1}{k}}} \tag{9-82}$$

定容加热循环：

$$\eta = 1 - k \cdot \frac{T_1}{T_2} \cdot \frac{\left(\dfrac{T_{3'}}{T_2}\right)^{\frac{1}{k}} - 1}{\left(\dfrac{T_{3'}}{T_2}\right) - 1} \tag{9-83}$$

爆震加热循环：

$$\eta = 1 - k \frac{1}{\left(\dfrac{p_2}{p_1}\right)^{\frac{k-1}{k}}} \frac{\left(\dfrac{T_{3''}}{T_2}\right)^{\frac{1}{k}} - 1}{\left(\dfrac{T_{3''}}{T_2}\right) - 1} \tag{9-84}$$

为了更直观地对比，在循环压比均为 5 的条件下，分别采用三种不同燃料对比分析了以上三种加热循环的热效率，具体结果见表 9.1。可见，在同等条件下，爆震循环热效率最高，定压加热循环热效率最低，两者相差 20% 以上。

表 9.1 不同燃料下三种加热循环热效率对比（$\pi=5$）

燃料	定压加热循环/%	定容加热循环/%	爆震加热循环/%
H_2	36.9	54.3	59.3
CH_4	31.4	50.5	53.2
C_2H_2	36.9	54.1	61.4

思考题

9-1 实际循环与理想循环的主要区别有哪些？研究理想循环的目的和意义是什么？

9-2 评定发动机循环经济性好坏可用哪些方法？选用哪些量来表示？

9-3 活塞式各种典型循环的循环功及热效率各与哪些因素有关？如何改变这些因素来增大循环功、提高循环热效率？

9-4 燃气轮机采用回热必须具备什么条件才能进行？

9-5 循环的回热和再热有何区别？再热对提高经济性有利还是有弊？

9-6 喷气发动机能采用回热吗？

9-7 动力循环中压缩过程对提高热效率有何作用？

习 题

9-1 试确定图 9.54 中可逆循环的热效率。

9-2 活塞式定压加热循环，压缩比 $\varepsilon=11$，工质看作空气，$p_1=1$ bar，$t_1=25$ ℃，加热量为：400 kJ/kg，试计算：①各循环点上参数 p、T；②放热量；③循环功；④热效率。

9-3 活塞式定压加热内燃机的进口状态为 0.98 bar，65 ℃，0.06 m³，空气被压缩到

35 bar,若加热终止时的容积为开始时的 2 倍,该机每分钟完成 150 次循环,求:①压缩比;②每分钟加入的热量。

9-4 活塞式定容加热循环,$\eta_t = 0.5$,求压缩终点的温度。设气体 $k = 1.4$,大气温度为 15 ℃。

9-5 混合加热循环,$t_1 = 90$ ℃,$t_2 = 400$ ℃,$t_3' = 590$ ℃,$t_4 = 300$ ℃,求循环的热效率。

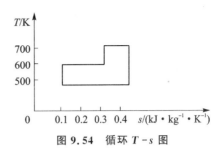

图 9.54 循环 T-s 图

9-6 可逆循环:1→2 为熵与绝对温度成正比的升温过程,2→3 为定熵膨胀过程,3→1 为定温放热过程。$T_1 = 278$ K,$T_2 = 556$ K,工质为空气,求循环的热效率。

9-7 某循环由 4 个过程组成,各过程交换的热量及功量如表 9.2 所列($k = 1.4$):

表 9.2 题 9-7 表

过程序号	Ⅰ	Ⅱ	Ⅲ	Ⅳ
热量/kJ	837.4	83.4	0	−903
功/kJ	−13.7	0	22.1	W_4

试计算:①W_4;②各过程的多变指数;③η_t。并把循环表示在 p-v 图及 T-s 图上。

9-8 试对定压加热燃气轮机不可逆循环的过程及循环的损失做㶲分析。已知工质为空气,$\pi = p_2/p_1 = 5$,热源温度为 1 300 K,涡轮进口温度为 800 ℃,$\eta_c = 0.80$,$\eta_T = 0.88$,环境条件 $t_0 = 15$ ℃,$p_0 = 1.01$ bar。

9-9 试证有回热的燃气轮机理想循环的热效率为

$$\eta_t = 1 - \frac{T_{\min}}{T_{\max}} \pi^{\frac{k-1}{k}}$$

其中,π 为增压比;$T_{\min}$,$T_{\max}$ 分别为循环的最低及最高温度。

9-10 早期煤气机燃烧前没有压缩过程,其示功图如图 9.55 所示。6→1 为进气过程,进气门开启,活塞向右移动,空气与煤气混合气进入气缸内,在 1 时,进气门关闭,火花塞点火;1→2 为接近容积不变的燃烧过程;2→3 为膨胀过程;3→4 排气门打开,气缸中气体压力降低;4→5→6 为排气过程,活塞向左移动。试将其理想化为理想循环,并绘在热力图上,分析其效率不高的原因。设 $p_1 = 1$ bar,$t_1 = 15$ ℃,$t_2 = 1\,000$ ℃,$v_4/v_2 = 2$,求循环的热效率。

9-11 一循环由 3 个过程组成:定容加热、定熵膨胀及定压排热。设空气初态为 1 bar,15 ℃,加热量为 1 200 kJ/kg,试计算最大循环压力、最高温度及热效率。

9-12 按照布雷登工作循环的汽轮机,其压气机及涡轮的绝热效率分别为 85% 及 90%,压气机空气进口温度为 288 K,循环增压比为 9.5,最高温度为 1 000 K,求循环功及热效率。设工质的 $k = 1.4$,$C_p = 1.005$ kJ/(kg·K)。

9-13 铁路机车用的汽轮机按布雷登循环工作,压缩后的空气先经过一热交换器(由另一辅助热机排气系统供热),获得热量 50 kJ,再进入燃烧室,汽轮机最高温度为 1 150 K,进气温度为 290 K,流量为 5 kg/s,循环的压力比为 8,涡轮及压气机的绝热效率分别为 90% 及 85%,计算燃烧室中加热量及输出净功。(工质作为空气看待)

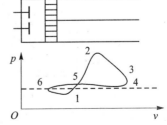

图 9.55 煤气机热力过程示功图

9-14 布雷登循环工作于环境温度 15 ℃ 及涡轮进口

温度 1 000 ℃ 之间,问增压比 π 为何值时:①η_t 为最大? ②η_t 为最小? ③w_0 为最大?

9-15 在涡轮喷气发动机的加力燃烧室中加入热量 1 047 kJ/kg,已知 $p_0=1$ bar,$t_0=-15$ ℃,循环增压比 $\pi=p_2/p_0=7$,$v_3/v_2=2$,$p_4=\dfrac{1}{3}p_3$,求加力燃烧室出口温度、循环功及热效率。

9-16 涡轮喷气发动机为理想循环,若 $p_0=0.55$ bar,$t_3=800$ ℃,涡轮膨胀后的压力为 1.02 bar,热效率为 0.28,求涡轮出口的气体温度。(工质为空气)

9-17 涡轮喷气发动机在地面试车测得:$t_0=15$ ℃,$p_0=1.013$ bar,$\dot{m}=13.28$ kg/s,已知 $\pi_c^*=p_2^*/p_1^*=6.45$,$T_3^*=1 088$ K,$p_2=6.18$ bar,计算循环功、热效率以及燃油消耗率。设燃油热值 $H_u=42 915$ kJ/kg,$p_3^*\approx p_2^*$,$p_1^*\approx p_0$。

9-18 计算冲压式喷气发动机理想循环功及热效率。已知进入扩压进气道的空气压力为 1 bar,温度为 27 ℃,速度为 200 m/s,流出进气道时的速度降为 100 m/s,在燃烧室中加入的热量为 400 kJ/kg,工质为空气。

9-19 试比较燃气轮机的定压与定容加热两种理想循环的热效率。比较条件:初态相同,π 相同及加热量相同。

9-20 一空气循环按如下条件进行:
① 以 1 bar、288 K 的空气进入被定熵压缩,$\varepsilon=4$;
② 定容地加入热量 1 250 kJ/kg;
③ 定熵膨胀;
④ 定压压缩至初态。
求最大压力、最高温度以及热效率。

9-21 以空气为工质的动力循环,按如下条件进行:
① 以 $n=1.3$ 进行多变压缩,压缩比 $\varepsilon=16$;
② 加热过程压力与比容成正比,加热终态与初态的比容比为 1.5,加热量为 860 kJ/kg;
③ 以 $n=1.23$ 多变膨胀到循环的初始容积,同时过程中又加入热量 390 kJ/kg;
④ 以定容过程放出热量回到初态。
若工质初态为 1 bar,288 K,试计算循环的最大压力、最高温度及热效率。

9-22 采用回热的理想布雷登循环 $T-s$ 图如图 9.56(a) 所示,其中循环增压比为 11,试求该循环的循环热效率以及不带回热的理想布雷登循环(见图 9.56(b))的热效率。假设空气可看作具有恒定比热容的理想气体。

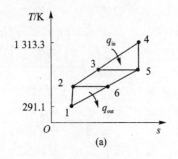
(a)

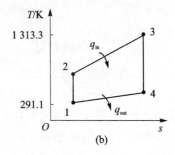
(b)

图 9.56 采用回热的布雷登循环

第 10 章　蒸汽动力循环

蒸汽动力循环是指以蒸汽为工质的动力循环。水蒸气是蒸汽动力循环中最常用的工作流体,因为它具有低成本、易获取和高蒸发焓等许多理想的特性。实现蒸汽动力循环的装置称为蒸汽动力装置,其最重要用途之一是发电。

在蒸汽动力装置中,水和水蒸气都不能助燃,只能从外界吸热。因此,蒸汽动力装置需要专门配备制备蒸汽的锅炉。按照向蒸汽供热的燃料类型,可将蒸汽动力装置分为煤电动力、核电动力或天然气动力设备等。尽管有以上差异,蒸汽在所有这些装置中经过的基本热力过程都是相同的,可以采用相同的方式开展分析。

图 10.1 所示是蒸汽发电厂示意简图,通常可以将整个发电厂分为 4 个系统,分别是供热系统、蒸汽动力循环系统、发电系统以及冷却系统。供热系统为水蒸气汽化提供热能,主要的设备就是锅炉,化石燃料在其中燃烧,化学能转化为热能;蒸汽动力循环系统的主要功能就是通过吸收热能,将液态水转化为高温的水蒸气,进入汽轮机膨胀做功,然后经冷凝器冷却为液态水,最后经水泵加压回到锅炉,由此不断循环输出有用功,完成热功转化;发电系统的主要设备是发电机,汽轮机与发电机同轴;冷却系统中,冷却水在冷凝器中吸收做功后乏汽放出的热量,然后进入冷水塔冷却降温,之后返回冷凝器,完成循环回路。本章主要关注的是蒸汽动力循环系统部分。

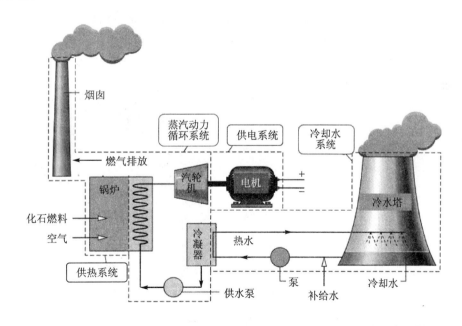

图 10.1　化石燃料蒸汽发电厂简图

10.1 简单蒸汽动力装置循环——朗肯循环

10.1.1 朗肯循环及其热效率

热力学第二定律指出,在相同温限内,卡诺循环的热效率最高。当采用气体为工质时,因为定温加热和放热难以实施,且 $p-v$ 图上气体的定温线和绝热线斜率相差不多,以致卡诺循环的净功并不大,故在实际中难以采用。而采用蒸汽作为工质时,由于液体汽化和蒸汽凝结时不仅压力不变,温度也不变,此时的定压过程即定温过程,定温线和绝热线斜率相差较大,可以得到更多的循环净功。因此,在蒸汽动力循环中,更容易参照卡诺循环来设计相应的热力过程。

图 10.2 所示的循环过程就是利用蒸汽相变定温特性构建的卡诺循环。其中,过程 1→2 为工质在压气机中的定熵压缩过程,过程 2→3 为工质在锅炉里的定压吸热过程,过程 3→4 为工质在汽轮机中的定熵膨胀过程,过程 4→1 为工质在冷凝器中的定压放热过程。但在实际蒸汽动力循环中,并不采用如图 10.2 所示的这个卡诺循环,原因如下:

① 压气机中的绝热压缩过程 1→2 是难以实现的,因为 1→2 过程中工质处于低干度的湿蒸汽状态,而对于汽、水混合物的压缩,不仅要耗费很大的压缩功,而且会使得压气机工作不稳定;

② 循环局限于饱和区,循环的上限温度受制于临界温度。例如,水的临界温度为 374 ℃,故即使实现卡诺循环,其最高的热效率很有限;

③ 膨胀过程 3→4 末期,湿蒸汽的干度过小,含水量多,容易导致涡轮机叶片腐蚀和磨损。

目前工程上实际应用的蒸汽动力循环如图 10.3 所示,装置由锅炉(加热器)、汽轮机、冷凝器和水泵等设备组成。水在锅炉中吸热变成水蒸气,然后进入汽轮机膨胀做功,再在冷凝器中放热变为液态水,最后经水泵加压回到锅炉。该循环常被称为简单蒸汽动力循环。

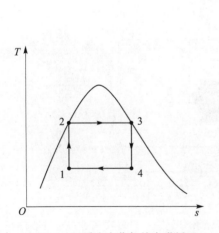

图 10.2 工质为水蒸气的卡诺循环

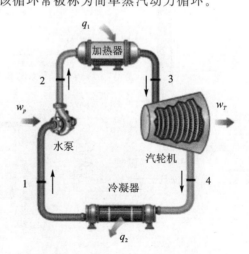

图 10.3 简单蒸汽动力装置流程示意图

假设以上循环过程均为可逆过程;锅炉和冷凝器没有因摩擦产生的压降,为定压过程;同时不考虑工质在汽轮机和水泵中的散热。遵循这些理想化的可逆循环就是如图 10.4 所示的理想朗肯循环。实际的蒸汽动力循环都是以朗肯循环为基础的,下面详细介绍理想朗肯循环的工作过程。

如图 10.4 所示，状态点 1 的水为饱和液体，进入水泵之后完成绝热压缩（过程 1→2），压力提高到锅炉的运行压力，此时状态为过冷水。随后进入锅炉，在锅炉中定压吸热（过程 2→3），由过冷水变为过热蒸汽，其中的两相蒸发过程既是定压过程，也是定温过程。处于状态点 3 的过热蒸汽进入汽轮机绝热膨胀（过程 3→4），同时带动汽轮机的轴转动并对外输出功，此过程实现了热功转换。对外做功后，工质在汽轮机出口为低压湿蒸汽状态（状态点 4），通常称为乏汽。随后，乏汽进入冷凝器，与冷却水换热后完成定压放热（过程 4→1）。放热后的工质处于饱和液体状态（状态点 1），再进入水泵完成循环。

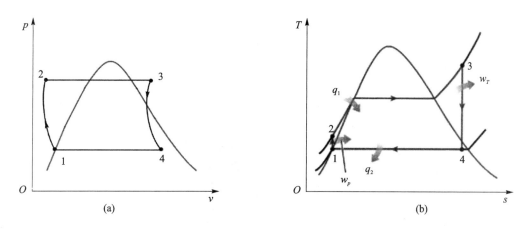

图 10.4　朗肯循环 p-v 图和 T-s 图

1 kg 水在水泵中经历可逆绝热压缩（过程 1→2），由于 $q=0$，其消耗的功量绝对值为

$$w_p = h_2 - h_1 \tag{10-1}$$

1 kg 的水蒸气在汽轮机中可逆绝热膨胀（过程 3→4）时，由于 $q=0$，汽轮机对外做功为

$$w_T = h_3 - h_4 \tag{10-2}$$

1 kg 工质在锅炉中吸热（过程 2→3）和冷凝器（过程 4→1）中放热时，吸热量 q_1 和放热量 q_2 分别为

$$q_1 = h_3 - h_2 \tag{10-3}$$

$$q_2 = h_4 - h_1 \tag{10-4}$$

因此循环净功为

$$w_{\text{net}} = w_T - w_p = (h_3 - h_4) - (h_2 - h_1) \tag{10-5}$$

整个循环的热效率为

$$\eta_t = \frac{w_{\text{net}}}{q_1} = \frac{(h_3 - h_4) - (h_2 - h_1)}{h_3 - h_2} \tag{10-6}$$

需要指出，对于蒸汽动力循环，不能使用气体动力循环的理想气体假设，因此对于以上各式计算，不能使用 $\Delta h = c_p \Delta T$ 等关系式，而是需要查取水和水蒸气的热力性质图表。

通常水泵耗功远远小于汽轮机做功，故水泵耗功 $w_p = h_2 - h_1$ 可忽略，则式（10-6）可简化为

$$\eta_t = \frac{h_3 - h_4}{h_3 - h_2} \tag{10-7}$$

评价蒸汽动力装置的另一个重要指标是汽耗率，其定义为装置每输出 1 kW·h 功量

(3 600 kJ)所耗费的蒸汽量,通常用 d 表示,单位为 kg/kJ,工程上也使用 kg/(kW·h)。忽略泵功时,理想朗肯循环的输出功率为 $\dot{W}_T$,单位为 kW,水蒸气的质量流量为 $\dot{m}$,单位为 kg/h,则汽耗率为

$$d = \frac{\dot{m}}{\dot{W}_T} = \frac{\dot{m}}{\dot{m}(h_3 - h_4)} = \frac{1}{h_3 - h_4} \tag{10-8}$$

例 10-1 以水蒸气为工质的卡诺热机在特定条件下稳定运行,循环过程和参数如图 10.5 中 1→2→3→4→1 所示。假设动能和势能变化可忽略不计,试确定热效率、循环放热量和净循环功。

解: ① $T_H = 250\ ℃ = 523\ K$,$T_L = T_s = 60.06\ ℃ = 333.1\ K$(查表得 20 kPa 对应的饱和温度)

卡诺循环的热效率为

$$\eta_{t,C} = 1 - \frac{T_L}{T_H} = 1 - \frac{333.1}{523} = 36.3\%$$

② 该循环吸热量为水在 250 ℃ 的蒸发焓(气化潜热):

$$q_1 = r_{250℃} = 1\ 715.3\ \text{kJ/kg}$$

循环放热量为

$$q_2 = \frac{T_L}{T_H} q_1 = \frac{333.1}{523} \times 1\ 715.3 = 1\ 092.3\ \text{kJ/kg}$$

③ 循环净功为

$$w_{net} = \eta_{t,C} q_1 = 0.363\ 2 \times 1\ 715.3 = 623\ \text{kJ/kg}$$

例 10-2 某蒸汽发电厂采用简单理想朗肯循环,循环图和工况参数如图 10.6 所示,若要求循环净功率达到 210 000 kJ/s,试确定汽轮机出口的蒸汽干度、循环热效率和蒸汽的质量流量。假设工作条件稳定,且动能和势能变化可忽略不计。

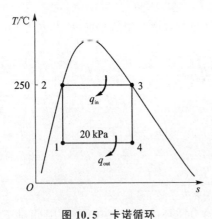

图 10.5 卡诺循环

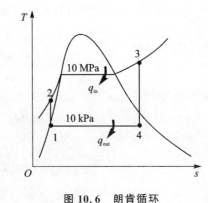

图 10.6 朗肯循环

解: ① 根据蒸汽表有:

$$h_1 = 191.81\ \text{kJ/kg}$$

$$v_1 = 0.001\ 01\ \text{m}^3/\text{kg}$$

因此 $w_p = v_1(p_2 - p_1) = 0.001\ 01 \times (10\ 000 - 10) = 10.09\ \text{kJ/kg}$

$$h_2 = h_1 + w_p = 191.81 + 10.09 = 201.90\ \text{kJ/kg}$$

$$p_3 = 10 \text{ MPa} \atop T_3 = 500 \text{ °C}\Big\} \begin{array}{l} h_3 = 3\,375.1 \text{ kJ/kg} \\ s_3 = 6.599\,5 \text{ kJ/(kg·K)} \end{array}$$

$$p_4 = 10 \text{ kPa} \atop s_4 = s_3\Big\} \begin{array}{l} x_4 = \dfrac{s_4 - s_4'}{s_4'' - s_4'} = \dfrac{6.599\,5 - 0.649\,2}{7.499\,6} = 0.793\,4 \\ h_4 = h_4' + x_4(h_4'' - h_4') = 191.81 + 0.793\,4 \times 2\,392.1 = 2\,089.7 \text{ kJ/kg} \end{array}$$

② $q_1 = h_3 - h_2 = 3\,375.1 - 201.9 = 3\,173.2 \text{ kJ/kg}$

$q_2 = h_4 - h_1 = 2\,089.7 - 191.81 = 1\,897.9 \text{ kJ/kg}$

所以 $w_{\text{net}} = q_1 - q_2 = 3\,173.2 - 1\,897.9 = 1\,275.4 \text{ kJ/kg}$

$$\eta_{\text{th}} = \frac{w_{\text{net}}}{q_1} = \frac{1\,275.4}{3\,173.2} = 40.2\%$$

③ $$\dot{m} = \frac{\dot{W}_{\text{net}}}{w_{\text{net}}} = \frac{210\,000}{1\,275.4} = 164.7 \text{ kg/s}$$

10.1.2 蒸汽参数对朗肯循环热效率的影响

1. 初温 T_3 对热效率的影响

在汽轮机进口压力（初压）及出口压力（背压）相同的情况下，提高汽轮机进口蒸汽的温度（初温）是可以使热效率上升的。如图 10.7 所示，蒸汽进入汽轮机的初温升高（状态点 $3 \to 3'$），循环吸热量增加，图中阴影部分代表循环净功的增量。此外，提高初温还可增大汽轮机出口蒸汽的干度（终态 $4 \to 4'$），这对提高汽轮机内效率，以及延长汽轮机寿命都是有利的。

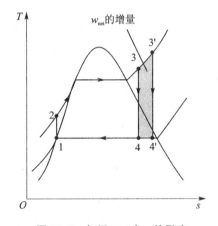

图 10.7 初温 T_3 对 η 的影响

蒸汽温度的提高主要受材料耐热性能的限制。蒸汽过热器（将饱和蒸汽加热到过热蒸汽的换热器）的换热管外是高温燃气，管内是蒸汽，所以过热器换热管的壁面温度必定高于蒸汽温度。需要强调的是，这与内燃机和燃气轮机的高温部件的工况是有差异的，内燃机气缸外有水冷套，燃气轮机的燃烧室火焰筒壁面和涡轮叶片都有冷却气体进行冷却保护，其工作温度上限可以远远高于材料的耐受温度。内燃机气缸内燃气可高达 2 000 ℃，燃气轮机燃烧室出口温度也可超过 1 900 ℃，而蒸汽动力循环的最高蒸汽温度一般就只有 500~600 ℃。

2. 初压 p_3 对热效率的影响

在相同初温及背压的条件下，提高蒸汽的初压可增大循环平均吸热温度（$T_{m,2'-3'} > T_{m,2-3}$），这时的平均放热温度不变（$T_{m,4-1} = T_{m,4'-1}$），显然可有效提高循环热效率，如图 10.8 所示。但是需要注意的是，提高初压会引起乏汽干度 x 下降（点 $4'$ 的干度低于点 4 的干度），将会影响汽轮机工作寿命。若在提高蒸汽初压 p_3 的同时提高蒸汽初温 T_3，可以抵消因提高初压而引起的乏汽干度的降低，但这同样受到材料耐受温度的限制。

3. 背压 p_4 对热效率的影响

如图 10.9 所示，在相同初温 T_3 和初压 p_3 下，降低汽轮机出口背压（$p_4' < p_4$），可以降低

冷凝器中放热的平均温度($T_{m,4'-1} < T_{m,4-1}$),从而能提高热效率。图10.9中阴影部分代表了增加的循环净功,而循环吸热量(曲线$2' \to 3$与横坐标围成的面积)增加是较少的。因此,大多数蒸汽发电厂的冷凝器压力远低于环境大气压力。

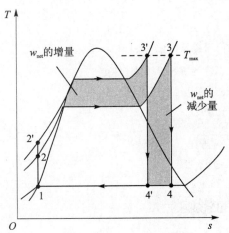

图10.8 初压p_3对η的影响

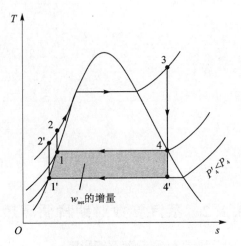

图10.9 背压p_4对η的影响

汽轮机出口背压p_4的降低意味着冷凝器内对应的饱和温度T_4的降低,而T_4必须高于外界环境温度(冷却水温度),故其降低受环境温度的限制。由于冬、夏季节气温的变化,冷凝器中T_4随之变化,p_4也会有改变。此外,降低背压也会引起乏汽干度的下降。

综上,初温、初压的提高受到材料耐温限制,背压的降低受环境温度限制,因此,实际的蒸汽发电装置通常综合采用再热、回热等方法提高其经济性。限于本书篇幅,有关这部分的内容不做详细介绍。

10.1.3 有摩阻的实际蒸汽动力循环

以上讨论的是理想的可逆朗肯循环,实际上蒸汽在动力装置中的全部过程都是不可逆过程,尤其是蒸汽经过汽轮机的绝热膨胀与理想可逆过程的差别较为显著。以下仅讨论汽轮机中有摩阻损失的实际循环。

如图10.10所示,$3 \to 4s$是可逆绝热膨胀过程,考虑到膨胀过程中的不可逆损失,若蒸汽膨胀到相同背压,则变为熵增大的不可逆绝热过程$3 \to 4a$。可见,整个过程的吸热量q_1不变,而放热量q_2增大了,因此热效率必然下降。

此时,蒸汽经过汽轮机时实际所做的技术功为

$$w_{T,\text{act}} = h_3 - h_{4a} = (h_3 - h_{4s}) - (h_{4a} - h_{4s}) \qquad (10-9)$$

其中,$(h_{4a} - h_{4s})$是由于不可逆因素使蒸汽在汽轮机少做的功,数值上等于蒸汽冷凝器中多放出的热量。

与燃气轮机涡轮中的内效率定义类似,汽轮机的相对内效率定义为蒸汽实际做功$w_{T,\text{act}}$与理论功w_T的比值,简称为汽轮机效率,以η_T表示,则

$$\eta_T = \frac{w_{T,\text{act}}}{w_T} = \frac{h_3 - h_{4a}}{h_3 - h_{4s}} \qquad (10-10)$$

于是有

$$h_{4a} = h_3 - \eta_T (h_3 - h_{4s}) \qquad (10-11)$$

近代大功率汽轮机的效率 η_T 一般在 0.85~0.92 的范围内。

例 10-3 考虑以水为工质的简单朗肯循环,在规定压力范围内工作(见图 10.11)。其中,汽轮机的相对内效率为 0.94,蒸汽进口温度为 450 ℃,质量流量为 20 kg/s;冷凝器出口工质为过冷水,过冷度为 6.3 ℃。试求锅炉的加热功率,水泵的功率,循环净功以及循环热效率。假设动能和势能变化可忽略不计。

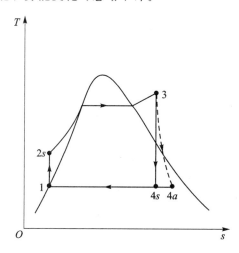

图 10.10 考虑汽轮机中的不可逆过程

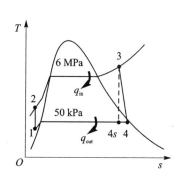

图 10.11 朗肯循环

解: 根据蒸汽表可知:

$$p_1 = 50 \text{ kPa}$$
$$T_1 = T_{\text{sat}/50\text{kPa}} - 6.3 \text{ ℃} = (81.3 - 6.3) \text{ ℃} = 75 \text{ ℃}$$

$\left.\begin{array}{l}\end{array}\right\} h_1 = 314.03 \text{ kJ/kg}$
$v_1 = 0.001\ 026 \text{ m}^3/\text{kg}$

所以水泵耗功:

$$w_p = v_1(p_2 - p_1) = 0.001\ 026 \times (6\ 000 - 50) = 6.10 \text{ kJ/kg}$$
$$h_2 = h_1 + w_p = 314.03 + 6.10 = 320.13 \text{ kJ/kg}$$
$$p_3 = 6\ 000 \text{ kPa} \quad\left.\begin{array}{l}\end{array}\right\} h_3 = 3\ 302.9 \text{ kJ/kg}$$
$$T_3 = 450 \text{ ℃} \quad\quad s_3 = 6.721\ 9 \text{ kJ/(kg·K)}$$

$\left.\begin{array}{l} p_4 = 50 \text{ kPa} \\ s_{4s} = s_3 \end{array}\right\}$
$x_{4s} = \dfrac{s_{4s} - s_4'}{s_4'' - s_4'} = \dfrac{6.721\ 9 - 1.091\ 2}{6.501\ 9} = 0.866\ 0$

$$h_{4s} = h_4' + x_{4s}(h_4'' - h_4') = 340.54 + 0.866\ 0 \times 2\ 304.7 = 2\ 336.4 \text{ kJ/kg}$$

$$\eta_T = \dfrac{h_3 - h_4}{h_3 - h_{4,s}} \Rightarrow$$

$$h_4 = h_3 - \eta_T(h_3 - h_{4,s}) = 3\ 302.9 - 0.94 \times (3\ 302.9 - 2\ 336.4) = 2\ 394.4 \text{ kJ/kg}$$

所以锅炉的加热功率为

$$\dot{Q}_1 = \dot{m}(h_3 - h_2) = 20 \times (3\ 302.9 - 320.13) = 29\ 660 \text{ kW}$$

汽轮机输出的功率为

$$\dot{W}_T = \dot{m}(h_3 - h_4) = 20 \times (3\ 302.9 - 2\ 394.4) = 18\ 170 \text{ kW}$$

水泵的功率为

$$\dot{W}_p = \dot{m} w_p = 20 \times 6.10 = 122 \text{ kW}$$

循环净功率为

$$\dot{W}_{\text{net}} = \dot{W}_T - \dot{W}_p = 18\,170 - 122 = 18\,050 \text{ kW}$$

循环热效率为

$$\eta_t = \frac{\dot{W}_{\text{net}}}{\dot{Q}_1} = \frac{18\,050}{59\,660} = 30.25\%$$

10.2 热电联供循环

  蒸汽动力装置的热效率较低,在汽轮机输出有用功的同时,大部分热量因为其品质太低,无法有效回收利用,而作为废热由乏汽排放到河流、湖泊、海洋或大气中,这不仅会加剧城市"热岛效应",还会造成环境水系的热污染。当然,从热力学第二定律的角度出发,这些损失是完成热功转化获得有用功所必须付出的代价。然而,若能将乏汽压力提高到一定程度,则这些热能就能用于那些本需要消耗大量电力的生产和取暖场所,例如造纸工业、化学工业、印染工业和一些宾馆、居民区等。这样一来,既可以减少废热排放,提高热效率,还可以消除污染,这也就是通常所说的热电联供。

  具体来说,热电联供是指从同一能源中生产多种有用形式的能源(如过程热能和电能)。理想的热电联供如图 10.12 所示,假设锅炉燃烧 1 kW 的化学能,其中 30% 用于驱动汽轮机做功,剩余乏汽含有 70% 热能用于工业生产所需(通过图 10.12 中所示的中间换热器)。可见其最显著特点是没有冷凝器,因此从能源利用的角度看,若不考虑输运损耗等因素,理想的能源的利用效率可达 100%。但是这个理想的汽轮机热电厂在实际应用中存在一个显著的缺点,就是无法适应功率和过程热负荷的变化。

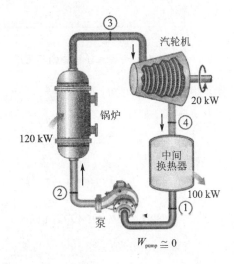

图 10.12 理想的热电联供循环示意图

  图 10.13 展示了一个更实用、但更复杂的热电联供示意图。在正常运行情况下,膨胀阀关闭,部分蒸汽在预定的中间压力 p_6 下从汽轮机中抽出,进入中间换热器提供其他场所需要的热能。其余蒸汽膨胀至冷凝器压力 p_7,然后在冷凝器中定压冷却,排出的热量即循环产生的废热。当热能需求改变时,只需调整汽轮机中间压力 p_6 下的抽气量即可。极限情况抽气量达到 100%,没有乏汽进入冷凝器。如果仍无法满足热能需求,可以打开旁路膨胀阀,让部分锅炉出口的蒸汽直接通过膨胀阀节流至抽汽压力 p_6,进入提供热能的中间换热器。中间换热器和冷凝器出口的饱和水分别通过水泵加压进入混合室,最后回到锅炉,完成循环。

  热电联供循环的热效率仍为

$$\eta = \frac{w_{\text{net}}}{q_1} = 1 - \frac{q_2}{q_1} \tag{10-12}$$

  由于抽汽供热等原因,上式计算的热效率低于朗肯循环的热效率。但是热电循环除了输出机械功 w_{net},同时提供可利用的热量 q_s,因此,衡量其经济性除了热效率外,还需考虑循环热

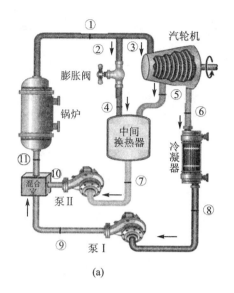
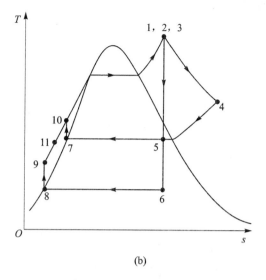

图 10.13 热电联供循环示意图及 $T\text{-}s$ 图

量利用系数 ξ,为

$$\xi = \frac{w_{\text{net}} + q_s}{q_1} \tag{10-13}$$

理想情况下 ξ 可达到 1,实际上因为各种损失和热电负荷之间的不协调,一般 ξ 值在 70% 左右。

以上两个热经济性指标都有一定片面性,其中热效率未考虑热用户得到的热量,而能量利用系数又未能反映电能与热能之间的品质差异。因此,在衡量热电合供循环的经济性时,应将两者结合起来考虑。

10.3 燃气-蒸汽联合循环

由于工作原理和设备结构的固有差异,燃气轮机循环的工作温度要比蒸汽动力循环高得多。在现代蒸汽发电装置中,汽轮机进口处的最高流体温度约为 620 ℃;燃气轮机发电的工质最高温度超过 1 425 ℃;用于飞行器动力的涡轮喷气发动机燃烧室出口温度则已经达到 1 700 ℃,甚至更高。未来通过冷却技术和耐高温材料(如陶瓷技术的发展),燃气轮机的工作温度还会进一步提高。

由于燃气轮机循环的平均吸热温度较高,在提高热效率方面更具优势。然而,燃气轮机循环有一个固有的缺点:排气温度也非常高(通常高于 500 ℃),这会抵消热效率的潜在增益。使用回热技术虽然可以部分解决问题,但是改善幅度是有限的。充分利用燃气轮机循环在高温下的特性优势,并将高温废气用作低温循环(如蒸汽动力循环)的热源,以提高热效率,这在工程上是可行且有意义的,即所谓燃气-蒸汽联合循环。

如图 10.14(a)所示的燃气-蒸汽联合循环中,增加了一台换热器代替蒸汽锅炉,利用燃气轮机循环排出废气作为蒸汽的加热热源。通常,需要多台燃气轮机来为蒸汽提供足够的热量。

燃气轮机排出的废气在换热器中定压放热(见图 10.14(b)中 8→5 过程),其中只有过程 8 →9 的热量被蒸汽轮机利用。因此,整个联合循环的吸热量即为燃气轮机装置的加热量 Q_{67},

放热量为燃气轮机循环放出的部分热量 Q_{95} 与蒸汽轮机循环放热量 Q_{41} 之和。则整个联合循环的热效率为

$$\eta = 1 - \frac{Q_{95} + Q_{41}}{Q_{67}} \tag{10-14}$$

从图 10.14(b)可以看出,与单一蒸汽或燃气动力循环相比,蒸汽-燃气联合循环具有更高的平均吸热温度和更低的平均放热温度,因此联合循环的热效率要高于单一的蒸汽或燃气动力循环的热效率,在没有大幅增加初始成本的情况下提高了效率,使得燃气-蒸汽联合循环在经济上非常有吸引力。

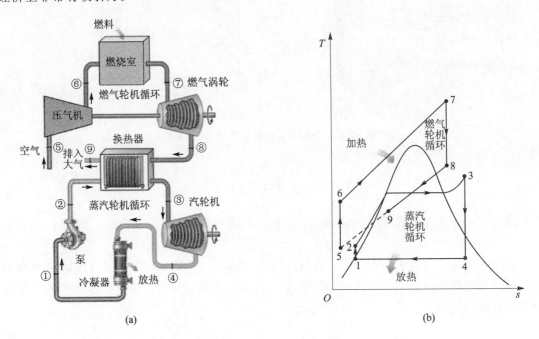

图 10.14 燃气-蒸汽联合循环

思考题

10-1 为什么蒸汽动力循环不采用理想的卡诺循环?

10-2 有哪些措施可以提高蒸汽动力循环的热效率?各有什么利弊?

10-3 在造纸厂、制药厂等高热能消耗型工厂集中的地区修建发电厂,选用哪种动力循环方式比较合适?

习 题

10-1 已知朗肯循环的蒸汽初压力 $p_1 = 5$ MPa、初温 $t_1 = 450$ ℃,乏汽压力 $p_2 = 0.005$ MPa。试求该循环加热过程的平均加热温度及循环热效率。

10-2 某朗肯循环中新蒸汽在 $p_1 = 5$ MPa,$t_1 = 450$ ℃的状态下被送入蒸汽轮机,乏汽离开汽轮机时 $s_2 = 1.04 s_1$,$p_2 = 0.006$ MPa,在定压冷凝(状态 3)后由水泵绝热加压到 $p_4 = 5$ MPa 进入锅炉。若 $s_4 = 1.01 s_1$,试求循环热效率 η_t 及汽轮机相对内效率 η_{oi}。

10-3 朗肯循环中,蒸汽参数为 $p_1=3.5$ MPa,$t_1=435$ ℃,试计算背压 p_2 分别为 0.004 MPa、0.01 MPa、0.1 MPa 时的循环效率。

10-4 某热电厂中,装有按朗肯循环工作的功率为 12 MW 的背压式汽轮机,蒸汽参数为 $p_1=3.5$ MPa,$t_1=435$ ℃,$p_2=0.6$ MPa。经过热用户后,蒸汽变为 p_2 下的饱和水返回锅炉。锅炉的效率 $\eta_B=0.85$,所用燃料的发热量为 26 000 kJ/kg。求锅炉每小时的燃料消耗量。

第 11 章 制冷循环及热泵

根据热力学第二定律可知,热量总是从高温物体流向低温物体,相反的过程是不可能自发发生的,除非付出额外的代价。制冷设备就是消耗外部机械功或其他形式的能量,实现从低温物体到高温物体传递热量的一种装置,运行的循环称为制冷循环。另一种将热量从低温介质传递到高温介质的装置是热泵。

制冷设备和热泵在热力学本质上是相同的,都是使热量从低温物体传向高温物体,只是实现的目标任务有所不同。前者是通过工质(制冷剂)的循环,将热量从低温物体(冷库)抽出,排放到环境中,关注的是从低温物体带走多少热量 q_c 以维持冷库内低温,例如冰箱和空调制冷;后者则是将热量输送给高温物体,以使其保持高于环境温度,关注的是具体有多少热量 q_0 输送到高温物体中,例如冬天空调制暖。图 11.1 所示是两种设备的工作流程的对比简图。

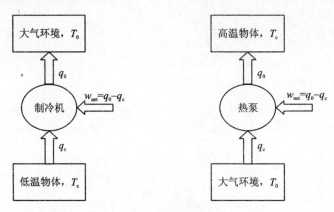

图 11.1 制冷循环与热泵循环的比较

评价制冷循环和热泵循环的经济性指标分别称为制冷系数 ε 和供暖系数 ε',工程上也称为 COP(Coefficient of Performance),它是循环中得到的收益与花费的代价之比。因此,制冷系数和供暖系数分别定义为

$$\varepsilon = \frac{q_c}{q_0 - q_c} = \frac{q_c}{w_{net}} \tag{11-1}$$

其中,q_0 为向环境大气输出的热量;q_c 为从冷库吸收的热量,即循环制冷量。

$$\varepsilon' = \frac{q_0}{q_0 - q_c} = \frac{q_0}{w_{net}} \tag{11-2}$$

其中,q_0 为供给加热对象的热量;q_c 为取自环境大气的热量。

由定义可知,ε 大于 0,ε' 大于 1。也就是说,热泵性能最差的情况是等于 1,即 $q_0 = w_{net}$,热泵相当于电阻加热器的作用,为热源提供了与其消耗的电能(或功)相同的能量。

制冷循环包括压缩式、吸收式、吸附式、蒸汽喷射式以及半导体制冷等。本书主要介绍压缩式制冷设备及其循环分析。压缩式制冷按制冷剂(循环工质)分类,又可分为气体压缩式和蒸汽压缩式。前者的工质在循环中始终为气态,后者的制冷剂交替蒸发和冷凝,并在汽相状态下压缩。

11.1 逆卡诺循环

逆卡诺循环就是卡诺循环的逆循环,如图 11.2 所示。逆卡诺循环同样有两个热源,分别为温度为 T_0 的环境(大气)和温度为 T_C 的冷库。制冷机消耗一定外功,实现将热量 q_C 从冷库转移到高温环境。逆卡诺循环的 4 个过程如下:

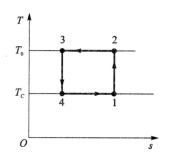

图 11.2 逆卡诺循环的 T-s 图

1→2:绝热压缩,温度从 T_C 上升到 T_0。
2→3:定温放热,放热量 q_0;
3→4:绝热膨胀,温度从 T_0 降到 T_C;
4→1:定温吸热,吸热量 q_C。
逆向卡诺循环的制冷系数为

$$\varepsilon_c = \frac{T_C}{T_0 - T_C} = \frac{1}{T_0/T_C - 1} \tag{11-3}$$

上式表明:逆向卡诺循环的制冷系数 ε_c 可以大于 1、等于 1、小于 1,且 T_0 与 T_C 之差越大,制冷系数越低。与卡诺循环类似,当高温热源和低温热源给定时,逆卡诺循环是工作在这两个热源之间制冷系数最大的制冷循环。

11.2 压缩空气制冷循环

1. 简单压缩空气制冷循环

由于空气定温加热和定温放热不易实现,故无法采用逆向卡诺循环。在实际的压缩空气制冷循环中,用两个定压过程来代替逆向卡诺循环的两个定温过程,可视为逆向布雷登循环。图 11.3 所示为压缩制冷装置简图,其循环 T-s 图如图 11.4 所示,假设其中所有过程均为可逆过程。

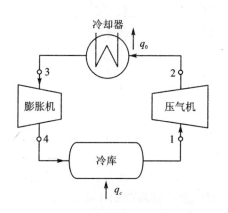

图 11.3 压缩空气制冷装置简图

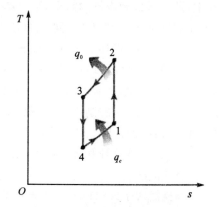

图 11.4 压缩空气制冷循环 T-s 图

可见,理想的压缩空气制冷循环包括如下 4 个过程:
1→2:空气在压气机中绝热压缩到状态 2,温度从从冷库出口的 T_1 升高到 T_2;

2→3:空气在冷却器定压放热,温度 T_3 降至环境温度 T_0;

3→4:空气在膨胀机中绝热膨胀到状态 4,此时温度 T_4 已经低于冷库温度 T_0;

4→1:空气在冷库中定压吸热,温度 T_1 提高到冷库温度 T_C;

循环中空气在冷却器中放出热量为

$$q_0 = h_2 - h_3 \tag{11-4}$$

自冷库吸热量为

$$q_c = h_1 - h_4 \tag{11-5}$$

循环净热量 q_{net} 在数值上等于净功量 w_{net}:

$$q_{net} = q_0 - q_c = (h_2 - h_3) - (h_1 - h_4) = (h_2 - h_1) - (h_3 - h_4) = w_c - w_T = w_{net} \tag{11-6}$$

衡量制冷循环的经济指标为制冷系数:

$$\varepsilon = \frac{q_c}{w_{net}} = \frac{h_1 - h_4}{(h_2 - h_3) - (h_1 - h_4)} \tag{11-7}$$

若气体的比热容近似为定值,有:

$$\varepsilon = \frac{T_1 - T_4}{(T_2 - T_3) - (T_1 - T_4)} \tag{11-8}$$

假设过程均可逆,则过程 1→2 和 3→4 都是定熵过程,因而有:

$$\frac{T_2}{T_1} = \left(\frac{p_2}{p_1}\right)^{\frac{k-1}{k}} = \pi^{\frac{k-1}{k}} = \frac{T_3}{T_4} \tag{11-9}$$

将式(11-9)带入制冷系数表达式有:

$$\varepsilon = \frac{1}{T_3/T_4 - 1} = \frac{T_4}{T_3 - T_4} = \frac{T_1}{T_2 - T_1} = \frac{1}{\pi^{\frac{k-1}{k}} - 1} \tag{11-10}$$

式中的 π 为循环增压比。

根据式(11-10),理想压缩空气制冷循环的制冷系数仅与循环增压比 π 有关(假设工质的绝热指数 k 为常数):π 越小,制冷系数越大,即能量利用率越高。实际工作中,还要考虑制冷量的需求,结合图 11.5 分析,相同工作温限下(T_0 和 T_C 相同),循环 1→7→8→9→1 的增压比 π 小于循环 1→2→3→4→1,但 π 减小导致了膨胀温差变小,从而使循环制冷量减小,即进入冷库的气体温度不够低,其制冷量(面积 199'1'1)也小于循环 1→2→3→4→1 的制冷量(面积 144'1'1)。

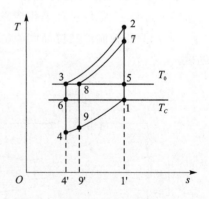

图 11.5 压缩空气制冷循环 $T-s$ 图

此外,在同样的冷库温度和环境温度条件下,同逆向布雷登循环的制冷循环相比,逆向卡诺循环 1→5→3→6→1 消耗的净功少(面积 15361),产生的制冷量更多(面积 164'1'1),其制冷系数 $\varepsilon = T_1/(T_3 - T_1)$ 显然大于式(11-10)所表示的压缩空气制冷循环的制冷效率。

压缩空气制冷循环的最大缺点就是制冷量小,其主要原因有两个:一是制冷系数小;二是空气的比热容小。提高压缩比可以增大制冷量,但同时会减小制冷系数;提高空气流量可增加制冷量,但同时又会使设备过于庞大。对于大多数涉及空调和普通制冷过程的应用,下一节将要介绍的压缩蒸汽制冷系统的制造成本更低,并且比压缩气体制冷系统的制冷系数更高。然而在某些深冷领域,经过改进的压缩气体制冷系统可用于约$-150\ ℃$的温度,远低于压缩蒸汽系统通常获得的温度。

2. 回热式压缩空气制冷循环

近年来,随着人类对环境保护的日益重视,压缩空气制冷循环渐渐受到重视,实际使用中通常也会采用回热措施提高制冷循环的效率。图 11.6 和图 11.7 所示为加入回热器的压缩空气制冷循环装置示意图及理想回热循环的 T-s 图。自冷库出来的空气温度 $T_1=T_C$,冷库的温度 T_C 低于环境温度 T_0(理想情况 $T_4=T_0$),进入回热器与冷却器排出的空气换热后,温度升至 T_2(理想情况 $T_2=T_4$);接着进入压气机进行绝热压缩,升温、升压到 T_3、p_3;再进入冷却器,实现定压放热,降温到 T_4;进一步经回热器降温至 T_5,此时的温度已经低于环境温度 T_0;之后经膨胀机绝热膨胀,再一次降温、降压到 T_6、p_6,最后进入冷库实现定压吸热,升温至 T_1,完成循环。

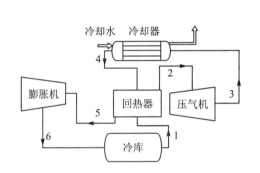
图 11.6 回热式压缩空气制冷循环装置

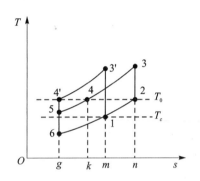
图 11.7 回热式空气制冷循环 T-s 图

在理想的情况下,空气在回热器中的放热量(图中面积 $45gk4$)恰好等于冷库排出空气在 $1\to 2$ 过程的吸热量(图中面积 $12nm1$)。循环的制冷量为工质自冷库吸收的热量(图中面积 $61mg6$),排向外界的热量为图中面积 $34kn3$。

在循环温限和制冷量相同的条件下,与没有回热的循环 $13'4'61$ 对比分析,两个循环的制冷量 q_c 均为图 11.7 中面积 $61mg6$,放热量 q_0 也完全相同,分别为图中面积 $3'4'gm3'$ 和 $34kn3$。因此,它们的制冷系数也相同,但是带回热的循环降低了增压比,这为采用压比不宜很高的叶轮式压气机和膨胀机提供了可能,同时增压比的减小使得压缩过程和膨胀过程的不可逆损失的影响得以减小。此外,由于回热器的存在,使得进入膨胀机的温度比没有回热器时可能达到的温度低得多,为制备更低温的工质提供了可能。具体循环计算,请读者参照之前介绍的方法自行分析整理。

3. 空气制冷循环在飞机中的应用

众所周知,万米高空的环境温度可低至$-50\ ℃$,环境大气压仅有 30 kPa 左右,为了提高飞机座舱内的舒适度,必须不断将空气增压后输入座舱。根据理想气体定熵压缩过程可知,增压至 1 atm 的空气温度可高达 $40\sim 50\ ℃$。可见飞机在高空飞行时的空气调节依然是一个制冷过程。不同于上一节的闭口逆布雷登循环,飞机空调系统采用的是开式压缩空气制冷循环。

图 11.8 所示是压缩空气制冷应用于飞机座舱冷却的简单示意图。从飞机发动机的某级压气机抽出少量高压空气,并通过换热器冷却到当地环境温度。之后高压空气通过辅助涡轮

膨胀至座舱内的压力,温度在膨胀过程中降至低于座舱的温度,然后被送进座舱。作为一个额外的好处,辅助涡轮膨胀可以提供飞机的一些辅助动力需求。

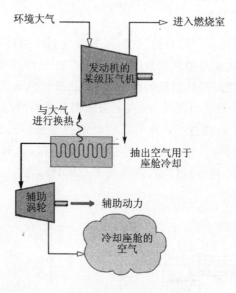

图 11.8 飞机座舱制冷循环的简单示意图

11.3 压缩蒸汽制冷循环

当采用蒸气作为工质时,逆卡诺循环中工质的两个定温过程在理论上是可以实现的,核心就是利用其相变过程即定压也定温的特性,分别在冷凝器和蒸发器中进行定温吸、放热,便可近似实现两个定温过程,如图 11.9 所示。然而其中的两个绝热过程难以实现,其原因在于:1→2 过程涉及气、液两相混合物的压缩,由于液体的不可压缩性造成液滴对压气机叶片的撞击,故不利于压气机的安全工作;同样,在膨胀过程 3→4 中,终了状态的蒸汽干度很小,对于涡轮可靠工作也不利。因此,实际制冷装置中工质通常不完全按照逆卡诺循环来工作。

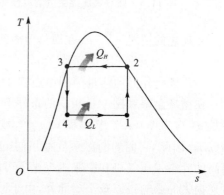

图 11.9 压缩蒸汽逆卡诺循环 T-s 图

图 11.10 所示为压缩蒸汽制冷装置示意图。压缩蒸汽制冷循环针对上述难题做了两个改进:其一,为了避免两相工质的压缩,也为了增加制冷量,在汽化过程中使工质完全汽化达到饱和后再进行压缩;其二,采用节流阀代替膨胀机。采用节流阀虽然损失了一些本来可以回收的功,但是简化了设备,提高了运行装置的可靠性;同时可利用节流阀开度的变化,方便改变节流后制冷剂的压力和温度,以实现冷库温度的连续调节。

压缩蒸汽制冷循环包括以下 4 个过程(见图 11.11):

1→2:制冷剂在进入压气机时处于干饱和蒸汽状态 1,定熵压缩到压力 p_2,温度 T_2 提高至高于环境温度,此时的制冷剂处于过热状态;

2→3:制冷剂在冷凝器中向环境介质定压放热,制冷剂蒸汽(状态 2)先定压降温到对应的饱和温度,然后继续定压冷凝成饱和液体(状态 3);

3→4:制冷剂在节流阀中绝热节流过程是不可逆过程,节流后制冷剂压力降低至 p_4,焓值不变,熵增加,因此节流的终态是 4,而不是 4′,此时的温度降低至压力 p_4 对应的饱和温度 T_1 ($T_4 = T_1$)。

4→1:制冷剂在蒸发器(冷库)中定压吸热,从湿饱和蒸汽状态 4 汽化至干饱和蒸汽状态 1,完成制冷循环。

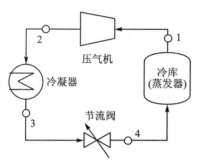

图 11.10　压缩蒸汽制冷装置简图

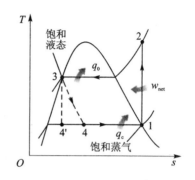

图 11.11　压缩蒸汽制冷循环 $T-s$ 图

工质自冷库吸收的热量为

$$q_c = h_1 - h_4 = h_1 - h_3 \tag{11-11}$$

式中,h_3 为饱和液的焓值,且 $h_4 = h_3$。

工质向外界排出的热量为

$$q_0 = h_2 - h_3 \tag{11-12}$$

压气机耗功即为循环净耗功:

$$w_c = h_2 - h_1 = w_{net} \tag{11-13}$$

制冷系数为

$$\varepsilon = \frac{q_c}{w_{net}} = \frac{h_1 - h_3}{h_2 - h_1} \tag{11-14}$$

11.4　热泵循环

热泵循环与制冷循环的本质都是消耗功以实现热量从低温热源向高温热源的传输。虽然热力学工作原理相同,但热泵装置与制冷装置两者的工作目的截然相反。制冷循环的目的是从冷库吸热,以保持冷库(低温热源)恒冷;热泵的目的是向室内供暖放热,以保持室内温度(高温热源)恒热。本章起始部分已经讲述了热泵的基本工作原理和性能参数(制暖系数)的定义,此处不再赘述。

采用电加热器取暖,可以非常方便地将电能 100% 直接转换为热能。而采用热泵取暖,消耗同样多的功量(电能)的前提下,热泵不仅把消耗的能量转换为热量供给室内,还将取自大气环境的热量也输送到室内,即最终可得到的热量多于输入的功量,这就是热泵优于电加热供暖装置的原因。制暖系数超过 1 越多,意味着多得到的热量越多。

热泵和制冷装置具有相同的机械部件,使用两个单独的系统来实现建筑物的供暖和制冷是显然不经济的。通常通过在循环中添加一个双向阀来实现一个系统在冬天用作热泵供暖,在夏天用作空调制冷,即常见的冷暖空调。图 11.12 所示是冷暖空调的工作流程示意图,图中实线流程为热泵模式,其冷凝器(位于室内)在夏季充当制冷空调的蒸发器,而热泵的蒸发器(位于室外)充当制冷空调的冷凝器。

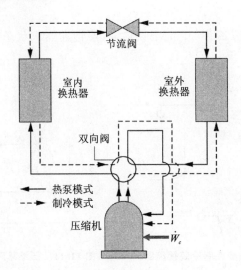

图 11.12 冷暖空调工作流程示意图

例 11-1 压缩空气制冷装置如图 11.13(a)所示。从冷藏室 A 出来的空气,在压气机 B 中被压缩,其温度、压力均上升,然后进入冷却器 C,冷却后的气体在膨胀器 D 中膨胀,温度迅速下降到低于压气机进口的温度,因而当它通过冷藏室 A 时,吸收周围的热量恢复到压气机进口状态。其理想循环如图 11.13(b)和(c)中的过程 12341 所示。现有一空气制冷机吸入空气(0.981 bar,0 ℃)进入压气机压缩至 3.924 bar,再经冷却器冷却到 15 ℃,在膨胀器中按 $pv^{1.3}=C$ 的规律膨胀到 0.981 bar,再进入冷藏室吸热。计算:①压气机所消耗的功(kJ/kg);②循环的净功;③如需要 12 560 kJ/h 的制冷量,问空气流量应为多少?

解: ①如图 11.13 所示

$$\frac{T_2}{T_1} = \left(\frac{p_2}{p_1}\right)^{\frac{k-1}{k}} = \left(\frac{3.924}{0.981}\right)^{\frac{1.4-1}{1.4}} = 1.486$$

$$T_2 = 273 \times 1.486 = 406 \text{ K}$$

$$|w_c| = h_2 - h_1 = c_p(T_2 - T_1) = 1.004 \times (406 - 273) = 133.5 \text{ kJ/kg}$$

②
$$T_4 = T_3\left(\frac{p_4}{p_3}\right)^{\frac{n-1}{n}} = 288 \times \left(\frac{0.981}{3.924}\right)^{\frac{1.3-1}{1.3}} = 209.2 \text{ K}$$

在膨胀器中完成的功为

$$w_T = \frac{n}{n-1} R(T_3 - T_4) = \frac{1.3}{1.3-1} \times 0.278 \times (288 - 209.2) = 94.9 \text{ kJ/kg}$$

$$w_0 = w_c - w_T = 133.5 - 94.9 = 38.6 \text{ kJ/kg}$$

③ 气体在冷藏室中吸收的热量:

$$q_{in} = c_p(T_1 - T_4) = 1.004 \times (273 - 209.2) = 64.055 \text{ kJ/kg}$$

所需冷气流量为

第11章 制冷循环及热泵

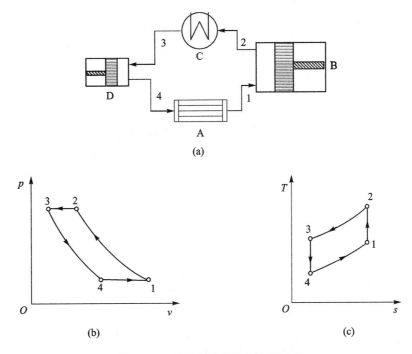

图 11.13 空气制冷装置及理想循环

$$\dot{m} = \frac{\dot{Q}}{q_{in}} = \frac{12\,560}{64.055} = 196.08 \text{ kg/h}$$

思 考 题

11-1 空气制冷循环的工作原理是什么？提高经济性的总原则是什么？

11-2 压缩空气制冷循环的制冷系数、循环增压比、制冷量之间的关系如何？

11-3 压缩蒸汽制冷通常采用膨胀阀代替膨胀机，压缩空气制冷是否也可采用这种方式？

习 题

11-1 一空气制冷循环，最高压力为 6 bar，最低压力为 1 bar，冷藏室出口温度为 $-10\ ℃$，大气环境温度为 $20\ ℃$，试计算：①每千克空气制冷量；②每千克空气消耗的功；③制冷系数；④同温度范围内的最大制冷系数。

11-2 一空气制冷装置，进入膨胀器空气的状态为 4 bar，$20\ ℃$，进入压气机的状态为 $-5\ ℃$，1 bar，若需要制冷量为 150 000 kJ/h，求制冷系数及空气的流量。

11-3 一空气制冷循环，进入压气机的空气参数为 1 bar，$-15\ ℃$，压缩至 4 bar，从冷却器出来的空气温度为 $15\ ℃$，试计算所需的循环功及制冷系数。

附　录

附录1　一些常用气体 25 ℃、100 kPa 时的比热容表

物　质	分子式	$M/$ $(10^{-3}$ $kg \cdot mol^{-1})$	$R_g/(J \cdot kg^{-1}$ $\cdot K^{-1})$	$\rho/$ $(kg \cdot m^{-3})$	$c_p/$ $(kJ \cdot kg^{-1}$ $\cdot K^{-1})$	$c_v/$ $(kJ \cdot kg^{-1}$ $\cdot K^{-1})$	$k = c_p/c_v$
乙炔	C_2H_2	26.038	319.3	1.05	1.669	1.380	1.231
空气	——	28.97	287	1.169	1.004	0.717	1.400
氨	NH_3	17.031	488.2	0.694	2.130	1.640	1.297
氩	Ar	39.948	208.1	1.613	0.520	0.312	1.667
正丁烷	C_4H_{10}	58.124	143.0	2.407	1.716	1.573	1.091
二氧化碳	CO_2	44.01	188.9	1.775	0.842	0.653	1.289
一氧化碳	CO	28.01	296.8	1.13	1.041	0.744	1.399
乙烷	C_2H_6	30.070	276.5	1.222	1.766	1.490	1.186
乙醇	C_2H_5OH	46.069	180.5	1.883	1.427	1.246	1.145
乙烯	C_2H_4	29.054	296.4	1.138	1.548	1.252	1.237
氦	He	4.003	2077.1	0.1615	5.193	3.116	1.667
氢	H_2	2.016	4124.3	0.0813	14.209	10.085	1.409
甲烷	CH_4	16.043	518.3	0.648	2.254	1.736	1.299
甲醇	CH_3OH	32.042	259.5	1.31	1.405	1.146	1.227
氮	N_2	28.013	296.8	1.13	1.042	0.745	1.400
正辛烷	C_8H_{18}	114.232	72.79	0.092	1.711	1.638	1.044
氧	O_2	31.999	259.8	1.292	0.922	0.662	1.393
丙烷	C_3H_8	44.094	188.6	1.808	1.679	1.490	1.126
R22	$CHClF_2$	86.469	96.16	3.54	0.658	0.562	1.171
R134a	CF_3CH_2F	102.03	81.49	4.20	0.852	0.771	1.106
二氧化硫	SO_2	64.063	129.8	2618	0.624	0.494	1.203
水蒸气	H_2O	18.015	461.5	0.0231	1.872	1.410	1.327

注：①若饱和压力小于 100 kPa，则为饱和压力；
②此表中的摩尔质量和临界参数引自参考文献[10]。

附录2 一些常见气体在理想气体状态时的摩尔定压热容表（温度的三次方拟合）

$$c_{p,m} = a_0 + a_1 T + a_2 T^2 + a_3 T^3$$

T 的单位为 K，$c_{p,m}$ 的单位为 kJ/(kmol·K)

物质	分子式	a_0	a_1	a_2	a_3	温度范围/K	误差/% 最大	误差/% 平均
氮	N_2	28.90	-0.157×10^{-2}	$0.808\ 1 \times 10^{-5}$	-2.873×10^{-9}	273~1 800	0.59	0.34
氧	O_2	25.48	1.520×10^{-2}	$-0.715\ 5 \times 10^{-5}$	1.312×10^{-9}	273~1 800	1.19	0.28
空气	—	28.11	$0.196\ 7 \times 10^{-2}$	$0.480\ 2 \times 10^{-5}$	-1.966×10^{-9}	273~1 800	0.72	0.33
氢	H_2	29.11	$-0.191\ 6 \times 10^{-2}$	$0.400\ 3 \times 10^{-5}$	$-0.870\ 4 \times 10^{-9}$	273~1 800	1.01	0.26
一氧化碳	CO	28.16	$0.167\ 5 \times 10^{-2}$	$0.537\ 2 \times 10^{-5}$	-2.222×10^{-9}	273~1 800	0.89	0.37
二氧化碳	CO_2	22.26	5.981×10^{-2}	-3.501×10^{-5}	7.469×10^{-9}	273~1 800	0.67	0.22
水蒸气	H_2O	32.24	$0.192\ 3 \times 10^{-2}$	1.055×10^{-5}	-3.595×10^{-9}	273~1 800	0.53	0.24
氧化氮	NO	29.34	$-0.093\ 95 \times 10^{-2}$	$0.974\ 7 \times 10^{-5}$	-4.187×10^{-9}	273~1 500	0.97	0.36
一氧化二氮	N_2O	24.11	$5.863\ 2 \times 10^{-2}$	-3.562×10^{-5}	10.58×10^{-9}	273~1 500	0.59	0.26
二氧化氮	NO_2	22.9	5.715×10^{-2}	-3.52×10^{-5}	7.87×10^{-9}	273~1 500	0.46	0.18
氨	NH_3	27.568	$2.563\ 0 \times 10^{-2}$	$0.990\ 72 \times 10^{-5}$	$-6.690\ 9 \times 10^{-9}$	273~1 500	0.91	0.36
硫	S_2	27.21	2.218×10^{-2}	-1.628×10^{-5}	3.986×10^{-9}	273~1 800	0.99	0.38
二氧化硫	SO_2	25.78	5.795×10^{-2}	-3.812×10^{-5}	8.612×10^{-9}	273~1 800	0.45	0.24
三氧化硫	SO_3	16.40	14.58×10^{-2}	-11.20×10^{-5}	32.42×10^{-9}	273~1 300	0.29	0.13
乙炔	C_2H_2	21.8	$9.214\ 3 \times 10^{-2}$	-6.527×10^{-5}	18.21×10^{-9}	273~1 500	1.46	0.59
苯	C_6H_6	-36.22	48.475×10^{-2}	-31.57×10^{-5}	77.62×10^{-9}	273~1 500	0.34	0.20
甲醇	CH_4O	19.0	9.152×10^{-2}	-1.22×10^{-5}	-8.039×10^{-9}	273~1 000	0.18	0.08
乙醇	C_2H_6O	19.9	20.96×10^{-2}	-10.38×10^{-5}	20.05×10^{-9}	273~1 500	0.40	0.22
氯化氢	HCl	30.33	$-0.762\ 0 \times 10^{-2}$	1.327×10^{-5}	-4.338×10^{-9}	273~1 500	0.22	0.08
甲烷	CH_4	19.89	5.024×10^{-2}	1.269×10^{-5}	-11.01×10^{-9}	273~1 500	1.33	0.57
乙烷	C_2H_6	6.900	17.27×10^{-2}	-6.406×10^{-5}	7.285×10^{-9}	273~1 500	0.83	0.28
丙烷	C_3H_8	-4.04	30.48×10^{-2}	-15.72×10^{-5}	31.74×10^{-9}	273~1 500	0.40	0.12
正丁烷	C_4H_{10}	3.96	37.15×10^{-2}	-18.34×10^{-5}	35.00×10^{-9}	273~1 500	0.54	0.24
异丁烷	C_4H_{10}	-7.913	41.60×10^{-2}	-23.01×10^{-5}	49.91×10^{-9}	273~1 500	0.25	0.13
正戊烷	C_5H_{12}	6.774	45.43×10^{-2}	-22.46×10^{-5}	42.29×10^{-9}	273~1 500	0.56	0.21
正己烷	C_5H_{12}	6.938	55.22×10^{-2}	-28.65×10^{-5}	57.69×10^{-9}	273~1 500	0.72	0.20
乙烯	C_2H_4	3.95	15.64×10^{-2}	-8.344×10^{-5}	17.67×10^{-9}	273~1 500	0.54	0.13
丙烯	C_3H_6	3.15	23.83×10^{-2}	-12.18×10^{-5}	24.62×10^{-9}	273~1 500	0.73	0.17

注：此表引自参考文献[8]。

附录3 一些常见气体的平均比热容的直线关系式表

物　质	平均比热容/$(\text{kJ} \cdot \text{kg}^{-1} \cdot \text{K}^{-1})$
空气	$c_V = 0.7088 + 0.000093t$
	$c_p = 0.9956 + 0.000093t$
H_2	$c_V = 10.12 + 0.0005945t$
	$c_p = 14.33 + 0.0005945t$
N_2	$c_V = 0.7304 + 0.00008955t$
	$c_p = 1.03 + 0.00008955t$
O_2	$c_V = 0.6594 + 0.0001065t$
	$c_p = 0.919 + 0.0001065t$
CO	$c_V = 0.7331 + 0.00009681t$
	$c_p = 1.035 + 0.00009681t$
H_2O	$c_V = 1.372 + 0.0003111t$
	$c_p = 1.833 + 0.0003111t$
CO_2	$c_V = 0.6837 + 0.0002406t$
	$c_p = 0.8725 + 0.0002406t$

注：①以上各式中 t 的单位为℃；
　②此表引自参考文献[2]。

附录4 一些常见气体的平均比定压热容 $c_p\big|_0^t$

单位:kJ/(kg·K)

气体 温度/℃	O_2	N_2	CO	CO_2	H_2O	SO_2	空气
0	0.915	1.039	1.040	0.815	1.859	0.607	1.004
100	0.923	1.040	1.042	0.866	1.873	0.636	1.006
200	0.935	1.043	1.046	0.910	1.894	0.662	1.012
300	0.950	1.049	1.054	0.949	1.919	0.687	1.019
400	0.965	1.057	1.063	0.983	1.948	0.708	1.028
500	0.979	1.066	1.075	1.013	1.978	0.724	1.039
600	0.993	1.076	1.086	1.040	2.009	0.737	1.050
700	1.005	1.087	1.098	1.064	2.042	0.754	1.061
800	1.016	1.097	1.109	1.085	2.075	0.762	1.071
900	1.026	1.108	1.120	1.104	2.110	0.775	1.081
1 000	1.035	1.118	1.130	1.122	2.144	0.783	1.091
1 100	1.043	1.127	1.140	1.138	2.177	0.791	1.100
1 200	1.051	1.136	1.149	1.153	2.211	0.795	1.108
1 300	1.058	1.145	1.158	1.166	2.243	——	1.117
1 400	1.065	1.153	1.166	1.178	2.274	——	1.124
1 500	1.071	1.160	1.173	1.189	2.305	——	1.131
1 600	1.077	1.167	1.180	1.200	2.335	——	1.138
1 700	1.083	1.174	1.187	1.209	2.363	——	1.144
1 800	1.089	1.180	1.192	1.218	2.391	——	1.150
1 900	1.094	1.186	1.198	1.226	2.417	——	1.156
2 000	1.099	1.191	1.203	1.233	2.442	——	1.161
2 100	1.104	1.197	1.208	1.241	2.466	——	1.166
2 200	1.109	1.201	1.213	1.247	2.489	——	1.171
2 300	1.114	1.206	1.218	1.253	2.512	——	1.176
2 400	1.118	1.210	1.222	1.259	2.533	——	1.180
2 500	1.123	1.214	1.226	1.264	2.554	——	1.184
2 600	1.127	——	——	——	2.574	——	——
2 700	1.131	——	——	——	2.594	——	——
2 800	——	——	——	——	2.612	——	——
2 900	——	——	——	——	2.630	——	——
3 000	——	——	——	——	——	——	——

注:此表引自参考文献[3]。

附录5 饱和水及干饱和水蒸气热力性质表(按温度排列)

温度	压力	比体积		比焓		汽化潜热	比熵	
$t/℃$	p/MPa	$v'/$ $(\mathrm{m}^3 \cdot \mathrm{kg}^{-1})$	$v''/$ $(\mathrm{m}^3 \cdot \mathrm{kg}^{-1})$	$h'/$ $(\mathrm{kJ} \cdot \mathrm{kg}^{-1})$	$h''/$ $(\mathrm{kJ} \cdot \mathrm{kg}^{-1})$	$\gamma/$ $(\mathrm{kJ} \cdot \mathrm{kg}^{-1})$	$s'/$ $(\mathrm{kJ} \cdot \mathrm{kg}^{-1} \cdot \mathrm{K}^{-1})$	$s''/$ $(\mathrm{kJ} \cdot \mathrm{kg}^{-1} \cdot \mathrm{K}^{-1})$
0	0.000 611 2	0.001 000 22	206.154	−0.05	2 500.51	2 500.6	−0.000 2	9.154 4
0.01	0.000 611 7	0.001 000 21	206.012	0.00*	2 500.53	2 500.5	0.000 0	9.154 1
1	0.000 657 1	0.001 000 18	192.464	4.18	2 502.35	2 498.2	0.015 3	9.127 8
2	0.000 705 9	0.001 000 13	179.787	8.39	2 504.19	2 495.8	0.030 6	9.101 4
3	0.000 758 0	0.001 000 09	168.041	12.61	2 506.03	2 493.4	0.045 9	9.075 2
4	0.000 813 5	0.001 000 08	157.151	16.82	2 507.87	2 491.1	0.061 1	9.049 3
5	0.000 872 5	0.001 000 08	147.048	21.02	2 509.71	2 488.7	0.076 3	9.023 6
6	0.000 9 352	0.001 000 10	137.670	25.22	2 511.55	2 486.3	0.091 3	8.998 2
7	0.001 001 9	0.001 000 14	128.961	29.42	2 513.39	2 484.0	0.106 3	8.973 0
8	0.001 072 8	0.001 000 19	120.868	33.62	2 515.23	2 481.6	0.121 3	8.948 0
9	0.001 148 0	0.001 000 26	113.342	37.81	2 517.06	2 479.3	0.136 2	8.923 3
10	0.001 227 9	0.001 000 34	106.341	42.00	2 518.90	2 476.9	0.151 0	8.898 8
11	0.001 312 6	0.010 004 3	99.825	46.19	2 520.74	2 474.5	0.165 8	8.874 5
12	0.001 402 5	0.001 000 54	93.756	50.38	2 522.57	2 472.2	0.180 5	8.850 4
13	0.001 497 7	0.001 000 66	88.101	54.57	2 524.41	2 469.8	0.195 2	8.826 5
14	0.001 598 5	0.001 000 80	82.828	58.76	2 526.24	2 467.5	0.209 8	8.802 9
15	0.001 705 3	0.001 000 94	77.910	62.95	2 528.07	2 465.1	0.224 3	8.779 4
16	0.001 818 3	0.001 001 10	73.320	67.13	2 529.90	2 462.8	0.238 8	8.756 2
17	0.001 937 7	0.001 001 27	69.034	71.32	2 531.72	2 460.4	0.253 3	8.733 1
18	0.002 064 0	0.001 001 45	65.029	75.50	2 533.55	2 458.1	0.267 7	8.710 3
19	0.002 197 5	0.001 001 65	61.287	79.68	2 535.37	2 455.7	0.282 0	8.687 7
20	0.002 338 5	0.001 001 85	57.786	83.86	2 537.20	2 453.3	0.296 3	8.665 2
22	0.002 644 4	0.001 002 29	51.445	92.23	2 540.84	2 448.6	0.324 7	8.621 0
24	0.002 984 6	0.001 002 76	45.884	100.59	2 544.47	2 443.9	0.353 0	8.577 4
26	0.003 362 5	0.001 003 28	40.997	108.95	2 548.10	2 439.2	0.381 0	8.534 7
28	0.003 781 4	0.001 003 83	36.694	117.32	2 551.73	2 434.4	0.408 9	8.492 7
30	0.004 245 1	0.001 004 42	32.899	125.68	2 555.35	2 429.7	0.436 6	8.451 4
35	0.005 626 3	0.001 006 05	25.222	146.59	2 564.38	2 417.8	0.505 0	8.351 1
40	0.007 381 1	0.001 007 89	19.529	167.50	2 573.36	2 405.9	0.572 3	8.255 1
45	0.009 589 7	0.001 009 93	15.263 6	188.42	2 582.30	2 393.9	0.638 6	8.163 0
50	0.012 344 6	0.001 012 16	12.036 5	209.33	2 591.19	2 381.9	0.703 8	8.074 5
55	0.015 752	0.001 014 55	9.572 3	230.24	2 600.02	2 369.8	0.768 0	7.989 6

续附录 5

温度 $t/℃$	压力 p/MPa	比体积 $v'/(\text{m}^3 \cdot \text{kg}^{-1})$	$v''/(\text{m}^3 \cdot \text{kg}^{-1})$	比焓 $h'/(\text{kJ} \cdot \text{kg}^{-1})$	$h''/(\text{kJ} \cdot \text{kg}^{-1})$	汽化潜热 $\gamma/(\text{kJ} \cdot \text{kg}^{-1})$	比熵 $s'/(\text{kJ} \cdot \text{kg}^{-1} \cdot \text{K}^{-1})$	$s''/(\text{kJ} \cdot \text{kg}^{-1} \cdot \text{K}^{-1})$
60	0.019 933	0.001 017 13	7.674 0	251.15	2 608.79	2 357.6	0.831 2	7.908 0
65	0.025 024	0.001 019 86	6.199 2	272.08	2 617.48	2 345.4	0.893 5	7.829 5
70	0.031 178	0.001 022 76	5.044 3	293.01	2 626.10	2 333.1	0.955 0	7.754 0
75	0.038 565	0.001 025 82	4.133 0	313.96	2 634.63	2 320.7	1.015 6	7.681 2
80	0.047 376	0.001 029 03	3.408 6	334.93	2 643.06	2 308.1	1.075 5	7.611 2
85	0.057 818	0.001 032 40	2.828 8	355.92	2 651.40	2 295.5	1.134 3	7.543 6
90	0.070 121	0.001 035 93	2.361 6	376.94	2 659.63	2 282.7	1.192 6	7.478 3
95	0.084 533	0.001 039 61	1.982 7	397.98	2 667.73	2 269.7	1.250 1	7.415 4
100	0.101 325	0.001 043 44	1.673 6	419.06	2 675.71	2 256.6	1.306 9	7.354 5
110	0.143 243	0.001 051 56	1.210 6	461.33	2 691.26	2 229.9	1.418 6	7.238 6
120	0.198 483	0.001 060 31	0.892 19	503.76	2 706.18	2 202.4	1.527 7	7.129 7
130	0.270 018	0.001 069 68	0.668 73	546.38	2 720.39	2 174.0	1.634 6	7.027 2
140	0.361 190	0.001 079 72	0.509 00	589.21	2 733.81	2 144.6	1.739 3	6.930 2
150	0.475 71	0.001 090 46	0.392 86	632.28	2 746.35	2 114.1	1.842 0	6.838 1
160	0.617 66	0.001 101 93	0.307 09	675.62	2 757.92	2 082.3	1.942 9	6.750 2
170	0.791 47	0.001 114 20	0.242 83	719.25	2 768.42	2 049.2	2.042 0	6.666 1
180	1.001 93	0.001 127 32	0.194 03	763.22	2 777.74	2 014.5	2.139 6	6.585 2
190	1.254 17	0.001 141 36	0.156 50	807.56	2 785.80	1 978.2	2.235 8	6.507 1
200	1.553 66	0.001 156 41	0.127 32	852.34	2 792.47	1 940.1	2.330 7	6.431 2
210	1.906 17	0.001 172 58	0.104 38	897.62	2797.65	1 900.0	2.424 5	6.357 1
220	2.317 83	0.001 190 00	0.086 157	943.46	2 801.20	1 857.7	2.517 5	6.284 6
230	2.795 05	0.001 208 82	0.071 553	989.95	2 803.00	1 813.0	2.609 6	6.213 1
240	3.344 59	0.001 22922	0.059 743	1 037.2	2 802.88	1 765.7	2.701 3	6.142 2
250	3.973 51	0.001 251 45	0.050 112	1 085.3	2 800.66	1 715.4	2.792 6	6.071 6
260	4.689 23	0.001 275 79	0.042 195	1 134.3	2 796.14	1 661.8	2.883 7	6.000 7
270	5.499 56	0.001 302 62	0.035 637	1 184.5	2 789.05	1 604.5	2.975 1	5.929 2
280	6.412 73	0.001 332 42	0.030 165	1 236.0	2 779.08	1 543.1	3.066 8	5.856 4
290	7.437 46	0.001 365 82	0.025 565	1 289.1	2 765.81	1 476.7	3.159 4	5.781 7
300	8.583 08	0.001 403 69	0.021 669	1 344.0	2 748.71	1 404.7	3.253 3	5.704 2
310	9.859 7	0.001 447 28	0.018 343	1 401.2	2 727.01	1 325.9	3.349 0	5.622 6
320	11.278	0.001 498 44	0.015 479	1 461.2	2 699.72	1 238.5	3.447 5	5.535 6
330	12.851	0.001 560 08	0.012 987	1 524.9	2 665.30	1 140.4	3.550 0	5.440 8

续附录 5

温度	压力	比体积		比焓		汽化潜热	比熵	
$t/℃$	p/MPa	$v'/$ $(\text{m}^3 \cdot \text{kg}^{-1})$	$v''/$ $(\text{m}^3 \cdot \text{kg}^{-1})$	$h'/$ $(\text{kJ} \cdot \text{kg}^{-1})$	$h''/$ $(\text{kJ} \cdot \text{kg}^{-1})$	$\gamma/$ $(\text{kJ} \cdot \text{kg}^{-1})$	$s'/$ $(\text{kJ} \cdot \text{kg}^{-1} \cdot \text{K}^{-1})$	$s''/$ $(\text{kJ} \cdot \text{kg}^{-1} \cdot \text{K}^{-1})$
340	14.593	0.001 637 28	0.010 790	1 593.7	2 621.32	1 027.6	3.658 6	5.334 5
350	16.521	0.001 740 08	0.008 812	1 670.3	2 563.39	893.0	3.777 3	5.210 4
360	18.657	0.001 894 23	0.006 958	1 761.1	2 481.68	720.6	3.915 5	5.053 6
370	21.033	0.002 214 80	0.004 982	1 891.7	2 338.79	447.1	4.112 5	4.807 6
371	21.286	0.002 279 69	0.004 735	1 911.8	2 314.11	402.3	4.142 9	4.767 4
372	21.542	0.002 365 30	0.004 451	1 936.1	2 282.99	346.9	4.179 6	4.717 3
373	21.802	0.002 496 00	0.004 087	1 968.8	2 237.98	269.2	4.229 2	4.645 8
373.99	22.064	0.003 106	0.003 106	2 085.9	2 085.9	0.0	4.409 2	4.409 2

注：①此表引自参考文献[5]；

②＊精确值应为 0.000 612 kJ/kg；

③临界参数：$T_{cr}=647.14$ K，$h_{cr}=2\ 085.9$ kJ/kg，$p_{cr}=22.064$ MPa，$s_{cr}=4.409\ 2$ kJ/(kg·K)，$v_{cr}=0.003\ 106$ m^3/kg。

附录6 饱和水及干饱和水蒸气热力性质表(按压力排列)

压力	温度	比体积		比焓		汽化潜热	比熵	
p/MPa	t/℃	v'/ $(m^3 \cdot kg^{-1})$	v''/ $(m^3 \cdot kg^{-1})$	h'/ $(kJ \cdot kg^{-1})$	h''/ $(kJ \cdot kg^{-1})$	γ/ $(kJ \cdot kg^{-1})$	s'/ $(kJ \cdot kg^{-1} \cdot K^{-1})$	s''/ $(kJ \cdot kg^{-1} \cdot K^{-1})$
0.001 0	6.949 1	0.001 000 1	129.185	29.21	2 513.29	2 484.1	0.105 6	8.973 5
0.002 0	17.540 3	0.001 001 4	67.008	73.58	2 532.71	2 459.1	0.261 1	8.722 0
0.003 0	24.114 2	0.001 002 8	45.666	101.07	2 544.68	2 443.6	0.354 6	8.575 8
0.004 0	28.953 3	0.001 004 1	34.796	121.30	2 553.45	2 432.2	0.422 1	8.472 5
0.005 0	32.879 3	0.001 005 3	28.191	137.72	2 560.55	2 422.8	0.476 1	8.393 0
0.006 0	36.166 3	0.001 006 5	23.738	151.47	2 566.48	2 415.0	0.520 8	8.328 3
0.007 0	38.996 7	0.001 007 5	20.528	163.31	2 571.56	2 408.3	0.558 9	8.273 7
0.008 0	41.507 5	0.001 008 5	18.102	173.81	2 576.06	2 402.3	0.592 4	8.226 6
0.009 0	43.790 1	0.001 009 4	16.204	183.36	2 580.15	2 396.8	0.622 6	8.185 4
0.010	45.798 8	0.001 010 3	14.673	191.76	2 583.72	2 392.0	0.649 0	8.148 1
0.015	53.970 5	0.001 014 0	10.022	225.93	2 598.21	2 372.3	0.754 8	8.006 5
0.020	60.065 0	0.001 017 2	7.649 7	251.43	2 608.90	2 357.5	0.832 0	7.906 8
0.025	64.972 6	0.001 019 8	6.204 7	271.96	2 617.43	2 345.5	0.893 2	7.829 8
0.030	69.104 1	0.001 022 2	5.229 6	289.26	2 624.56	2 335.3	0.944 0	7.767 1
0.040	75.872 0	0.001 026 4	3.993 9	317.61	2 636.10	2 318.5	1.026 0	7.668 8
0.050	81.338 8	0.001 029 9	3.240 9	340.55	2 645.31	2 304.8	1.091 2	7.592 8
0.060	85.949 6	0.001 033 1	2.732 4	359.91	2 652.97	2 293.1	1.145 4	7.531 0
0.070	89.955 6	0.001 035 9	2.365 4	376.75	2 659.55	2 282.8	1.192 1	7.478 9
0.080	93.510 7	0.001 038 5	2.087 6	391.71	2 665.33	2 273.6	1.233 0	7.433 9
0.090	96.712 1	0.001 040 9	1.869 8	405.20	2 670.48	2 265.3	1.269 6	7.394 3
0.10	99.634	0.001 043 2	1.694 3	417.52	2 675.14	2 257.6	1.302 8	7.358 9
0.12	104.810	0.001 047 3	1.428 7	439.37	2 683.26	2 243.9	1.360 9	7.297 1
0.15	109.318	0.001 051 0	1.236 8	458.44	2 690.22	2 231.8	1.411 0	7.246 2
0.16	113.326	0.001 054 4	1.091 59	475.42	2 696.29	2 220.9	1.455 2	7.201 6
0.18	116.941	0.001 057 6	0.977 67	490.76	2 701.69	2 210.9	1.494 6	7.162 3
0.20	120.240	0.001 060 5	0.885 85	504.78	2 706.53	2 201.7	1.530 3	7.127 2
0.25	127.444	0.001 067 2	0.718 79	535.47	2 716.83	2 181.4	1.607 5	7.052 8
0.30	133.556	0.001 073 2	0.605 87	561.58	2 725.26	2 163.7	1.672 1	6.992 1
0.35	138.891	0.001 078 6	0.524 27	584.45	2 732.37	2 147.9	1.727 8	6.940 7
0.40	143.642	0.001 083 5	0.462 46	604.87	2 738.49	2 133.6	1.776 9	6.896 1
0.50	151.867	0.001 092 5	0.374 86	640.35	2 748.59	2 108.2	1.861 0	6.821 4
0.60	158.863	0.001 100 6	0.315 63	670.67	2 756.66	2 086.0	1.931 5	6.760 0

续附录 6

压力 p/MPa	温度 t/℃	比体积 v'/ (m³·kg⁻¹)	比体积 v''/ (m³·kg⁻¹)	比焓 h'/ (kJ·kg⁻¹)	比焓 h''/ (kJ·kg⁻¹)	汽化潜热 γ/ (kJ·kg⁻¹)	比熵 s'/ (kJ·kg⁻¹·K⁻¹)	比熵 s''/ (kJ·kg⁻¹·K⁻¹)
0.70	164.983	0.001 107 9	0.272 81	697.32	2 763.29	2 066.0	1.992 5	6.707 9
0.80	170.444	0.001 114 8	0.240 37	721.20	2 768.86	2 047.7	2.046 4	6.662 5
0.90	175.389	0.001 121 2	0.214 91	742.90	2 773.59	2 030.7	2.094 8	6.622 2
1.00	179.916	0.001 127 2	0.194 38	762.84	2 777.67	2 014.8	2.138 8	6.585 9
1.10	184.100	0.001 133 0	0.177 47	781.35	2 781.21	1 999.9	2.179 2	6.552 9
1.20	187.995	0.001 138 5	0.163 28	798.64	2 784.29	1 985.7	2.216 6	6.522 5
1.30	191.644	0.001 143 8	0.151 20	814.89	2 786.99	1 972.1	2.251 5	6.494 4
1.40	195.078	0.001 148 9	0.140 79	830.24	2 789.37	1 959.1	2.284 1	6.468 3
1.50	198.327	0.001 153 8	0.131 72	844.82	2 791.46	1 946.6	2.314 9	6.443 7
1.60	201.410	0.001 158 6	0.123 75	858.69	2 793.29	1 934.6	2.344 5	6.420 6
1.70	204.346	0.001 163 3	0.116 68	871.96	2 794.91	1 923.0	2.371 6	6.398 8
1.80	207.151	0.001 167 9	0.110 37	884.67	2 796.33	1 911.7	2.397 9	6.378 1
1.90	209.838	0.001 172 3	0.104 707	896.88	2 797.58	1 900.7	2.423 0	6.358 3
2.00	212.417	0.001 176 7	0.099 588	908.64	2 798.66	1 890.0	2.447 1	6.339 5
2.20	217.289	0.001 185 1	0.090 700	930.97	2 800.41	1 869.4	2.492 4	6.304 1
2.40	221.829	0.001 193 3	0.083 244	951.91	2 801.67	1 849.8	2.534 4	6.271 4
2.60	226.085	0.001 201 3	0.076 898	971.67	2 802.51	1 830.8	2.573 6	6.240 9
2.80	230.096	0.001 209 0	0.071 427	990.41	2 803.01	1 812.6	2.610 5	6.212 3
3.00	233.893	0.001 216 6	0.066 662	1 008.2	2 803.10	1 794.9	2.645 4	6.185 4
3.50	242.597	0.001 234 8	0.057 054	1 049.6	2 802.51	1 752.9	2.725 0	6.123 8
4.00	250.394	0.001 252 4	0.049 771	1 087.2	2 800.53	1 713.4	2.796 2	6.068 8
5.00	263.980	0.001 286 2	0.039 439	1 154.2	2 793.64	1 639.5	2.920 1	5.972 4
6.00	275.625	0.001 319 0	0.032 440	1 213.3	2 783.82	1 570.5	3.026 6	5.888 5
7.00	285.869	0.001 351 5	0.027 371	1 266.9	2 771.72	1 504.8	3.121 0	5.812 9
8.00	295.048	0.001 384 3	0.023 520	1 316.5	2 757.70	1 441.2	3.206 6	5.743 0
9.00	303.385	0.001 417 7	0.020 485	1 363.1	2 741.92	1 378.9	3.285 4	5.677 1
10.0	311.037	0.001 452 2	0.018 026	1 407.2	2 724.46	1 317.2	3.359 1	5.613 9
11.0	318.118	0.001 488 1	0.015 987	1 449.6	2 705.34	1 255.7	3.428 7	5.552 5
12.0	324.715	0.001 526 0	0.014 263	1 490.7	2 684.50	1 193.8	3.495 2	5.492 0
13.0	330.894	0.001 566 2	0.012 780	1 530.8	2 661.80	1 131.0	3.559 4	5.431 8
14.0	336.707	0.001 609 7	0.011 486	570.4	2 637.07	1 066.7	3.622 0	5.371 1
15.0	342.196	0.001 657 1	0.010 340	609.8	2 610.01	1 000.2	3.683 6	5.309 1

续附录 6

压力	温度	比体积		比 焓		汽化潜热	比 熵	
p/MPa	t/℃	v'/ (m³·kg⁻¹)	v''/ (m³·kg⁻¹)	h'/ (kJ·kg⁻¹)	h''/ (kJ·kg⁻¹)	γ/ (kJ·kg⁻¹)	s'/ (kJ·kg⁻¹·K⁻¹)	s''/ (kJ·kg⁻¹·K⁻¹)
16.0	347.396	0.001 709 9	0.009 311	649.4	2 580.21	930.8	3.745 1	5.245 0
17.0	352.334	0.001 701	0.008 373	690.0	2 547.01	857.1	3.807 3	5.177 6
18.0	357.034	0.001 840 2	0.007 503	732.0	2 509.45	777.4	3.871 5	5.105 1
19.0	361.514	0.001 925 8	0.006 679	776.9	2 465.87	688.9	3.939 5	5.025 0
20.0	365.789	0.002 037 9	0.005 870	827.2	2 413.05	585.9	4.015 3	4.932 2
21.0	369.868	0.002 207 3	0.005 012	889.2	2 341.67	452.4	4.108 8	4.812 4
22.0	373.752	0.002 704 0	0.003 684	2 013.0	2 084.02	71.0	4.296 9	4.406 6
22.064	373.99	0.003 106 0	0.003 106	2 085.9	2 085.90	0.0	4.409 2	4.409 2

注：此表引自参考文献[5]。

附录7 未饱和及过热水蒸气热力性质表

p	0.001 MPa, t_{sat}=6.949 ℃			0.005 MPa, t_{sat}=6.949 ℃		
	v'	h'	s'	v'	h'	s'
	0.001 000 1	29.21	0.105 6	0.001 005 3	137.72	0.476 1
	v''	h''	s''	v''	h''	s''
	129.185	2 513.3	8.973 5	28.191	2 560.6	8.393 0
t/℃	$v/$ $(m^3 \cdot kg^{-1})$	$h/$ $(kJ \cdot kg^{-1})$	$s/$ $(kJ \cdot kg^{-1} \cdot K^{-1})$	$v/$ $(m^3 \cdot kg^{-1})$	$h/$ $(kJ \cdot kg^{-1})$	$s/$ $(kJ \cdot kg^{-1} \cdot K^{-1})$
0	0.001 002	−0.05	−0.000 2	0.001 000 2	−0.05	−0.000 2
10	130.598	2 519.0	8.993 8	0.001 000 3	42.01	0.151 0
20	135.226	2 537.7	9.058 8	0.001 001 8	83.87	0.296 3
40	144.475	2 575.2	9.182 3	28.854	2 574.0	8.436 6
60	153.717	2 612.7	9.298 4	30.712	2 611.8	8.553 7
80	162.956	2 650.3	9.408 0	32.566	2 649.7	8.663 9
100	172.192	2 688.0	9.512 0	34.418	2 687.5	8.768 2
120	181.426	2 725.9	9.610 9	36.269	2 725.5	8.867 4
140	190.660	2 764.0	9.705 4	38.118	2 763.7	8.962 0
160	199.893	2 802.3	9.795 9	39.967	2 802.0	9.052 6
180	209.126	2 840.7	9.882 7	41.815	2 840.5	9.139 6
200	218.358	2 879.4	9.966 2	43.662	2 879.2	9.223 2
220	227.590	2 918.3	10.046 8	45.510	2 918.2	9.303 8
240	236.821	2 957.5	10.124 6	47.357	2 957.3	9.381 6
260	246.053	2 996.8	10.199 8	49.204	2 996.7	9.456 9
280	255.284	3 036.4	10.272 7	51.051	3 036.3	9.529 8
300	264.515	3 076.2	10.343 4	52.898	3 076.1	9.600 5
350	287.592	3 176.8	10.511 7	57.514	3 176.7	9.768 8
400	310.669	3 278.9	10.669 2	62.131	3 278.8	9.926 4
450	333.746	3 382.5	10.817 6	66.747	3 382.4	10.074 7
500	356.823	3 487.5	10.958 1	71.362	3 487.5	10.215 3
550	379.900	3 594.4	11.092 1	75.978	3 594.4	10.349 3
600	402.976	3 703.4	11.220 6	80.594	3 703.4	10.477 8

续附录 7

p	0.001 MPa, t_{sat}=45.799 ℃			0.10 MPa, t_{sat}=99.634 ℃		
	v'	h'	s'	v'	h'	s'
	0.001 010 3	191.76	0.649 0	0.001 043 1	417.52	1.302 8
	v''	h''	s''	v''	h''	s''
	14.673	2 583.7	8.148 1	1.694 3	2 675.1	7.358 9
t/℃	v/ (m³·kg⁻¹)	h/ (kJ·kg⁻¹)	s/ (kJ·kg⁻¹·K⁻¹)	v/ (m³·kg⁻¹)	h/ (kJ·kg⁻¹)	s/ (kJ·kg⁻¹·K⁻¹)
0	0.001 000 2	−0.04	−0.000 2	0.001 000 2	0.05	−0.000 2
10	0.001 000 3	42.01	0.151 0	0.001 000 3	42.10	0.151 0
20	0.001 001 8	83.87	0.296 3	0.001 001 8	83.96	0.296 3
40	0.001 007 9	167.51	0.572 3	0.001 007 8	167.59	0.572 3
60	15.336	2 610.8	8.231 3	0.001 017 1	251.22	0.831 2
80	16.268	2 648.9	8.342 2	0.001 029 0	334.97	1.075 3
100	17.196	2 686.9	8.447 1	1.696 1	2 675.9	7.360 9
120	18.124	2 725.1	8.546 6	1.793 1	2 716.3	7.466 5
140	19.050	2 763.3	8.641 4	1.888 9	2 756.2	7.565 4
160	19.976	2 801.7	8.732 2	1.983 8	2 795.8	7.659 0
180	20.901	2 840.2	8 819 2	2.078 3	2 835.3	7.748 2
200	21.826	2 879.0	8.902 9	2.172 3	2 874.8	7.833 4
220	22.750	2 918.0	8.983 5	2.265 9	2 914.3	7.915 2
240	23.674	2 957.1	9.061 4	2.359 4	2 953.9	7.994 0
260	24.598	2 996.5	9.136 7	2.452 7	2 993.7	8.070 1
280	25.522	3 036.2	9.209 7	2.545 8	3 033.6	8.143 6
300	26.446	3 076.0	9.280 5	2.638 8	3 073.8	8.214 8
350	28.755	3 176.6	9.448 8	2.870 9	3 174.9	8.384 0
400	31.063	3 278.7	9.606 4	3.102 7	3 277.3	8.542 2
450	33.372	3 382.3	9.754 8	3.334 2	3 381.2	8.690 9
500	35.680	3 487.4	9.895 3	3.565 6	3 486.5	8.831 7
550	37.988	3 594.3	10.029 3	3.796 8	3 593.5	8.965 9
600	40.296	3 703.4	10.157 9	4.027 9	3 702.7	9.094 6

续附录 7

p	0.5 MPa, t_{sat}=151.867 ℃			1 MPa, t_{sat}=179.916 ℃		
	v'	h'	s'	v'	h'	s'
	0.001 092 5	640.35	1.861 0	0.011 272	762.84	2.138 8
	v''	h''	s''	v''	h''	s''
	0.374 90	2 748.6	6.824 1	0.194 40	2 777.7	6.585 9
t/℃	v/ (m³·kg⁻¹)	h/ (kJ·kg⁻¹)	s/ (kJ·kg⁻¹·K⁻¹)	v/ (m³·kg⁻¹)	h/ (kJ·kg⁻¹)	s/ (kJ·kg⁻¹·K⁻¹)
0	0.001 000 0	0.46	−0.000 1	0.000 999 7	0.97	−0.000 1
10	0.001 000 1	42.49	0.151 0	0.000 999 9	42.98	0.150 9
20	0.001 001 6	84.33	0.296 2	0.001 001 4	84.80	0.296 1
40	0.001 007 7	167.94	0.572 1	0.001 007 4	168.38	0.571 9
60	0.001 016 9	251.56	0.831 0	0.001 016 7	251.98	0.830 7
80	0.001 028 8	335.29	1.075 0	0.001 028 6	335.69	1.074 7
100	0.001 043 2	419.36	1.306 6	0.001 043 0	419.74	1.306 2
120	0.001 060 1	503.97	1.527 5	0.001 059 9	504.32	1.527 0
140	0.001 079 6	589.30	1.739 2	0.001 078 3	589.62	1.738 6
160	0.383 58	2 767.2	6.864 7	0.001 101 7	675.84	1.942 4
180	0.404 50	2 811.7	6.965 1	0.194 43	2 777.9	6.586 4
200	0.424 87	2 854.9	7.058 5	0.205 90	2 827.3	6.693 1
220	0.444 85	2 897.3	7.146 2	0.216 86	2 874.2	6.790 3
240	0.464 55	2 939.2	7.229 5	0.227 45	2 919.6	6.880 4
260	0.484 04	2 980.8	7.309 1	0.237 79	2 963.8	6.965 0
280	0.503 36	3 022.2	7.385 3	0.247 93	3 007.3	7.045 1
300	0.522 55	3 063.6	7.458 8	0.257 93	3 050.4	7.121 6
350	0.570 12	3 167.0	7.631 9	0.282 47	3 157.0	7.299 9
400	0.617 29	3 271.1	7.792 4	0.306 58	3 263.1	7.463 8
420	0.636 08	3 312.9	7.853 7	0.316 15	3 305.6	7.526 0
440	0.654 83	3 354.9	7.913 5	0.325 68	3 348.2	7.586 6
450	0.664 20	3 376.0	7.942 8	0.330 43	3 369.6	7.616 3
460	0.673 56	3 397.2	7.971 9	0.335 18	3 390.9	7.645 6
480	0.692 26	3 439.6	8.028 9	0.344 65	3 433.8	7.703 3
500	0.710 94	3 482.2	8.084 8	0.354 10	3 476.8	7.759 7
550	0.757 55	3 589.9	8.219 8	0.377 64	3 585.4	7.895 8
600	0.804 08	3 699.6	8.349 1	0.401 09	3 695.7	8.025 9

续附录 7

p	3 MPa, t_{sat}=151.867 ℃			5 MPa, t_{sat}=179.916 ℃		
	v'	h'	s'	v'	h'	s'
	0.001 216 6	1 008.2	2.645 4	0.001 286 1	1 154.2	2.920 0
	v''	h''	s''	v''	h''	s''
	0.066 700	2 803.2	6.185 4	0.039 400	2 793.6	5.972 4
t/℃	v/(m$^3 \cdot$ kg^{-1})	h/(kJ $\cdot$ kg^{-1})	s/(kJ $\cdot$ kg$^{-1} \cdot$ K^{-1})	v/(m$^3 \cdot$ kg^{-1})	h/(kJ $\cdot$ kg^{-1})	s/(kJ $\cdot$ kg$^{-1} \cdot$ K^{-1})
0	0.000 998 7	3.01	0.000 0	0.000 997 7	5.04	0.000 2
10	0.000 998 9	44.92	0.150 7	0.000 997 9	46.87	0.150 6
20	0.001 000 5	86.68	0.295 7	0.000 999 6	88.55	0.295 2
40	0.001 006 6	170.15	0.571 1	0.001 005 7	171.92	0.570 4
60	0.001 015 8	253.66	0.829 6	0.001 014 9	255.34	0.828 6
80	0.001 027 6	377.28	1.073 4	0.001 026 7	338.87	1.072 1
100	0.001 042 0	421.24	1.304 7	0.001 041 0	422.75	1.303 1
120	0.001 058 7	505.73	1.525 2	0.001 057 6	507.14	1.523 4
140	0.001 078 1	590.92	1.736 6	0.001 076 8	592.23	1.734 5
160	0.001 100 2	677.01	1.940 0	0.001 098 8	678.19	1.937 7
180	0.001 125 6	764.23	2.136 9	0.001 124 0	765.25	2.134 2
200	0.001 154 9	852.93	2.328 4	0.001 152 9	853.75	2.325 3
220	0.001 189 1	943.65	2.516 2	0.001 186 7	944.21	2.512 5
240	0.068 184	2 823.4	6.225 0	0.001 226 6	1 037.3	2.697 6
260	0.072 828	2 884.4	6.341 7	0.001 275 1	1 134.3	2.882 9
280	0.077 101	2 940.1	6.444 3	0.042 228	2 855.8	6.086 4
300	0.084 191	2 992.4	6.537 1	0.045 301	2 923.3	6.206 4
350	0.090 520	3 114.4	6.741 4	0.051 932	3 067.4	6.447 7
400	0.099 352	3 230.1	6.919 9	0.057 804	3 194.9	6.644 6
420	0.102 787	3 275.4	6.986 4	0.060 033	3 243.6	6.715 9
440	0.106 180	3 320.5	7.050 5	0.062 216	3 291.5	6.784 0
450	0.107 864	3 343.0	7.081 7	0.063 291	3 315.2	6.817 0
460	0.109 540	3 365.4	7.112 5	0.064 358	3 338.8	6.849 4
480	0.112 870	3 410.1	7.172 8	0.066 469	3 385.6	6.912 5
500	0.116 174	3 454.9	7.231 4	0.068 552	3 432.2	6.973 5
550	0.124 349	3 566.9	7.371 8	0.073 664	3 548.0	7.118 7
600	0.132 427	3 679.9	7.505 1	0.078 675	3 663.9	7.255 3

续附录 7

p	7 MPa, t_{sat}=285.869 ℃			10 MPa, t_{sat}=311.037 ℃		
	v'	h'	s'	v'	h'	s'
	0.001 351 5	1 266.9	3.121 0	0.001 452 2	1 407.2	3.359 1
	v''	h''	s''	v''	h''	s''
	0.027 400	2 771.7	5.812 9	0.018 000	2 724.5	5.613 9
t/℃	v/(m³·kg⁻¹)	h/(kJ·kg⁻¹)	s/(kJ·kg⁻¹·K⁻¹)	v/(m³·kg⁻¹)	h/(kJ·kg⁻¹)	s/(kJ·kg⁻¹·K⁻¹)
0	0.000 996 7	7.07	0.000 3	0.000 995 2	10.09	0.000 4
10	0.000 997 0	48.80	0.150 4	0.000 995 6	51.70	0.155 0
20	0.000 998 6	90.42	0.294 8	0.000 997 3	93.22	0.294 2
40	0.001 004 8	173.69	0.569 6	0.001 003 5	176.34	0.568 4
60	0.001 014 0	257.01	0.827 5	0.001 012 7	259.53	0.825 9
80	0.001 025 8	340.46	1.070 8	0.001 024 4	342.85	1.068 8
100	0.001 039 9	424.25	1.301 6	0.001 038 5	426.51	1.299 3
120	0.001 056 5	508.55	1.521 6	0.001 054 9	510.68	1.519 0
140	0.001 075 6	593.54	1.732 5	0.001 073 8	595.50	1.792 4
160	0.001 097 4	679.37	1.935 3	0.001 095 3	681.16	1.931 9
180	0.001 122 3	766.28	2.131 5	0.001 119 9	767.84	2.127 5
200	0.001 151 0	854.59	2.322 2	0.001 148 1	855.88	2.317 6
220	0.001 184 2	944.79	2.508 9	0.001 180 7	945.71	2.503 6
240	0.001 223 5	1 037.6	2.693 3	0.001 219 0	1 038.0	2.687 0
260	0.001 271 0	1 134.0	2.877 6	0.001 265 0	1 133.6	2.869 0
280	0.001 330 7	1 235.7	3.064 8	0.001 322 2	1 234.2	3.054 9
300	0.029 457	2 837.5	5.929 1	0.001 397 5	1 342.3	3.246 9
350	0.035 225	3 014.8	6.226 5	0.022 415	2 922.1	5.942 3
400	0.039 917	3 157.3	6.446 5	0.026 402	3 095.8	6.210 9
450	0.044 143	3 286.2	6.631 4	0.029 735	3 240.5	6.418 4
500	0.048 no	3 408.9	6.795 4	0.032 750	3 372.8	6.595 4
520	0.049 649	3 457.0	6.856 9	0.033 900	3 423.8	6.660 5
540	0.051 166	3 504.8	6.916 4	0.035 027	3 474.1	6.723 2
550	0.051 917	3 528.7	6.945 6	0.035 582	3 499.1	6.753 7
560	0.052 664	3 552.4	6.974 3	0.036 133	3 523.9	6.783 7
580	0.054 147	3 600.0	7.030 6	0.037 222	3 573.3	6.842 3
600	0.055 617	3 647.5	7.085 7	0.038 297	3 622.5	6.899 2

续附录 7

p	14 MPa, t_{sat}=285.869 ℃			20 MPa, t_{sat}=311.037 ℃		
	v'	h'	s'	v'	h'	s'
	0.001 609 7	1 570.4	3.622 0	0.002 037	1 827.2	4.015 3
	v''	h''	s''	v''	h''	s''
	0.011 500	2 637.1	5.571 1	0.005 870 2	2 413.1	4.932 2
t/℃	v/(m^3·kg^{-1})	h/(kJ·kg^{-1})	s/(kJ·kg^{-1}·K^{-1})	v/(m^3·kg^{-1})	h/(kJ·kg^{-1})	s/(kJ·kg^{-1}·K^{-1})
0	0.000 993 3	14.10	0.000 5	0.000 990 4	20.08	0.000 6
10	0.000 993 8	55.55	0.149 6	0.000 991 1	61.29	0.148 8
20	0.000 995 5	96.95	0.293 2	0.000 992 9	102.50	0.291 9
40	0.001 001 8	179.86	0.566 9	0.000 999 2	185.13	0.564 5
60	0.001 010 9	262.88	0.823 9	0.001 008 4	267.90	0.820 7
80	0.001 022 6	346.04	1.066 3	0.001 019 9	350.82	1.062 4
100	0.001 036 5	429.53	1.296 2	0.001 033 6	434.06	1.291 7
120	0.001 052 7	513.52	1.515 5	0.001 049 6	517.79	1.510 3
140	0.001 071 4	598.14	1.725 4	0.001 067 9	602.12	1.719 5
160	0.001 092 6	683.56	1.927 3	0.001 088 6	687.20	1.920 6
180	0.001 116 7	769.96	2.122 3	0.001 112 1	773.19	2.114 7
200	0.001 144 3	857.63	2.311 6	0.001 138 9	860.36	2.302 9
220	0.001 176 1	947.00	2.496 6	0.001 169 5	949.07	2.486 5
240	0.001 213 2	1 038.6	2.678 8	0.001 205 1	1 039.8	2.667 0
260	0.001 257 4	1 133.4	2.859 9	0.001 246 9	1 133.4	2.845 7
280	0.001 311 7	1 232.5	3.042 4	10.001 297 4	1 230.7	3.024 9
300	0.001 381 4	1 338.2	3.230 0	0.001 360 5	1 333.4	3.207 2
350	0.013 218	2 751.2	5.556 4	10.001 664 5	1 645.3	3.727 5
400	0.017 218	3 001.1	5.943 6	10.009 945 8	2 816.8	5.552 0
450	0.020 074	3 174.2	6.191 9	0.012 701 3	3 060.7	5.902 5
500	0.022 512	3 322.3	6.390 0	0.014 768 1	3 239.3	6.141 5
520	0.023 418	3 377.9	6.461 0	0.015 504 6	3 303.0	6.222 9
540	0.024 295	3 432.1	6.528 5	0.016 206 7	3 364.0	6.298 9
550	0.024 724	3 458.7	6.561 1	0.016 547 1	3 393.7	6.335 2
560	0.025 147	3 485.2	6.593 1	0.016 881 1	3 422.9	6.370 5
580	0.025 978	3 537.5	6.655 1	0.017 532 8	3 480.3	6.438 5
600	0.026 792	3 589.1	6.714 9	0.018 165 5	3 536.3	6.503 5

续附录 7

p	25 MPa			30 MPa		
$t/℃$	$v/$ (m³·kg⁻¹)	$h/$ (kJ·kg⁻¹)	$s/$ (kJ·kg⁻¹·K⁻¹)	$v/$ (m³·kg⁻¹)	$h/$ (kJ·kg⁻¹)	$s/$ (kJ·kg⁻¹·K⁻¹)
0	0.000 988 0	25.01	0.000 6	0.000 985 7	29.92	0.000 5
10	0.000 988 8	66.04	0.148 1	0.000 986 6	70.77	0.147 4
20	0.000 990 8	107.11	0.290 7	0.000 988 7	111.71	0.289 5
40	0.000 997 2	189.51	0.562 6	0.000 995 1	193.87	0.560 6
60	0.001 006 3	272.08	0.818 2	0.001 004 2	276.25	0.815 6
80	0.001 017 7	354.80	1.059 3	0.001 015 5	358.78	1.056 2
100	0.001 031 3	437.85	1.288 0	0.001 029 0	441.64	1.284 4
120	0.001 047 0	521.36	1.506 1	0.001 044 5	524.95	1.501 9
140	0.001 065 0	605.46	1.714 7	0.001 062 2	608.82	1.710 0
160	0.001 085 4	690.27	1.915 2	0.001 082 2	693.36	1.909 8
180	0.001 108 4	775.94	2.108 5	0.001 104 8	778.72	2.102 4
200	0.001 134 5	862.71	2.295 9	0.001 130 3	865.12	2.289 0
220	0.001 164 3	950.91	2.478 5	0.001 159 3	952.85	2.470 6
240	0.001 198 6	1 041.0	2.657 5	0.001 192 5	1 042.3	2.648 5
260	0.001 238 7	1 133.6	2.834 6	0.001 231 1	1 134.1	2.823 9
280	0.001 286 6	1 229.6	3.011 3	0.001 276 6	1 229.0	2.998 5
300	0.001 345 3	1 330.3	3.190 1	0.001 331 7	1 327.9	3.174 2
350	0.001 598 1	1 623.1	3.678 8	0.001 552 2	1 608.0	3.642 0
400	0.006 001 4	2 578.0	5.138 6	0.002 792 9	2 150.6	4.472 1
450	0.009 166 6	2 950.5	5.675 4	0.006 736 3	2 822.1	5.443 3
500	0.011 122 9	3 164.1	5.961 4	0.008 676 1	3 083.3	5.793 4
520	0.011 789 7	3 236.1	6.053 4	0.009 303 3	3 165.4	5.898 2
540	0.012 415 61	3 303.8	6.137 7	0.009 882 5	3 240.8	5.992 1
550	0.012 716 1	3 336.4	6.177 5	0.010 158 0	3 276.6	6.035 9
560	0.013 009 5	3 368.2	6.216 0	0.010 425 4	3 311.4	6.078 0
580	0.013 577 8	3 430.2	6.289 5	0.010 939 7	3 378.5	6.157 6
600	0.014 124 9	3 490.2	6.359 1	0.011 431 0	3 442.9	6.232 1

注：①此表引自参考文献[5]；
②粗水平线之上为未饱和水，粗水平线之下为过热水蒸气。

附录8 通用压缩因子图

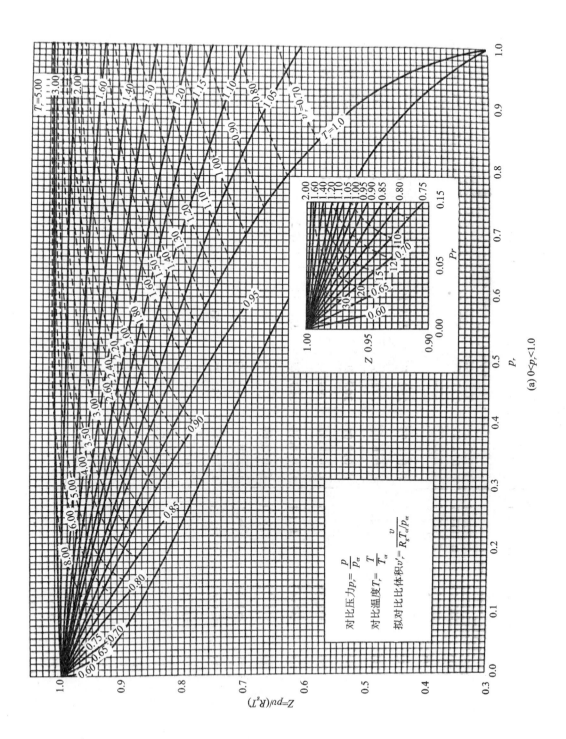

(a) $0 < p_r < 1.0$

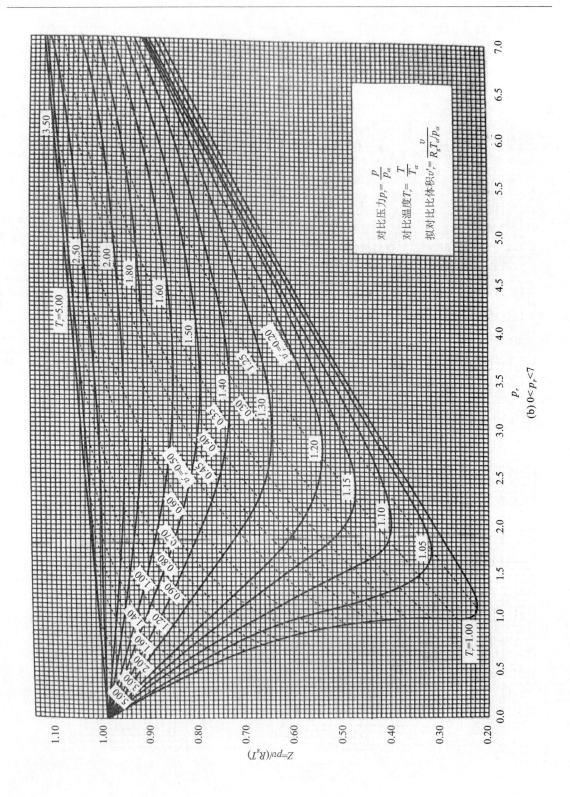

(b) $0 < p_r < 7$

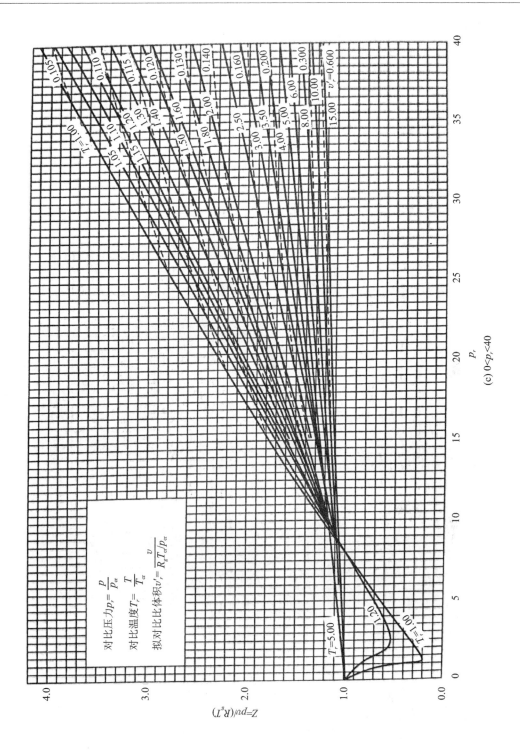

(c) $0<p_r<40$

附录9 水蒸气 $h-s$ 图

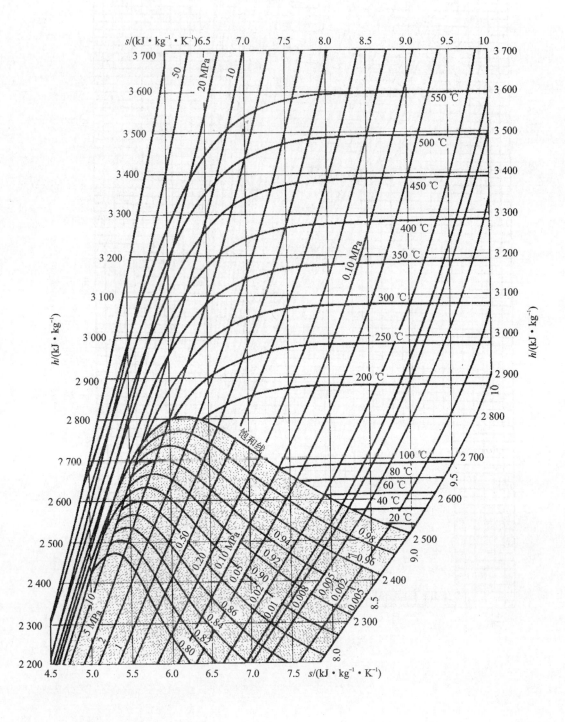

附录 10　湿空气的 $h-d$ 图（$p=1.013\,3\times10^5$ Pa）

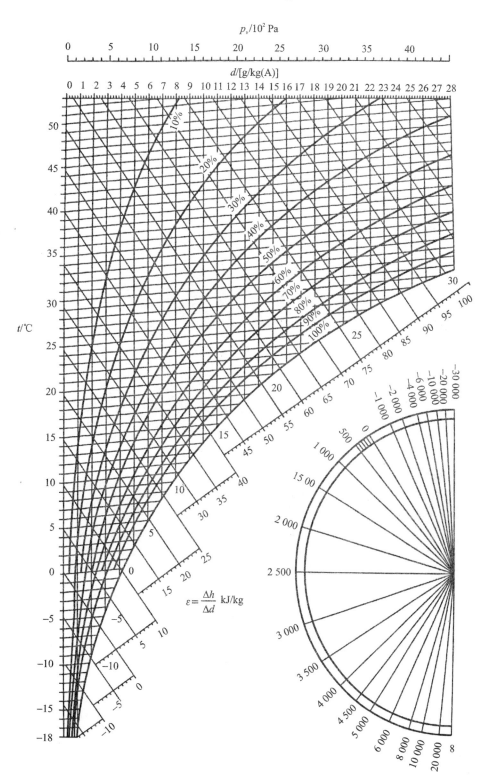

附录11 主要符号对照表

符号	含义	符号	含义
A	面积，m^2	$R_{g,eq}$	折合气体常数，$J/(kg \cdot K)$
a	声速，m/s	S	熵，J/K
c_f	流速，m/s	S_g	熵产，J/K
c	比热容(质量热容)，$J/(kg \cdot K)$	S_f	(热)熵流，J/K
c_p	定压比热容，$J/(kg \cdot K)$	τ	循环温升比
c_V	定容比热容，$J/(kg \cdot K)$	T	热力学温度，K
C_m	摩尔热容，$J/(mol \cdot K)$	T_i	转回温度，K
$C_{p,m}$	摩尔定压热容，$J/(mol \cdot K)$	t	摄氏温度，°C
$C_{V,m}$	摩尔定容热容，$J/(mol \cdot K)$	t_s	饱和温度，°C
d	含湿量，kg(水蒸气)/kg(干空气)；汽耗率，kg/kJ	t_w	湿球温度，绝热饱和温度，°C
		t_d	露点温度，°C
		U	热力学能，J
E	总能(储存能)，J	V	体积，m^3
E_x	㶲，J	V_m	摩尔体积，m^3/mol
$E_{x,Q}$	热量㶲，J	W	膨胀功，J
$E_{x,U}$	热力学能㶲，J	W_{net}	循环净功，J
$E_{x,H}$	焓㶲，J	W_i	内部功，J
E_k	宏观动能，J	W_s	轴功，J
E_P	宏观位能，J	W_t	技术功，J
F	力，N；亥姆霍兹函数(自由能)，J	W_u	有用功，J
G	吉布斯函数(自由焓)，J	W_T	涡轮功，J
H	焓，J	W_c	压气机耗功，J
I	做功能力损失(㶲损失)，J	ω_i	质量分数
M	摩尔质量，kg/mol	x	干度
Ma	马赫数	x_i	摩尔分数
M_r	相对分子质量	z	压缩因子
M_{eq}	折合摩尔质量(平均摩尔质量)，kg/mol	α	热膨胀系数，K^{-1}
n	摩尔数，mol	β_T	定温膨胀系数，Pa^{-1}
p	绝对压力，Pa	β_s	定熵压缩系数，K^{-1}
p_0	大气环境压力，Pa	γ	比热容比；汽化潜热，J/kg
p_b	背压力，Pa	ε	制冷系数；压缩比
p_e	表压力，Pa	ε'	供暖系数
p_i	分压力，Pa	ε_c	逆向卡诺循环制冷系数
p_s	饱和压力，Pa	η_c	卡诺循环热效率
p_V	真空度；湿空气中水蒸气的分压力，Pa	$\eta_{C,s}$	压气机绝热效率
Q	热量，J	η_T	燃气轮机的相对内效率
$\dot{m}$	质量流量，kg/s	η_t	循环热效率
$\dot{m}_V$	体积流量，m^3/s	q_{in}	吸热量，J
R	通用气体常数，$J/(mol \cdot K)$	q_{out}	放热量，J
R_g	气体常数，$J/(kg \cdot K)$	ξ	循环热量利用系数

k	定熵指数
λ	定容升压比
μ_J	焦耳-汤姆逊系数（节流微分效应）
π	增压比
β_{cr}	临界压力比
ρ	密度，kg/m^3；预定压胀比
σ	回热度；总压损失系数
φ	相对湿度；喷管速度系数
φ_i	体积分数

下脚标

a	湿空气中干空气的参数
c	卡诺循环；冷库参数
C	压气机
CM	控制质量
cr	临界点参数；临界流动状况参数
CV	控制体积
in	进口参数
iso	孤立系统
m	每摩尔物质的物理量
s	饱和参数
out	出口参数
V	湿空气中水蒸气的物理量；定容过程
0	环境的参数
p	定压过程

上标

*	总参数，滞止参数
′	饱和液体
″	饱和蒸汽

参考文献

[1] 赵承龙. 工程热力学[M]. 南京:南京航空航天大学航空学院,1984.
[2] 沈维道,童钧耕. 工程热力学[M]. 5 版. 北京:高等教育出版社,2016.
[3] 曾丹苓,敖越,张新铭,等. 工程热力学[M]. 3 版. 北京:高等教育出版社,2002.
[4] 严家騄. 工程热力学[M]. 5 版. 北京:高等教育出版社,2015.
[5] 严家騄,余晓福,王永青. 水和水蒸气热力性质图表[M]. 3 版. 北京:高等教育出版社,2015.
[6] 王丰. 热力学循环优化分析[M]. 北京:国防教育出版社,2014.
[7] 张学学,李桂馥. 热工基础[M]. 北京:高等教育出版社,2000.
[8] Cengel Y A, Boles A M. Thermodynamics: An Engineering Approach[M]. 7th ed. Boston: McGrew-Hill,2011.
[9] Moran M J, Shapiro H N, Boettner D D, et al. Fundamentals of Engineering Thermodynamics[M]. 7th ed. New York: John Wiley & Sons, Inc. ,2011.
[10] Sonntag R E, Borgnakke C, Wylen G. Foundamentals of Thermodynamics[M]. 6th ed. New York: John Wiley & Sons Inc. ,2003.